口絵1

上：海中のテングサ群落。静岡県賀茂郡西伊豆町田子のテングサ漁場

下：テングサ採取後の乾燥作業。同町田子漁港

写真提供＝静岡県水産・海洋技術研究所伊豆分場

口絵2
上：テングサかき（北海道利尻島）
下：自家用テングサ干し（同上）
写真提供＝会田理人（北海道博物館）

口絵3　島津寒天工場跡。撮影＝筆者
所在地＝宮崎県都城市山之口町山之口1640番地

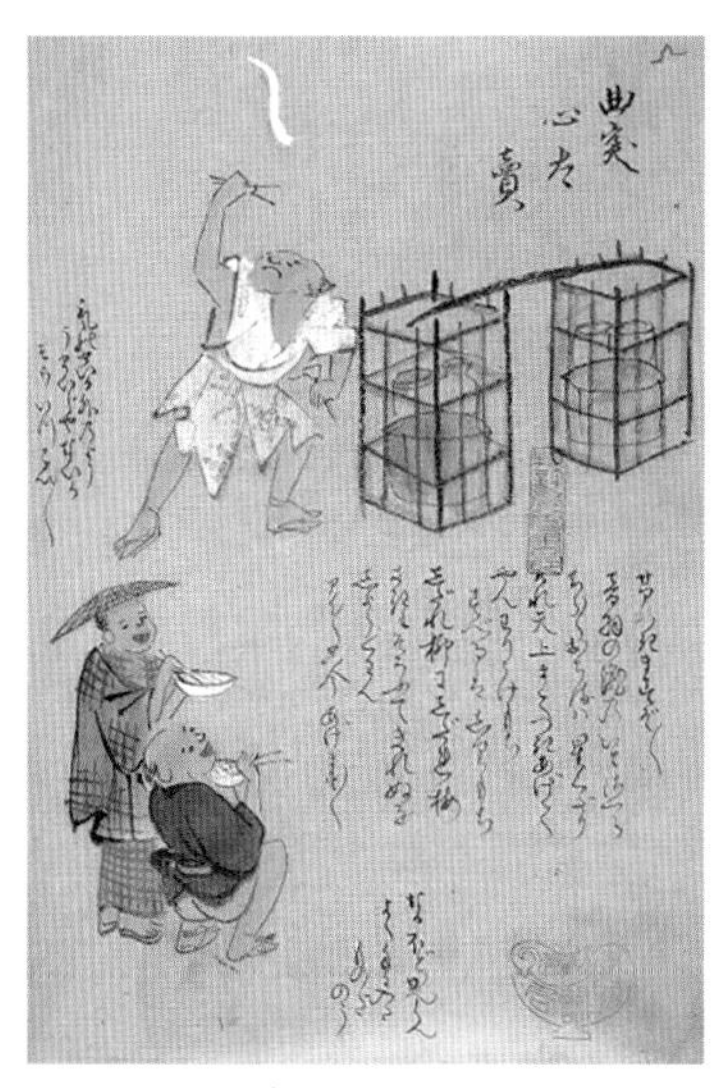

口絵5　曲突き心太（ところてん）売り
曲亭馬琴「近世流行商人狂哥絵図」天保6年（1835）より。国立国会図書館デジタルコレクション蔵

口絵4　室町時代の心太（こころぶと）売り
狩野晴川、狩野勝川／模『職人尽歌合（七十一番職人歌合）』（模本）（部分）より。東京国立博物館蔵。Image: TNM Image Archives

口絵6　天然寒天の製造工程。写真提供＝小笠原商店（長野県伊那市）
①テングサを釜で煮る

②煮汁を漉してトコロテン液を抽出する

③天突きでトコロテンを作る

④トコロテンを天日干しする（凍結・融解・乾燥を繰り返す）

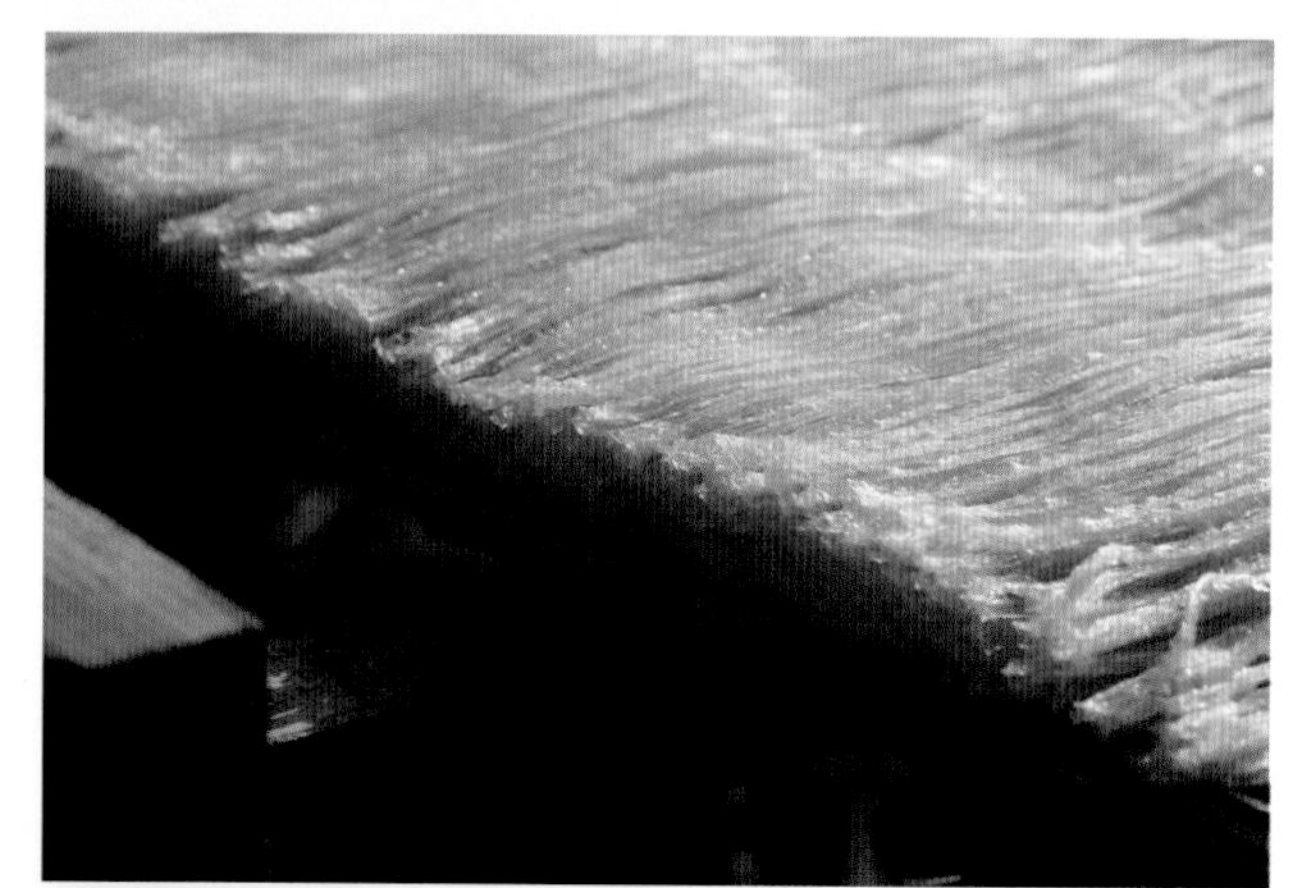

⑤乾燥途中のトコロテン

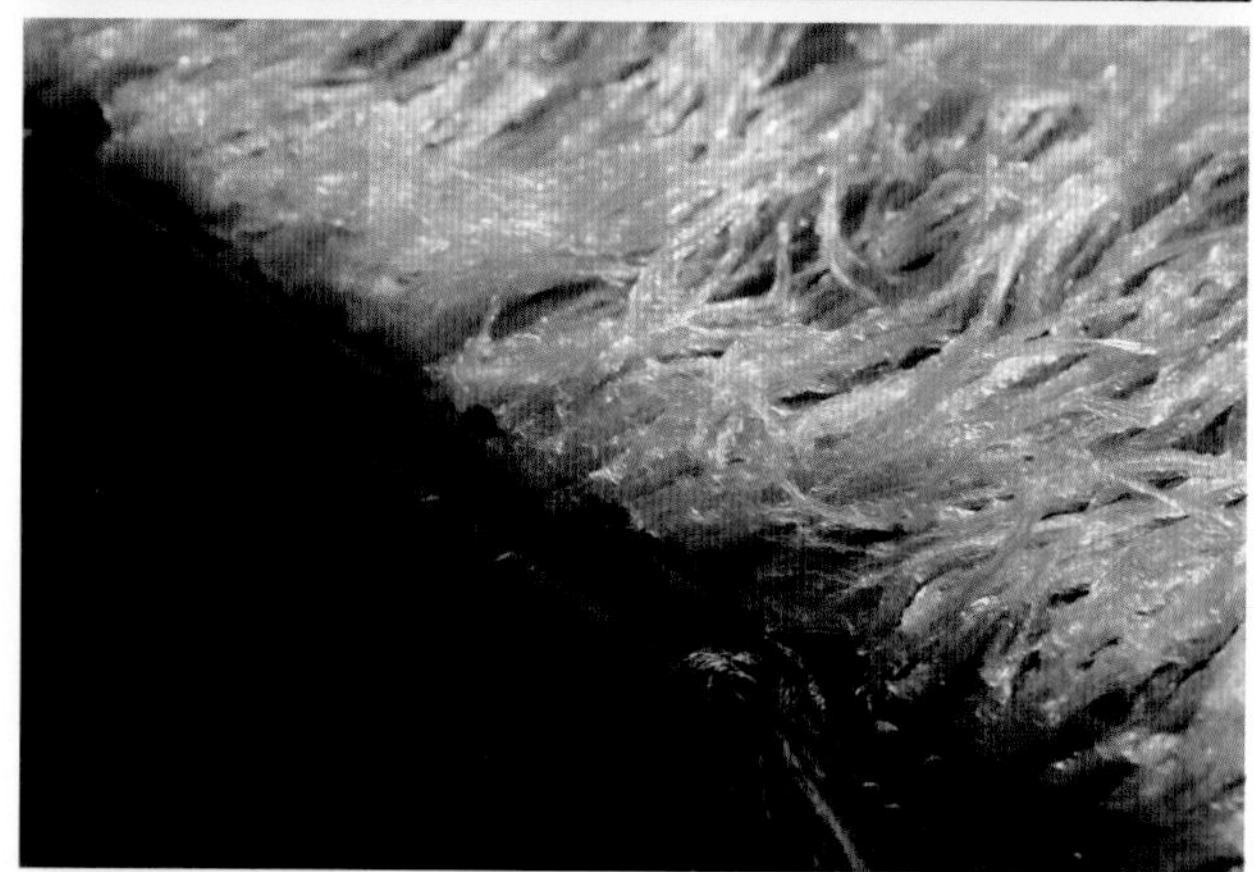

⑥乾燥したトコロテン＝細寒天（糸寒天）

⑦乾燥した細寒天（糸寒天）を束にして運ぶ

口絵7　工業寒天の製造工程。写真提供＝伊那食品工業株式会社
①抽出工程：溶解釜（20KL）に原藻を投入し、洗浄したあと蒸気を吹き込んで原藻を溶解する

②ゲル化工程：寒天ゾル（液体）を冷却し、ゲル（固体）化する

③冷凍工程：寒天ゲルの冷凍庫への出し入れはロボットが行う。冷凍庫内の温度はマイナス20度

④乾燥工程：凍結、解凍後は熱風乾燥させる

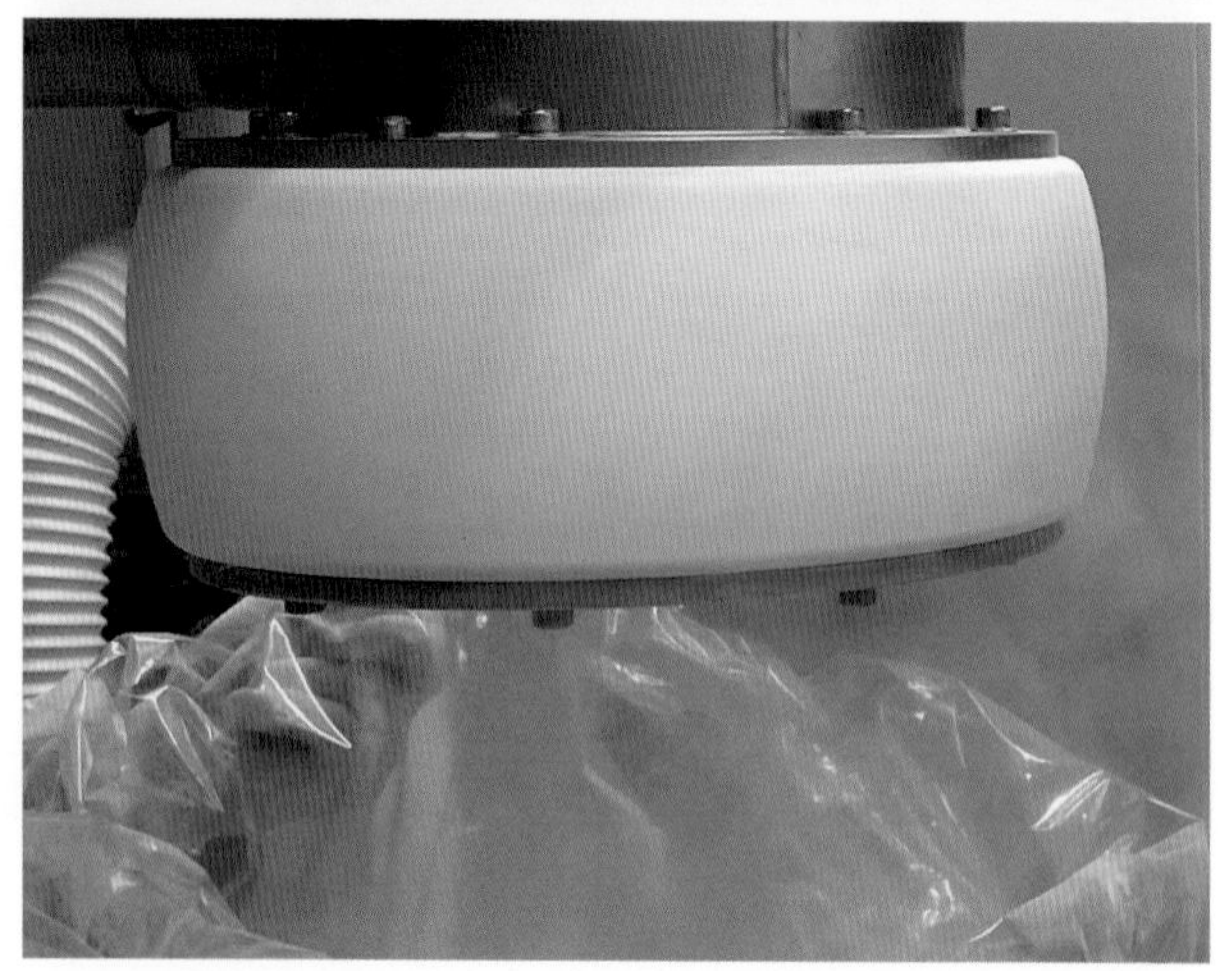

⑤最終工程：粉末寒天（粉寒天）がフレコンバッグに充填される

ものと人間の文化史 190

寒天

中村弘行

法政大学出版局

ものと人間の文化史　寒天・目次

第3章　摂津の寒天　53

第4章　薩摩の寒天　91

第5章　信州の寒天　113

第6章　天城の寒天　139

第7章　岐阜の寒天　171

第8章　樺太の寒天（前編）　201

ものと人間の文化史　寒天

凡例

一、引用文中の旧仮名は旧仮名のままとし、漢字は新字体に改めた。
一、引用文中の送り仮名、数字表記、反復記号はそのままとした。
一、引用文中の〔　〕内は、筆者（中村）による注記・補足である。また、句読点、傍点を加えた場合には、その旨明記した。
一、引用文中の改行は、一部箇所ではスラッシュ（／）を用いた。
一、難読漢字には、本文、引用文問わずに振り仮名を施した。
一、人名は当人の著書などに使用されている表記に従った。例、井上頼國、西澤一風
一、地名は現在の表記を使用した。例、大阪（旧字・大坂）

まえがき

本書の特色は四つある。

第一は、トコロテンと寒天の歴史がわかることである。トコロテンの歴史は古く、古代に始まる。一方、寒天は江戸時代から始まる。また、トコロテンは原料のテングサさえ手に入ればどこでも作れるのに対して、寒天は気温が氷点下になる寒冷地でないと作れない。製造工程に凍結を必要とするからだ。したがって寒天の歴史は製造に適した地域の歴史になる。本書の第1章はトコロテンの歴史であり、第2～10章は寒天の地域歴史学である。

第二は、寒天製造史と食物史の結合を目指したことである。産業史の研究者は寒天を農村工業の一品目として研究する。その研究では、寒天がどんな料理やお菓子に使われたかがわからない。一方、食物史の研究者は、寒天の食べられ方の変遷を追う。その研究では、寒天がどんな地域でどんな作られ方をしたのかがわからない。本書はその結合を実現した。

第三は、寒天の別名称について解明したことである。寒天はさまざまな別名称で書かれてきた。単発的な当て字は別にして、半世紀以上の長きにわたって用いられた別名称に「凍瓊脂」と「寒心太」がある。従来の研究は「かんてん」という読み方を伝えるのみであった。本書は、なぜその別名称が用いられたのかを解明した。詳しくは、第2章（寒天の発明）と第5章（信州の寒天）をお読みいただきたい。

第四は、新説を五つ打ち出したことである。その要点を記そう。

（1）寒天の発明に関して

寒天は日本で発明された。発明者は従来、京都伏見の美濃屋太郎左衛門とされてきたが、本書はそれ以前に「氷心太」「こごりところてん」という名称で寒天が作られていたことを文献資料によって解明した（第2章）。

（2）摂津の寒天に関して

右に書いたように、産業史的アプローチと食物史的アプローチとを結合させることによって、摂津寒天の興亡の背景に寒天の用途の広がりがあったことを示した（第3章）。

（3）天城の寒天に関して

従来は、天城の寒天がわずか七年で終焉を迎えた理由がよくわからなかった。本書は、明治新政府の場当たり的な金融政策の結果であることを論証した（第6章）。

（4）岐阜の寒天に関して

従来、岐阜寒天の創始者は岐阜県農務課副業担当の大口鉄九郎（おおぐちてつくろう）とされてきたが、本書は水産伝習所出身の菖蒲治太郎（しょうぶはるたろう）こそ岐阜に寒天製造をもたらした人物であることを詳説した（第7章）。

（5）樺太の寒天に関して

従来は樺太の寒天＝樺太寒天合資会社の寒天であったが、本書は遠淵村漁民が同会社の独占的支配と闘い寒天製造権・販売権を獲得したことを史実に基づいて解明した（第8～9章）。

寒天は、水とともに加熱すると溶け、冷やすと固まる。そのとき、大量の水分を保持できる。この特性を利用して主に羊羹、みつ豆、アイスクリームなどの菓子、寒天寄せ、ジュレ、テリーヌなどの料理に幅広く使われてきた。

寒天が食品分野以外で使われるようになったのは、一九世紀後半のことである。細菌にほとんど分解されない特性が注目され、微生物を培養する培地として医学等の研究に使われるようになった（近年では、微生物培養寒天をより高度に精製した電気泳動用アガロースが時代の先端をいくバイオテクノロジーの分野で活用されている）。二〇世紀に入ると、歯科医療において患者の歯型形状をとる印象材として使われるようになった。そのほか、化粧品、医薬品、介護食、醸造用清澄剤、布・紙の糊、食品サンプルなどに使われている。

寒天を知らない人はいないだろう。しかし、その歴史はあまり知られていない。歴史は誰かが書かねば忘れられてしまう。そんな思いで書いた。

第1章　トコロテンの歴史

心太と書いてトコロテンと読む。しかし、最初からそう読まれていたわけではない。古代においてはココロフトと読まれていた。トコロテンとなったのは江戸時代である。本章は、トコロテンの転訛(てんか)の歴史をたどるとともに、トコロテン売りの変遷について書く。

1　トコロテンと寒天

トコロテンと寒天

トコロテンのルーツはインドネシアなどの南洋諸島にある。マレー語の〈agar〉、または〈agar agar〉は、もともとはトコロテンの原料であるテングサを意味したが、次第にトコロテンを指す言葉として用いられた。トコロテンはその後中国へ伝わった。中国語でテングサは石花菜、トコロテンは瓊脂と書く。日本には遣唐使（六三〇—八九三）によってその製法がもたらされ、今日まで約一四〇〇年の歴史を持つ。

一方、寒天は江戸時代の初期（一七世紀）に京都で発明された。その原料はトコロテンである。トコロテンを凍結、融解、乾燥（フリーズドライ）させたものが寒天である。その歴史は約四〇〇年である。

トコロテン・寒天の原料

トコロテン・寒天の原料は一般的にテングサと言われている。しかし、厳密に言うと「テングサ」という名の海藻はない。テングサは「目」「科」「属」というより大きな分類カテゴリーの名称である（林金雄・岡崎彰夫『寒天ハンドブック』）。

マクサなど寒天の原料となる代表種は一五種ある。このうち、トコロテン本来の風味と食感を醸し出す原料はテングサ属のマクサ、オニクサ、オオブサの三種に絞られる【表1-1】。特に、マクサ【図1-1】は「質・量ともに、トコロテン・寒天の原料海藻の横綱」である（松橋鐵治郎『寒天・ところてん読本』）。

トコロテンの作り方

トコロテンの作り方を示そう。【図1-2】は、私が自宅で作ったときの写真である。原料の海藻はマクサ（真鶴産）を使用している。

門	亜門	綱	亜綱	目	科	属	代表種
藻植物門	紅藻植物亜門	紅藻綱	真正紅藻亜綱	テングサ目	テングサ科	テングサ属 Genus Gelidium	マクサ
							オニクサ
							オオブサ
						オバクサ属	オバクサ
						ユイキリ属	ユイキリ
						シマテングサ属	シマテングサ
				クリプトネミア目	ムカデノリ科	ムカデノリ属	ムカデノリ
				スギノリ目	オゴノリ科	オゴノリ属	オゴノリ
						オゴモドキ属	オゴモドキ
					ミリン科	キリンサイ属	キリンサイ
					イバラノリ科	イバラノリ属	イバラノリ
					フィロフォラ科	サイミ属	イタニグサ
					スギノリ科	スギノリ属	スギノリ
				イギス目	イギス科	イギス属	イギス
						エゴノリ属	エゴノリ

表1-1　寒天原料の植物分類体系における地位。『寒天ハンドブック』より

図1-1　マクサ。撮影＝鈴木雅大（2015）
サイト「生きもの好きの語る自然誌」より

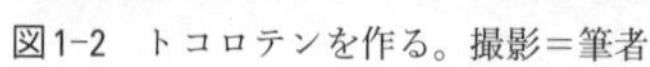

図1-2　トコロテンを作る。撮影＝筆者

①鍋にマクサと大量の水と酢少々を入れて四〇分ほど煮る。この作業は煮熟と言われる。

②布巾で漉す。

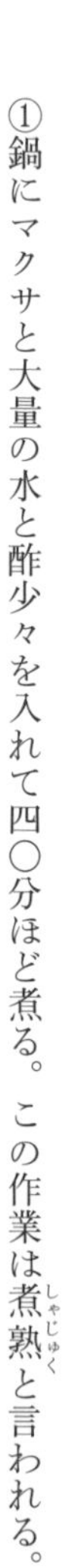

③バットに入れ冷ます。固まる温度は三〇～四〇度なので常温でも固まる（逆に溶ける温度は九〇度以上）。

④サイコロ状に切って（天突きで突く方法もある）、器に盛りつけ、酢醤油をかけ青のりを振る。

2　トコロテンの最初の文字

藤原京跡出土の木簡に心太の文字

藤原京（六九四―七一〇）跡から出土した木簡に心太の文字が書かれている【図1-3】。日本最古の心太の文字だ。

大化の改新（六四五）以来、日本では租庸調という税制が敷かれていた。租庸調の租とは口分田で収穫した穀物、庸とは労役もしくは代用品、調とは地方特産品を意味した。木簡からは中央政権に集められた税の具体的な内容が読み取れる。布や漆、炭、牛皮、鉄、銭とい

心太

図1-3　藤原京跡出土の木簡。藤原京は、飛鳥時代最後の都である。奈良県橿原（かしはら）市と明日香村にまたがる地域に存在した。唐の首都・長安をモデルにした史上初の条坊制（碁盤の目状）の都城（とじょう）である（南北約4km、東西約5km）。その中央には、政治の中枢機関でありかつ天皇の住居であった藤原宮が置かれ、その周りに寺院、役所、市場、住宅などが計画的に配置されていた。人口は約3万人と推定されている。奈良文化財研究所蔵

った品目もあるが、一番多かったのは食べ物である。米や大豆などの穀類や野菜、干物や干した海藻などの保存食、塩、みそ、醤油、酒などである。

木簡はこうした税の内容を記した木の札である。まだ紙が高価だったころ、紙の代わりに使われた。上端、下端には切り込みがあり、そこに蔦（つた）や藁紐（わらひも）をかけて荷に縛りつけたり、先端を尖らせて荷に突き刺したりして用いられた。

写真の木簡には「須二古心太二古軍布小二古荒」と書かれている。さて、この時代、「心太」は何と読まれていたか。

心太の読み方

心太の読み方を知る手がかりは、平安時代中期、貴族の源順（みなもとのしたごう）によって編纂された『倭名類聚抄（わみょうるいじゅしょう）』にある。「心太」の文字自体は、もっと前の大宝律令（七〇一）や続修東大寺正倉院文書写経司解（七三九）にも見られるが、読み方まで記されていない。歴史上初めて読み方を記したのが『倭名類聚抄』である。

心太は漢語「大凝菜（だいぎょうさい）」の項目に登場する【図1-4】。見出しの下には出典「本朝式」が示されている。「本朝式」とは、平安時代初期に発布された『弘仁式』、『貞観式』などの法令のことである。それらには、「凝海藻」と記されているとある。

出典の次は和名である。万葉仮名で「古留毛波（こるもは）」と記されている。「古留」の元は大和言葉の「凝る」であり、「毛波」の元は大和言葉の「藻（もは）」である。

ここで万葉仮名と大和言葉について説明しておこう。万葉仮名が出来るまで日本には書き言葉がなかった。もちろん、話し言葉はあった。その話し言葉が大和言葉である。万葉仮名は朝鮮からやってきた渡来人が作った。渡来人は、時の政権である大和政権に文書・記録係として雇用され、史（ふびと）と呼ばれた。史は日本人の話し言葉（大和言葉）に漢字の字音をあてた。例えば、「派流」（春）、「阿伎」（秋）である。これが最初の万葉仮名である。史から万葉仮名を学んだ日本人識字層は、字音だけではなく、字訓もあてるようになった。例えば、大和言葉の「鳴くも」は当初、字音のみで「奈久母」と書いたが、字訓を使い「名雲」と書くようになった。八世紀に書かれた『古事記』、『日本書紀』、『万葉集』は万葉仮名で書かれている。特に、『万葉集』は万葉仮名の使い方が多彩であったことから、万葉仮名の呼び名が成立した（大島正二『漢字伝来』）。

大凝菜本朝式云凝海藻古留毛波俗用心太二字云古
々呂布止楊氏漢語抄云大凝菜

図1-4『倭名類聚抄』の「大凝菜」の項目。『倭名類聚抄』には10巻本（24部128門）と20巻本（32部249門）の2系統があるが、私は国立国会図書館デジタルコレクション所収の20巻本を参照した。同書は約2600の漢語を分類し、見出しの漢語に対して出典と和名を示した漢和辞典である。国立国会図書館デジタルコレクションより

さて、次に、「俗用」として「心太二字」と書かれている。そしてその読み方を「古々呂布止（こころふと）」としている。最後の『楊氏漢語抄』は、奈良時代養老年間（七一七—七二四）に作られた漢字辞典である。それには見出しの漢語と同じ「大凝菜」の文字が書かれているとある。

このように『倭名類聚抄』は、心太が当時ココロフトと読まれていたことを教えてくれる。したがって、木簡に記された心太の文字もココロフトと読まれていたに相違ない。

心太の文字は誰が書いたのか？

藤原京は七世紀末から八世紀にかけて存在した。木簡に記された心太の文字は誰が書いたのか、官吏・上層階級なのか、それとも一般庶民なのか、について考えてみたい。

一般論としてこの時代、どれくらいの日本人が万葉仮名を書けたのか。それを解き明かす有力な事例は、法隆寺五重塔の初層天井の組木（くみき）に記された落書きである。それは、第二次世界大戦後、塔の解体修理を行なったときに発見された。肉眼では判読できなかったが、赤外線写真ではっきり読めるようになった。組木の左端に万葉仮名で「奈尓波都尓佐久夜（なにはづにさくや）」と書かれていた。「難波津に咲くやこの花冬ごもり　今は春べと咲くやこの花」という有名な歌の書き出しである。この歌は「難波津の歌」として知られる。万葉仮名の手習いの歌として広まったものである。法隆寺は聖徳太子によって七世紀初頭に創建されたが、焼失したため八世紀初頭に再建された。年輪年代法により五重塔の屋根材は七世紀末のものと判明し、この落書きは再建時のものということになった。大島正二はこう述べている。「この落書きが作業にあたった職人の筆の手遊（てすさ）びだとすれば、七世紀あるいは八世紀のはじめには識字層は庶民にまでひろがっていたことになる」（大島正二『漢字伝来』）。

難波津の手習い歌の書かれた木簡が、石神遺跡（奈良県明日香村）、観音寺遺跡（徳島県徳島市）、山田寺跡（奈良県桜井市）のほか、藤原京左京七条一坊からも出土した。いずれも七世紀末のものである（犬飼隆『木簡から探る和歌の起源』）。

法隆寺五重塔の落書きは大工の手によるものだった。庶民の漢字への強い好奇心を感じる。また、同様の事例が各地で見つかっていることを考えると、当時の識字層は上流階級だけではなく庶民の間に相当広範に広がっていたことがわかる。

したがって木簡に記された心太の文字は、税を扱う官吏・上層階級の手によるものだけではなく、沿岸部でテングサ類を採り日に干して乾燥品に仕上げる庶民の手によるものであったことも考えられる。

3　ココロフトはどのようにトコロテンに転訛したのか

出発点は代用漢字「心太」

「古留毛波」という万葉仮名は文字数と字画が多い。そこで代用漢字として「心太」をあてた。それが「俗用」ということである。その結果、読み方も「ココロフト」になった。元のコルモハからは離れてしまっている。こんな大胆なやり方があっていいのかと思うが、似たようなケースでもっとすごい例がある。再び、『倭名類聚抄』を見てみよう。

蔔　和名於保禰　俗用大根二字

漢語で「葍」、和名で「於保禰」、俗用として「大根」と書かれている。ひらがなのない時代である。和名の「於保禰」ではいかにも字画が多く、書くとき手間がかかる。そこで「おほね」を「おおね」と読み替えて、簡略な漢字「大根」をあてた。そして「オオネ」ではなく「ダイコン」と読んだのだ。

これが転訛である。転訛のステップをまとめよう。①「おほね」では発音しづらいので「おおね」と読み替えた。②漢字の「大根」をあてた。③読み方を響きのよい「ダイコン」にした。

「於保禰」→「大根」。文字数を三から二に減らし、字画も三八から一三に減らしたスーパー省エネ略字である。

「古留毛波」→「心太」も、文字数を四から二に、字画も二七から八に減らしたスーパー省エネ略字であることがわかる。

転訛のプロセス

さて、このココロフトという言葉はココロフトのまま使われ続けたのではなく転訛する。

心太が登場する文献を年代順に並べ、その読み方の変化を追ってみた【表1-2】。最古の木簡から『庭訓往来』まではココロフトである。室町時代後期の『七十一番職人歌合』にはココロブトとココロテイの二つの言い方が存在し、江戸時代になるとすべてトコロテンという言い方になっている。

『七十一番職人歌合』は、職人を題材にした歌合である。職人「心太売」を題材にした二首の歌を引

年代	文献	文字	読み方
飛鳥時代	木簡	心太	ココロフト
	大宝律令	心太	ココロフト
奈良時代	続修東大寺正倉院文書写経司界	心太	ココロフト
平安時代	倭妙類聚抄	心太	ココロフト
	東大寺要録三巻	心太	ココロフト
南北朝〜室町前期	庭訓往来	心太	ココロフト
室町時代後期	七十一番職人歌合	心太	ココロブト
		心てい	ココロテイ
江戸時代	料理物語	ところてん	トコロテン
	本朝食鑑	登古呂天	トコロテン
	和漢三才図会	ところてん	トコロテン
	南留別志	ところてん	トコロテン
	名言通	トコロテン	トコロテン
	守貞漫稿	心太	トコロテン

表1-2　文献に見る心太の読みの変遷

用する。

我ながら及(をよ)ばぬ恋としりながら思(おもひ)よりけり心太(ぷと)さよ

盂蘭盆(うらぼん)のなかばの秋のよもすがら月にすますや我心(わがこころ)てい

この二首の歌からは、当時の人びとがココロフトをココロブトともココロテイとも言っていたことがわかる（新日本古典文学大系61『七十一番職人歌合　新撰狂歌集　古今夷曲集』）。

転訛の過程

それを裏づける文献は江戸時代中期に漢学者・太田全斎（一七五九―一八二九）が書いた『俚言集覧』である。書名は『雅言集覧』（石川雅望）に対して名づけられた。俗諺、俗語のほか、漢語、仏教語、固有名詞などを集め解説した江戸時代の口語語彙集である（写本として伝わってきたが、明治三三年（一八九九）に井上頼國・近藤瓶城が五十音順に改編し、増補して『増補俚言集覧』として刊行した）。

それには、ココロブト以降の転訛の様子が描かれている（読点は筆者による）。

「コヽロブトを詞にまかせて心ブトイと呼び、転して心フテエとなり、又転して心テエとなり、又転してトコロテンと呼るなり」（『増補俚言集覧』中巻）。

以上のことから、転訛の過程を整理するとこうなる。

ココロフト→ココロブト→ココロブトイ→ココロフテエ→ココロテエ→トコロテン

4　トコロテン売りの変遷

古代の東西市

さて、トコロテンはどのように売られていたのか。店や口上などの変遷を追いたい。租庸調の税制は、平安時代の中ごろまで維持された。平安時代の法令集『延喜式』（延長五年）の調のリストに海藻が載っている。貢納国は、北は陸奥（青森県）から南は筑前（福岡県）の三一ヶ国に及ぶ。これらが運脚によって京の都に集められた。最も多いのがワカメ類で、二番目に多いのがテングサ類である（国史大

西市のみ	土器、牛、雑染、糖、味醬、絹、麻、蓑笠など16品
東市のみ	木綿、筆、墨、太刀、弓、香、薬、帯、鍬など34品
両方の市	心太、海藻、油、菓子、米、塩、干魚、櫛、生魚など17品

表1-4　平安京の東西市販売品目。東西市は大宝3年(703)、藤原京に設けられたのが最初で、ひき続き平城京・平安京にも設置された。市は、南北4kmのメインストリートである朱雀大路（現在の千本通）をはさんだ七条あたり（京都駅北西）に置かれた。「東西の市」リーフレット京都№65より

海藻名	使用回数
ムラサキノリ	9
コンブ	9
アラメ	9
オオコルモハ	8
ニギメ	7
オゴノリ	6
ミル	5
ヒジキ	5
ツノマタ	4

表1-3　寺院の法会における海藻使用回数。宮下章『海藻』より作成

系編修会編『延喜式』)。

朝廷は貢納された海藻を文武百官（役人）や神社や寺に支給した。神社では支給された海藻を神饌（しんせん）（神に献上する食物）として使用するとともに、神官等に給与として配布した。寺では、各種法会に際し供養料として寺僧等に支給した。精進食に徹していた僧侶にとって海藻は米、調味料と並ぶ貴重な食材だった（宮下章『海藻』）。『延喜式』には、八つの寺院の法会に使われた使用頻度の高い海藻が記されている。宮下は、「コルモハは、同じくトコロテン材料とされたとみられるオゴノリと合算すれば使用度は最も高くなる。当時は寺院の中でもトコロテンを盛んに作っていたのであろう」と述べている【表1-3】。

貴族や役人、神職、寺僧たちは、支給された海藻類のうち余った分を平安京の東西市へ売りに出した【表1-4】。市は朝廷内京職の市司（いちのつかさ）によって運営される官設の市場であったが、市女（いちめ）と呼ばれる商いをする女もいて、官民交

流の場でもあった。罪人の処刑や宗教の布教も行われた。

ほかに民間の市場は認められておらず、さまざまな階層の人が買い物に訪れた。東市は毎月一五日まで、西市は一六日以後と決められ、東西の市が交互に開かれていた。市での販売品は定められていた。心太（トコロテン）は両方の市で売られていた。

室町時代の心太売り

海藻を税として貢納する制度は平安時代末期に朝廷の衰退とともに終焉を迎える。それに代わって一般市場での売買が盛んになり、海藻は全国をマーケットにするようになる。政権が鎌倉に移ってもそれは変わらなかった。足利尊氏が政権を京に戻すと再び京は政治経済の中心になり、蝦夷地も含め全国各地から昆布、ワカメなどとともにテングサ類が集まった。心太は京や奈良の店（心太座）で売られていた。先ほど述べた室町時代後期の『七十一番職人歌合』には「心太売」の様子が描かれている【図1-5】。その口

図1-5　心太売。『七十一番職人歌合』には原本がなく、現存するのは5つの写本である。写本により「心太」の読み方が異なる。右の絵は群書類従本を底本にしているが、読みは「こころぶと」である。一方、東京国立博物館本（口絵4）と前田育徳会尊経閣文庫本は「心ふと」、金沢成巽閣本には「こゝろふと」、明暦3年版本は「心ぶと」としている。新日本古典文学大系61『七十一番職人歌合　新撰狂歌集　古今夷曲集』より

上は「心太（こころぶと）めせ。鍮石（ちうじゃく）も入（いり）て候」（トコロテンを食べませんか。辛子も入っていますよ）である。

生産地

少し脇道にそれるが、その「心太（こころぶと）」はどこで作られていたのかを考えてみよう。それを解くカギが『庭訓往来』にある。『庭訓往来』の底本は南北朝時代〜室町時代前期に作られたが、時代の進展とともに手習い本や注釈本などの数々の後継本を生み出し、明治時代初期まで初等教育の教科書として使われた。「庭訓」とは、孔子が庭で息子を呼びとめ、詩や礼などを学ぶべきと説いた故事に由来し、父から子への教訓、家庭で学ぶべき教訓を意味する。「往来」とは手紙文（往信・返信）のことである。つまり、往復手紙の形式をとった初等教育用教科書である。

その『庭訓往来』の底本に諸国名産が列挙されている。その一つが「西山ノ心太（こころぶと）」である。西山とは、京都の一角、嵐山、嵯峨を入り口とする愛宕山（標高九四八メートル）の麓のことである（新日本古典文学大系52『庭訓往来　句双紙』）。

注釈本の一つに江戸時代に書かれた伊勢貞丈『庭訓往来諸抄大成扶翼』がある。それには詳しくこう書かれている。

「西山ハ山ニテ海ナシ心太ハ海草ナリ山ニ生ズベキ理ナシ然レドモ心太ヲ他所ヨリ求テソレヲ煎ジテコ、ロブトニ作リテ出ダス佳品ナルユエ名物トスルナリ」。

図1-6　現在の清滝川。清滝川には橋長21m、幅員4.5mの渡猿橋（とえんきょう）が架けられている。延宝5年に書かれた『出来斎京土産』（当時の観光ガイド）には、川べりの茶店が描かれている。茶店では、清滝川の水を使って作られたトコロテンも供されたにちがいない。撮影＝筆者

芭蕉も詠んだ「西山の心太」

西山の「心太」は、江戸時代にはトコロテンと読まれるようになった。松尾芭蕉の俳句に登場する。

清滝（きよたき）の水汲ませてやところてん

元禄七年（一六九四）、『奥の細道』を書き終えた芭蕉は、京都西山に「落柿舎（らくししゃ）」という草庵を営む弟子の向井去来を訪ねた。去来は、長旅で歩き疲れた芭蕉にトコロテンを作って振る舞ったのである。

清滝とは西山を流れる清滝川のことである【図1-6】。芭蕉は「美味しい心太ですが、これは清滝川の水で作ったものですね。あなたの心遣いがよくわかります」と感謝の意を込めてこの句を作ったとされている。

二種類のトコロテン

江戸時代初期、寒天が発明されるとトコロテン売りの世界に大きな変化が起きた。西澤一鳳（いっぽう）が嘉永三年（一八五〇）に書いた『皇都午睡（みやこのひるね）』には、トコロテンに二種類あることが記されている（読点は筆者による）。

「心太は、今上製の物をスイトンと云、下品なるをトコロテンと云」。

一鳳は享和二年（一八〇二）、大阪に生まれ、歌舞伎や狂言の台本執筆など大坂劇壇での活動ののち、江戸に移って活動を続け、嘉永五年（一八五二）に没した。『皇都午睡』は江戸で書かれたもので、江戸の文化風俗を大阪、京都と比べて論じたものである。

喜多川守貞が嘉永六年（一八五三）に完成させた『守貞漫稿』【図1-7】には、この二種類のトコロテンについてより詳しく書かれている（読み下し、句読点は筆者による）。

「心太、ところてんと訓ず。三都とも夏月これを売る。けだし京坂、心太を晒したるを水飩と号（な）く。心太一箇一文、水飩二文。買て後に砂糖をかけ或は醬油をかけこれを食す。京坂は醬油を用ひず。また之を晒し、乾きたるを寒天と云ひ、これを煮るを水飩と云ふ。江戸は乾物・煮物ともに寒天と云ふ」。

図1-7　心太売り。『守貞漫稿』国立国会図書館デジタルコレクションより

三都とは、江戸、大阪、京都のことである。大阪に生まれ育った守貞は天保八年（一八三七）、二七歳のときに江戸深川に仮寓し『守貞漫稿』の執筆を始めた。三年後には江戸に定住し、砂糖の商いをしながらのべ一六年かけてこの書を完成させた。大阪も江戸も知っている守貞ならではの内容になっている。彼は、三都いずれにも、テングサから作ったトコロテンとは別に「寒天から作った心太」があり、上物で高価であり、京都・大阪ではそれをスイトンと呼び、江戸では寒天と呼んだとしている。

現在でも、トコロテンには二種類の製品がある。一つは、テングサから作る本来のトコロテンである。テングサの持つ独特の味と香りが楽しめる。もう一つは寒天から作るインスタントのトコロテンである。寒天を煮溶かして型箱に注いで静置すれば数時間でトコロテンになる。このトコロテンは無味無臭であるため、フルーツ・蜜豆作りに適している。【表1－5】にまとめたように、この二つ目のタイプが江戸時代では「スイトン」（京都・大阪）、「寒天」（江戸）と呼ばれたのである。

	京都・大阪	江戸
テングサから作ったトコロテン	トコロテン	
寒天から作ったトコロテン	スイトン	寒天

表1–5　2種類のトコロテン

スイトンはなぜ高価？

江戸時代、スイトンはなぜ上物で値段が高かったのか。テングサから作ったトコロテンは海の香りと味がする。現代人は、海の香りと味が楽しめるトコロテンに魅力を感じる。しかし、当時の人びとにとってトコロテンは、潮臭さと雑味のする品だった。それに比べ、寒天から作るスイトンは無色透明で無味無臭の画期的な商品である。コスト面での問題も大きい。テングサから作るトコロテンに比べ、スイトンはテングサ→寒天→トコロテンと二倍の手間を要した。

『大阪ことば事典』によると、このスイトン、大阪では「すいと」と呼ばれていた【図1－8】。

図1-8　スイトンは大阪では「すいと」と呼ばれていた。『大阪ことば事典』より

トコロテン売りの口上

江戸時代のトコロテン売りの口上とはどのようなものだったのだろうか。興津要によれば、トコロテン売りは「ところてんや、てんや」という口上を発していた（興津要『大江戸長屋ばなし』）。

江戸時代の川柳はそれをこう詠んだ。

心太売は一本ン半によび　郁糸

（『誹風柳多留』第九一編、文政九年）

納豆売りの口上が「なっとおー、なっとおー」、金魚売の口上が「きんぎょー、きんぎょー」と同語反復であったのに対して、トコロテン売りのそれは「ところてんや、てんや」であった。「一本」とは「ところてんや」であり、「半」とはその半分の「てんや」のことである。発声したときの歯切れのよさからこのような口上になったのであろう。

明治三八年（一九〇五）に刊行された菊池貴一郎『江戸府内絵本風俗往来』には「ところてんやぁ、かんてんやぁ」という口上が記されている。

菊池は、嘉永二年（一八四九）に生まれ、明治維新を一九歳で迎え、明治三八年、五六歳のときにこの書を刊行した。菊池が子どものころに見た江戸のさまざまな風俗・事物を、自ら描いた多くの挿絵とともに伝えている。

作家の高田郁は、小説『銀二貫』の中で、「江戸では、夏になると心太（ところてん）売りが、通りを「心太二文、寒天四文」と、流して歩いた」と描いている。

トコロテン売りの風情

トコロテン売りは担い箱にトコロテンや酢醤油などを入れて売り歩いた。その担い箱には、トコロテン売りならではの工夫・特色があった。『江戸府内絵本風俗往来』によると、トコロテン売りの担い箱は格子になっていて中が見え、涼しさを演出するために箱の四隅を杉の青葉で囲み、トコロテンに注ぐ醤油酢を入れた徳利の口にも杉の青葉をさしこんでいた。この風情を歌ったのが次の川柳である。

杉の葉の中から酢が出醤油が出　カシワ

（『誹風柳多留』第九三編、文政十年）

図1-9　トコロテンの曲突き。『江戸府内絵本風俗往来』国立国会図書館デジタルコレクションより

トコロテン売りの中には、「曲突き」という大道芸を披露するものがいた【図1-9】。そうしたトコロテン売りは客に呼ばれると、テン突きへトコロテンをポンと入れテン突き棒を左手に持ち、テン突きを持った左手の肘の上に藍色の皿を据える。テン突き棒を「やっ」という声とともに右手で突きあげる。トコロテンは空中七、八尺高く突き出されて肘に据えられた皿に落ちる（口絵5参照）。

さらに、こんな技もある。トコロテン売りは頭に皿を置いて、その皿の中にトコロテンを飛ばして受けるという技である。客は、それらの練達の技に感嘆しながら箸を手にするというわけである。夏の日のお祭りなどには人だかりができ、このような芸をするトコロテン売りは繁盛した（菊池貴一郎『江戸府内絵本風俗往来』）。

第2章　寒天の発明

寒天の発明について記した文献はなく、残されているのはすべて伝説である。本章では、美濃屋太郎左衛門発明伝説、次いで異説、最後に私の独自調査という順で論じ、美濃屋太郎左衛門発明伝説の前に寒天黎明期が存在したことを論証する。

1　美濃屋太郎左衛門発明伝説

寒天の発明

寒天発明の伝説を伝えた文献は次の八つである。年代の古い順に挙げる。

①高鋭一（こうえいいち）編『日本製品図説』内務省、明治一〇年（一八七七）

②桂香亮（こうすけ）「凍瓊脂の説」『大日本水産会報告』一六号、明治一六年（一八八三）

③河原田盛美(もりはる)『清国輸出日本水産図説』農商務省水産局、明治一九年(一八八六)
④農商務省水産局『第二回水産博覧会審査報告』第二巻第一冊、明治三二年(一八九九)
⑤大阪府『大阪府誌』大阪府、明治三六年(一九〇三)
⑥岡村金太郎『趣味から見た海藻と人生』内田老鶴圃、大正一一年(一九二二)
⑦名倉宗太郎編『寒天誌』大阪府・京都府・兵庫県寒天水産組合、大正一二年(一九二三)
⑧農商務省水産局編『日本水産製品誌』水産社、昭和一〇年(一九三五)

これら八つの文献の一致点は、次の通りである。

薩摩藩主・島津光久が参勤交代の途中で京都伏見の旅館美濃屋に滞在した。食事に出されたトコロテンが屋外に放置され、凍結・融解・乾燥を繰り返し寒天となった。それを美濃屋の主人・太郎左衛門が発見した。太郎左衛門は「心太の干物」と名づけて販売した。京都宇治に黄檗(おうばく)山万福寺を開いた隠元隆琦(りゅうき)禅師がそれを食べ、寒天と名づけた。

凍瓊脂

文献②に「凍瓊脂」の文字が見られる。読み方は「かんてん」である。第1章において「中国語でテングサは石花菜、トコロテンは瓊脂である」と書いた。「凍瓊脂」は、「瓊脂」の頭に「凍」を付けた和製中国語である。この文字を作ったのは、文献①の『日本製品図説』を編集した内務省の官僚・高鋭一(こうえいいち)である。

高は天保四年（一八三三）、徳島藩の蘭医・高良斎の子として生まれ、維新後上京して昌平黌に学び、明治五年（一八七二）太政官左院二等書記生となり、翌年新設された内務省に就職した。岩倉使節団の一員として海外視察を終えた大久保利通が内務卿に就任したのは、明治七年のことである。大久保は殖産興業を提唱・推進し、明治一〇年にはウィーン万国博覧会を参考に、東京上野公園で第一回内国勧業博覧会を開催した。その開催に向けて、大久保が高に作らせたのが『日本製品図説』である。これは、日本が世界に誇る各地の物産製品について、その沿革、製法、生産地、道具等を詳細に解説した書である。「食塩」、「錦絵」、「浅草海苔」、「昆布／凍瓊脂」の全四巻からなる。

高は「寒天」の文字を使わず「凍瓊脂」を使った。その理由を、「寒天」の名字は「雅しからざる」としている。日本語と中国語の関係は、ヨーロッパにおける英語・ドイツ語に対するギリシャ語・ラテン語の関係に似ている。前者は俗語であり、後者は公用語である。ヨーロッパにおけるエリートのための学校は「ラテン語学校」であり、江戸時代の藩校の教科書は四書五経であった。高が庶民の使う「寒天」を嫌い、中国語由来の「凍瓊脂」を使ったのは、こうした背景があったからである。

しかし、この一官僚の言動の影響力は大きく、明治期の文献には寒天を「凍瓊脂」と書くものが相次いだ。右の八つの文献の中では、『日本製品図説』はもとより、「凍瓊脂の説」（『大日本水産会報告』）、『大阪府誌』がそれにあたる。明治二〇年代の大阪府・京都府・兵庫県の寒天製造業組合も規約等において「凍瓊脂」を使った（野村豊『寒天資料の研究（前編・後編）』）。

発明の時期の食い違いと尾崎直臣の研究

八つの文献の食い違っている点は、発明の年代である。万治元年、万治年間、明暦年間、元禄年間、正保四年一一月と五説に分かれる。

高鋭一『日本製品図説』……万治元年（一六五八）
桂香亮「凍瓊脂の説」……明暦年間（一六五五—五七）
河原田盛美『清国輸出日本水産図説』……万治元年
農商務省水産局『第二回水産博覧会審査報告』……元禄年間（一六八八—一七〇三）
大阪府『大阪府誌』……万治元年
岡村金太郎『趣味から見た海藻と人生』……万治年間（一六五八—六〇）または明暦年間
名倉宗太郎編『寒天誌』……正保四年（一六四七）一一月
農商務省編『日本水産製品誌』……万治元年

この食い違いにメスを入れたのは、尾崎直臣である。尾崎は、まず元禄年間（一六八八—一七〇三）を除外した。その証拠として、それ以前に刊行された『江戸料理集』（一六七四）と井原西鶴『男色大鑑』（一六八七）に寒天という言葉があることをあげている。

尾崎は、残り四説を検討した。その方法は、二つである。一つは、『島津国史』に記載された薩摩藩主・島津光久の参勤交代の日程を調べた。光久は、正保四年から万治四年までの一五年の間に、鹿児島から江戸へ一〇回、江戸から鹿児島へ八回旅行している。『島津国史』には出発日と到着日が記載されているだけであったが、たまたま慶安二年の江戸参府の旅行だけ伏見滞在の日程が記されており、それをもとに計算すると伏見から江戸までに要した日数は多くても一七日ということが判明した。ここから、伏見通過の日程を推定し、旧暦から新暦に換算した。

もう一つは、『京都府気象七十年報』（京都測候所）に記載された明治期から昭和期にいたる各年各月の結氷日データをもとに、京都伏見の結氷時期を一二月から三月と特定したことである。

尾崎は両者をつきあわせ、全一八回の旅行について寒天発明の可能性を「ナシ」と「甚小」と「小」と「甚大」の四通りに分類した。その結果、伏見を結氷期に通過する可能性が「ナシ」は一〇、「甚小」が四、「小」が三、「甚大」が一となった。「ナシ」は旅行がほぼ夏季にあたるもので、「甚小」と「小」はほとんど結氷の望めない時期にあたるものであった。ただ一つ「甚大」となったのは、明暦三年の鹿児島発一一月一一日、江戸着一月一三日の旅行である。この旅行だけが結氷が起きる気象条件下で伏見を通過していた。このことを突き止めた尾崎はこう述べている。

「以上により、寒天発明の発端として各説に全く一致がみられる薩摩藩主伏見休泊の際という伝承を前提とする限りにおいては、その年代に関しては以上三種のうち、正保四年一一月および万治元年は否定され、明暦年間のみが信ぴょう性を有するということになり、しかもこの時期には出来事のおこりえた可能性は非常に大であるということになる。そして、さらに特定の年まで規定するならば、明暦三年とするのが妥当であると結論される」（尾崎直臣「寒天の起源についての一考察」『風俗』）。

2　異説

現在、百科事典等の書誌類、食物史関連のテキスト、寒天産業のホームページなどにおける「寒天の発明」に関する叙述は、発明年代についてはばらつきが見られるものの、一様に美濃屋太郎左衛門発明伝説を採用している。しかし、美濃屋太郎左衛門発明伝説には二つの異説があった。

異説その一

まず、菓子研究家の守安正の説である。

「煉羊羹（ねりようかん）が出来上がったのは、天正十七年（一五八七）春、京都聚楽第（じゅらくだい）に日本の諸大名を招いた太閤秀吉が「慈昭院（足利義政）世に塩瀬饅頭を出されしが、予が天下には煉羊羹が現われたるわ」と披露した時であった。それまでの棹物（さおもの）と言えば蒸羊羹か外郎（ういろう）であったから、備中白小豆に明国のしょうえんじ（生臙脂）を使い、淡紅色に照る棹物煉羊羹姿は美しかったに違いなかった。寛正二年（一四六一）創業の京都伏見の鶴屋（駿河屋）五代目岡本善右衛門が奈良朝からこるもは（凝藻葉）とよばれ、みつぎものだった寒天に目をつけ、はじめて蒸羊羹からの転身に成功したものであった」（守安正『日本名菓辞典』）。

美濃屋太郎左衛門による寒天発明の約七〇年前に寒天が存在したという大胆な説である。

しかしこれは、誤りであろう。「奈良朝からこるもは（凝藻葉）と呼ばれ、みつぎものだった寒天」

と書いているが、「こるもは」＝「寒天」ではない。

善右衛門はおそらく、「こるもは」（テングサ）を煮詰めた煮汁を用いて煉羊羹を作ったのだと思われる。一般的に羊羹は、寒天を煮溶かした液に、こし餡と砂糖を入れ、木じゃくしで混ぜ、こねながら水分を飛ばし練り上げて作る。羊羹を凝固させるのが寒天の役割だ。その凝固作用の正体はアガロースという成分である。このアガロースはもともと原料のテングサ類の組織の中にある。寒天を用いずとも、原料のテングサ類を用いて羊羹を作ることは可能である。

私は試みに、テングサとこし餡（小豆）と砂糖を使って羊羹を作ってみた【図2－1】。

①材料は、テングサ（真鶴産）、こし餡（小豆）、砂糖、水である。

②トコロテンの作り方（本書第1章参照）と同じ要領で、テングサを煮熟して布で漉す。

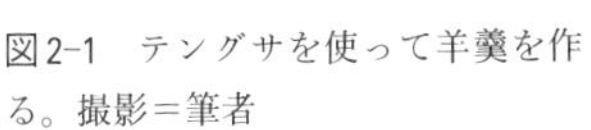

図2-1　テングサを使って羊羹を作る。撮影＝筆者

③漉した煮汁を鍋に入れ、こし餡と砂糖を入れて弱火で加熱しながら木じゃくしで練り上げる。
④バットに移して冷まして完成である。

テングサの煮汁には海藻臭があったが、こし餡を混ぜる過程でその臭いは消失し、最終的には寒天で作る羊羹と変わらない出来栄えになった。

鶴屋五代目の岡本善右衛門はテングサの凝固作用を熟知していたのだと思われる。少し時代はあとになるが、寛永二〇年（一六四三）に書かれた江戸時代初期の料理書『料理物語』には、鮒の煮凝りを作る際、「ところてんの草」を用いることをすすめている。鮒の煮物は、冬場は魚の骨皮に含まれるゼラチンの働きで煮凝りになるが、夏場は暑さのせいでゼラチンは溶けてしまう。『料理物語』の作者は、「ところてんの草」の成分は夏の高温でも溶けないことを知っていたのである。

異説その二

川上行蔵は、「こごりところてん」という名の寒天が寒天発明の一三年前に存在したと主張する。根拠として、京都の茶人である金森宗和が著した『宗和献立』という茶懐石の献立をあげている（川上行蔵『つれづれ日本食物史』、『日本料理事物起源』）。

その茶懐石の献立は「すい物」である。その吸い物の中味として「たけのこがわ、こごりところてん」と書かれている【図2－2】。「たけのこがわ」というのは、タケノコの芽に近い姫皮と呼ばれる可食部のことである。「たけのこがわ」が種であり、「こごりところてん」は吸い口である。

この「こごりところてん」とは何なのか。川上によると『宗和献立』にその説明はないが、元禄二年（一六八九）に書かれた『合類日用料理抄』には「凝ところてん」の作り方が書いてあるという。そこで、『合類日用料理抄』の該当部分を見てみよう（現代語訳）。

凝ところてん　寒のうちに藻の白いところだけを何べんもよく洗い、大釜に入れ、米のとぎ汁の三番を浸すよりもやや多く入れて煮て、藻が溶けてきたとき、水嚢（すいのう）を使って漉します。それを桶に入れておけば固まります。滓（かす）があれば何度も煮て溶かします。固まったところてんを長さ三、四寸、厚さ二分ほどに切り、寒気が強い夜に外へ出し、一夜置くと凝ります。それを日向に出して四、五日間、昼夜外に置くと、渋紙のようになります。凝らせている間には、何度も水をかけるようにすれば、見事な白色になります。よく干し切って取り入れます。雨が少しでもかかってしまうと悪い出来になってしまいます。料理のときは水で洗い、細かく刻み、酒でも醋味噌（すみそ）でも食べることができ、また、汁へ入れてもよく、吸い物にするときは切ってもそのままでもよく、水で洗い椀に入れ、その上に汁を入れます。鍋に入れて焚くと溶けてしまいます。

図2-2　こごりところてん。金森宗和は、茶道宗和流の始祖である。元和4年（1618）以後、烏丸今出川上ル御所八幡町に居を構え茶道を教授した。鳳林承章（ほうりんじょうしょう）や小堀遠州らと親交があり、優美で上品な茶風の宗和流を開いた。その流儀は「姫宗和」と呼ばれ、公家に愛好された。
『宗和献立』国立国会図書館デジタルコレクションより

図2-3　細寒天の入った吸い物。調理・撮影＝筆者

まさに寒天の作り方と同じである。細かく刻むとあるので、料理での用い方は細寒天（糸寒天）と同じである。寒天には現在、角寒天、細寒天、粉寒天の三種類がある。細寒天は、水で三―五分ほど戻して三センチほどに切ると、そのままサラダや和え物や味噌汁などに使うことができる。それによく似ている。

したがって、『宗和献立』にある「こごりところてん」は細寒天であると思われる。試みに、『宗和献立』にある吸物を再現してみた【図2-3】。タケノコ皮は手に入らないので代わりにワカメを用いた。

川上は美濃屋太郎左衛門の寒天発明を万治元年（一六五八）と見ている。そして『宗和献立』の作られた年を正保二年（一六四五）と推定したうえでこう結論づけている。「「こごりところてん」とは、後世の寒天のことではあるが、それは京都伏見の美濃屋太郎左衛門の言い伝えであるところてんの干物より十三年ほど古い」（川上行蔵『日本料理事物起源』）。

『宗和献立』の書かれた年代については、金森宗和の研究者・谷晃が明らかにしている。谷によると『宗和献立』は「承応三年（一六五四）十一月十二日から明暦二年（一六五六）十一月十七日までの約二年間にわたって」開かれた「八十二回の茶会」の記録である（谷晃『金森宗和』）。

調べたところ、「こごりところてん」は、明暦元年（一六五五）五月二八日の茶会に登場する。寒天が発明されたと推定される明暦三年（一六五七）の二年前である。

3　私の独自調査

奥村彪夫の指摘

異説はこの二つであるが、私は『宗和献立』の「こごりところてん」を見て、同種のものがもっと広範に存在したのではないかと考えた。つまり、古代よりトコロテンが盛んに作られた京都では、トコロテンの加工品作りはすでに種々試みられていたのではないかと考えたのである。そう考える根拠は、鎌倉時代に創案された高野豆腐である。生豆腐を凍らせて作ることから凍り豆腐・凍み豆腐の名でも知られる。寺では精進料理に用いられ、庶民も親しんだ保存食であるから、凍り豆腐同様、凍りトコロテンの試作はあちらこちらで行われていたはずである。

その仮説を念頭において文献にあたったところ、奥村彪夫の次の言葉を発見した。

「〔トコロテンは〕平城京の東西の市で売られていた。これをフリーズド・ドライにしたのが凍心太。江戸初期の京都相国寺の日記『隔蓂記』に出てくる」（農文協編『乾物のおかず』解説＝奥村彪夫）。

凍心太が『隔蓂記』の中に出てくる、と奥村は書いているものの、『隔蓂記』の何頁にそれが記されているかまでは論及していない。

そこで私は独自に調査を行なった。判明したことは、『隔蓂記』の著者は、相国寺の塔頭寺院である鹿苑寺、別名金閣寺の住職である鳳林承章であり、彼が『隔蓂記』の中に書いたのは、「凍心太」ではなく、「氷心太」だったことである。

『隔蓂記』に登場する氷○○という加工食品

『隔蓂記』は、茶の湯などを通じて皇族、公家、茶人、絵師、学者、歌人、武士、町人などと幅広く交流をした鹿苑寺（金閣寺）の住職・鳳林承章の日記である。四三歳の寛永一二年（一六三五）に始まり、寛文八年（一六六八）に七六歳で没する二ヶ月前まで三三年間にわたって書き続けられた膨大な日記である。登場人物は、後水尾法王、千宗旦・小堀遠州・片桐石州・桑山一玄・金森宗和などの茶人、野々村仁清・粟田口作兵衛ら初期京焼の陶工、二代池坊専好などのいけばな作家、狩野守信・山本友我などの絵師、林羅山らの儒者など多岐にわたる。前述の『宗和献立』の金森宗和も何度か登場する。

『隔蓂記』の中に「氷」と名のつく加工食品は四つ登場する【表2-1】。氷豆腐、氷餅、氷蒟蒻、氷心太である。冷蔵庫のない時代、保存食品作りが盛んだったことがわかる。四品がどの年間の『隔蓂記』に登場するのかを表にした。これを見ると氷餅が一番多く一二回、次いで氷心太が八回、次いで氷蒟蒻が五回、次いで氷豆腐が二回である。

	氷豆腐	氷餅	氷蒟蒻	氷心太
寛永（1635–43）		1		3
正保（1644–47）		1		
承応（1652–54）	1	1		
明暦（1655–57）				3
万治（1658–60）		1	1	
寛文（1661–68）	1	8	4	2

表2-1　『隔蓂記』に見られる氷○○と名のつく加工食品

氷餅

氷餅が最も多いのは、この当時、餅がいかに重要な食品であったかを物語る。年中行事、仏事神事、斎会(さいえ)や祝い事、宴席などでつねに作られた。

氷餅とはどんな加工食品なのか。承章が『隔蓂記』の中で氷餅について書いた部分をいくつか引用する(現代語訳)。

「山口彦右衛門より氷餅三袋をいただいた」寛永二〇年一月一四日

「八条宮(はちじょうのみや)より使者を通じて木曽氷餅を一箱いただいた」正保三年一月二五日

「八条宮より使者を通じて木曽氷餅を一箱いただいた。正真正銘の氷餅だ」万治四年三月七日

「〔友人を招いて〕氷餅をこしらえる。信濃の氷餅の類いだ」寛文六年一二月

「後水尾法王に手作りの氷餅と氷豆腐を献上した」寛文七年四月五日

判明したことが三つある。一つ目は、氷餅が『隔蓂記』に書かれた日付である。一月と三月が多い。正月、ひな祭りが関係するのだろう。二つ目は、「木曽氷餅」「信濃の氷餅」とあるように、長野や岐阜の特産品になっていることである。三つ目は、承章が氷餅に次第に興味を持ち、ついには自ら手作りしたことである。

陰暦の六月一日は、「氷の朔日(ついたち)」と呼ばれる。かつて宮中では氷室(ひむろ)の節会(せちえ)と呼ばれ、氷室から氷を取り出して臣下に配った。氷室を持てない庶民は、正月の鏡餅を凍らせ氷餅にして保存し、この日、氷

図2-4　氷餅。ヤマヨ食品工業株式会社製。撮影＝筆者

の代わりに氷餅を食べ、無病息災を祈った。鎌倉時代から作られ、凍み餅、雪餅とも称した。作り方は簡単で、水に浸した餅を厳寒の下で凍らせ、十数日かけて自然乾燥させるだけである。病人食や離乳食、非常時食、お茶菓子として用いられる。武士は陣中の糧食としたらしい。

氷餅は現在も作られている。私は長野県諏訪市の食品会社から通信販売で取り寄せた【図2-4】。大きさは、四センチ×二・五センチ×一・五センチ。手にした瞬間、その軽さに驚いた！　一・二グラム。名刺一枚分である。ポットの湯で戻して砂糖を入れて食べた。甘い重湯を食べているような感じで、胃が疲れたときや病人食としていいと感じた。賞味期限は五〇〇日間である。

氷心太

氷餅の次に記録の数が多かったのが氷心太である。氷心太は『隔蓂記』の八ヶ所に確認できた。「心太氷」あるいは「氷之心太」と書かれているときもあるが同じものと考えられる。すべて引用する（現代語訳）。

「平野五郎右衛門、盆礼のために来訪。氷心太を三個いただいた。珍しいものだ」寛永一八年七月一

六日
「高上人（正圓）より氷心太と浅草海苔をいただいた」寛永一九年四月二一日
「江馬紹以来訪。氷心太・経諸海苔一箱をいただいた」寛永二〇年三月二五日
「伏見御香宮（ごこうのみや）神主三木右近（善利）、霊西堂（承霊）とともに来訪。手樽一丁、心太氷二枚、扇子三本、右近よりいただく」明暦二年二月七日
「伏見御香宮神主三木右近（善利）、霊西堂（承霊）とともに来訪。扇子二本、心太氷一包をいただく」明暦三年正月五日
「伏見御香宮神主三木右近（善利）年頭のため来訪。氷之心太一折いただく」明暦四年正月九日
「芝山黄門より江戸へ行くための土産物として、骨柳一個、紙子一端、氷之心太一包を給わった」寛文三年四月五日
「非時作法は露汁・瓜鱠（うりなます）・刺身油麩（あぶらふ）、茄子氷心太海藻・香物塩山椒・青豆・生姜・湯豆腐である」寛文三年八月晦日

判明したことが二つある。一つ目は、「珍しいものだ」という感想である。寛永一八年七月、平野五郎右衛門から初めて氷心太を三個もらってそう書いている。つまり、昔からあるなじみのものではなく、新顔ということである。二つ目は、明暦年間以降は伏見御香宮神主三木右近（善利）がよく氷心太を持参したことである。

平野五郎右衛門とはどのような人物なのか。明永恭典によると、鹿苑寺を訪れる人は大きく分けて、

皇族・貴顕関連の身分の高い人と一般民衆とに分かれる。前者の遊山的参詣とは異なり、後者の人びとは「現実の生活の中で様々な思いや願いをもって鹿苑寺を訪ねた人々である。これらの人々をどのように記述するか、まことに難しい。それは来山の人々が極めて多数である事。多種の職業に跨っている事。その上、歴史の表に現れない人々が大多数を占めている事などによるものである」（明永恭典『隔蓂記の世界』）。

私はこの平野五郎右衛門の人物像を探るために、京都関連の人名辞典などをあたってみたが、わからなかった。『隔蓂記』から読み取れるのは、承章のところによく旬の食べ物を持ってくること、時折飲食をともにすることである。

旬の食べ物とは次のようなものである。

松茸、平茸、茄子、濃柿、葡萄、真桑瓜、氷心太、山芋、紅柿、昆布、長芋、白瓜、筍。

飲食をともにするとは次のようなことである。

・寛永一八年の正月三日には一緒に雑煮を食べている。
・同年六月一日には、茶屋で食事をしている。
・正保二年一一月七日には、北山で夕食をともにしている。
・承応元年一〇月一〇日には、一緒に松茸料理を食べている。
・承応三年五月八日には、朝食をともにしている。
・承応四年一月四日には、夕食をともにしている。

これらから推測すると、平野五郎右衛門は明永の言う「歴史の表に現れない人々」の一人なのであろう。

伏見御香宮神主三木右近

明暦年間以降はもっぱら伏見御香宮(ごこうのみや)神主三木右近(善利)が氷心太を持って姿を現す。御香宮神社のホームページによると、創建年は不詳、はじめは「御諸神社」と称したが、平安時代にあたる貞観四年(八六二)九月九日に、境内から香りのよい水が涌き出たので、清和天皇から「御香宮」の名を賜った。豊臣秀吉は伏見築城に際して、城内に鬼門除けの神として勧請し社領三〇〇石を献じた。その後、徳川家康は慶長一〇年(一六〇五)、伏見城から元の場所に戻し本殿を造営し社領三〇〇石を献じた。慶応四年(一八六八)正月、鳥羽伏見の戦いに際しては官軍(薩摩藩)の屯所となったが幸いにして戦火は免れた。一〇月の神幸祭は、伏見九郷の総鎮守の祭礼とされ、古来「伏見祭」と称せられ今も洛南随一の大祭として聞こえている。

三木右近の人物像も『隔蓂記』に記された以上のことは不明である。ただ一つ、推測が働くのは、伏見における寒天製造である。伝承によれば、美濃屋太郎左衛門は寒天の発明以降、寒天を製造して販売した。三木右近が明暦年間に何度も氷心太を持って現れたのは、そのことと関係があるのではないか。

水晶紙

さて、『隔蓂記』の中には、食品ではない寒天の加工品が登場する。水晶紙である。現在寒天は、食品以外の分野でもさまざまに用いられているが、江戸時代においてもすでに食品以外の分野で使われていたのだ（現代語訳）。

「〔食事の後〕千年紙と水晶紙を見せていただいた」慶安元年三月九日
「水晶団扇（うちわ）を一ついただいた」慶安四年七月一五日
「水晶紙で出来た煙草入れをいただいた」明暦四年一月一日
「水晶紙で出来た団扇を一本いただいた」万治二年七月一六日
「水晶紙の団扇を三本いただいた」寛文元年七月一〇日

高鋭一『日本製品図説』によれば、水晶紙はびいどろ紙とも言い、寒天を「煮溶かしたる汁を薄く広き器に凍らせ乾かしたるもの」である。

パークス・コレクション

写真は現存するただ一つの寒天で作った紙、すなわち水晶紙である。イギリスのロンドンにあるビクトリア・アルバート美術館に所蔵されているパークス・コレクションの中にある【図2-5】。

リー・パークスは慶応元年（一八六五）から明治一六年まで第二代駐日英国大使として日本に滞在した。時の首相グラッドストンの要請で、二年以上の歳月をかけ、全国各地から和紙と和紙製品を四〇〇種以上収集した。帰国したパークスはイギリス帝国議会に『日本における和紙の製造』と題する報告書を提出した。この報告書は、『パークス・レポート』として全世界に知られたが、日本各地から収集された和紙と和紙製品の所在は不明で、長く幻のコレクションとして扱われていた。

昭和五三年（一九七八）、ビクトリア・アルバート美術館の倉庫の中に眠っていたパークスの和紙コレクションが発見された。発見のきっかけは、英国のある和紙愛好家が昭和五一年に来日し、パークスが明治四年（一八七一）に本国議会に『日本紙調査報告』とともに収集した和紙を送っていた事実を知ったことだった。調査の末、前述の美術館で発見された（『海を渡った江戸の和紙　パークス・コレクション展』）。

図2-5　水晶紙。図録『海を渡った江戸の和紙　パークス・コレクション展』より

日本での公開

平成六年（一九九四）、約一二〇年の時を隔てて、パークスが収集した和紙が日本に里帰りをし、「パークス・コレクションの公開」と銘打ってたばこと塩の博物館などで公開された。

写真の水晶紙は、日本で開催されたパークス・コレクション展の図録資料に掲載されたものである。写真の解説文を引用しよう。

「200×200㎜　金花堂製　江戸で収集／ビードロはポルトガル語のvidroが語源で、ガラスのこと。ビードロ紙は硝子紙・水晶紙、寒天紙、ところてん紙ともいう。心太草（テングサ）から製したゼラチン透明膜（寒天）を薄板状に凝固させたもの」。

解説文は寒天を「ゼラチン透明膜」としているが、正しくない。ゼラチンは、動物の皮や骨を原料とするタンパク質（コラーゲン）である。これに対して、寒天は、テングサなどの紅藻類海藻を原料とする炭水化物（食物繊維）である。

パークス・コレクションの中には、寒天から作る紙がもう一つある。鼈甲紙である【図2-6】。解説文によると、鼈甲は玳瑁（海ガメの一種）の甲で、櫛やかんざしや眼鏡の縁に加工される。鼈甲紙はそれの模造品である。製法は水晶紙と基本的に同じだが、異なるのは寒天液にクチナシなどの色料を加えて鼈甲らしさを出すところである。玳瑁紙、琥珀紙とも称し、女子の首飾り、髪飾りに用いられる。

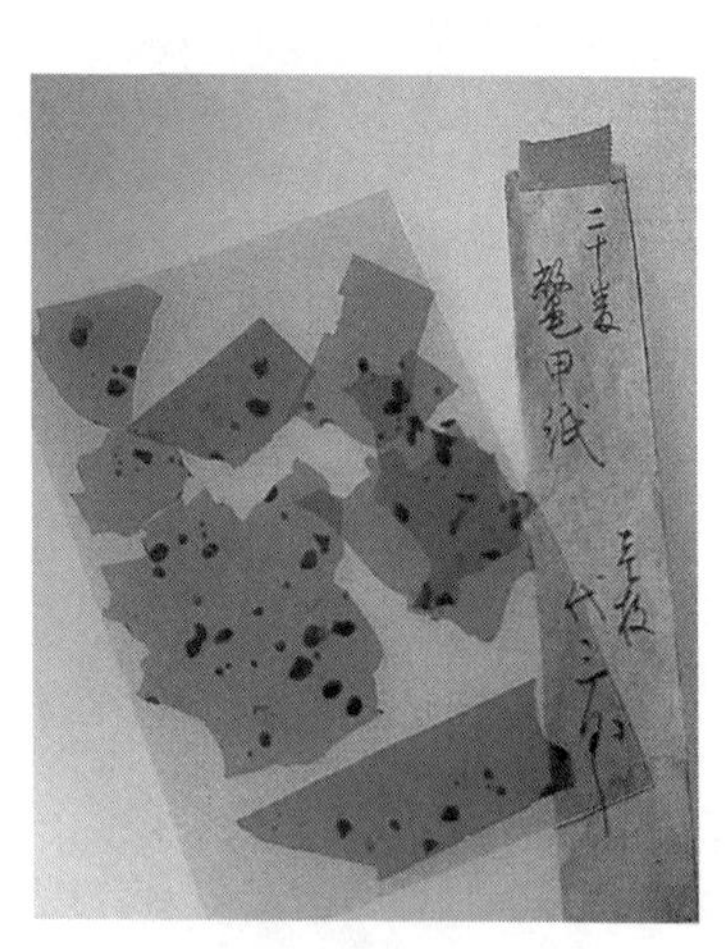

図2-6　鼈甲紙。同書より

『隔蓂記』以降の文献に見られる水晶紙

『隔蓂記』以降にも、水晶紙、ビードロ紙、寒天紙、ところてん紙、鼈甲紙の記述は見られる。年代順に見てみよう。

寺島良安『和漢三才図会』（正徳二年・一七一二）……寒天の溶液を塗った耐久性のある団扇について書いている。

三宅也来『万金産業袋』（享保一七年・一七三二）……「ところてん紙」は夏の障子、団扇の透かし、小細工などに使われているとしている。

木村青竹編『新撰紙鑑』（安永六年・一七七七）……経師類の中に「水晶紙」とある。

森山孝盛『賤のをだ巻』（享和二年・一八〇二）……「びいどろ紙」で作った煙草入れについて書いている。煙草の色が透き通って見え眺めがよいとしている。

ウィーン万国博覧会出品目録（明治六年・一八七三）……「寒天紙　山城伏見」「硝子紙一名水晶紙　大坂」とある（久米康生『和紙　多彩な用と美』参照）。

高鋭一『日本製品図説』（明治一〇年・一八七七）……既述。

尾崎富五郎『改正諸国紙名録』（明治一〇年）……諸製紙類の中に「水晶紙、鼈甲紙」とある。

水晶紙製の煙草入れ

煙草入れは、現在ではほとんど目にすることはない。しかし、刻み煙草が主流であった時代には必需品であった。承章も『隔蓂記』に「水晶紙でできた煙草入れをいただいた」（明暦四年一月一日）と書いていたし、森山孝盛の『賤のをだ巻』にもびいどろ紙で作った煙草入れが取り上げられている。

刻み煙草は江戸時代の初期に日本に入ってきたと言われている。煙草入れは当初、主に屋外で働く人が携行したが、次第に武士、町人、医家、遊女へと広まった。素材も、紙でできた簡単なものから皮や布など多様にかつ芸術的になっていった。田中冨吉によると、「ビードロ紙（水晶紙）というのは、紙に寒天を流して乾燥させ、セルロイド状にしたもので、たばこを入れると中身が透き通って見えるものもあった」（田中冨吉「たばこ入れの歴史」たばこと塩の博物館編『たばこ入れ（増補改訂版）』所収）。たばこと塩の博物館編の同書には六五〇点に及ぶ煙草入れが収録されている。その中には水晶紙で作られた煙草入れはない。

東京スカイツリーの近くにある同館を訪れ学芸員の方にうかがったところ、水晶紙の煙草入れは現存しないとのことであった。日本では水晶紙は見られないのだ。

寒天黎明期

寒天の発明の時期は、「点」ではなく、一定の長さを持つ「線」と考えるべきではないか。そう考える根拠は、『隔蓂記』に記された氷心太と水晶紙と『宗和献立』のこごりところてんの記録である。寒天はすでに複数の人によって作られていた。【表2-2】に示すように、この時期を寒天黎明期と呼びたい。

では、美濃屋太郎左衛門の発明は何なのか。それは発明と言うより、商業的展開の始まり、つまり寒天販売の始まりである。それまでの寒天には販売に関する記録はなく、個人的贈答の域を出ないも

和暦	西暦	寒天、寒天の加工品	文献等	
寛永 18	1641	氷心太珍物なり	鳳林承章『隔蓂記』	寒天黎明期
寛永 19	1642	氷心太	同上	
寛永 20	1643	氷心フト	同上	
慶安元	1648	水晶紙	同上	
慶安 4	1651	水晶団扇	同上	
明暦元	1655	こごりところてん	金森宗和『宗和献立』	
明暦 2	1656	氷心太	鳳林承章『隔蓂記』	
明暦 3	1657	氷心太	同上	伏見で寒天発明
万治元	1658	氷心太、水晶紙の煙草入れ	同上	寒天販売期
万治 2	1659	水晶紙の団扇	同上	
寛文元	1661	水晶紙の団扇	同上	
寛文 3	1663	氷心太	同上	
寛文 11	1671	かんてん	作者不詳『料理献立集』	

表2-2　寒天黎明期から寒天販売期へ。筆者作成

のであったが、美濃屋太郎左衛門という商人の手にかかって初めて商品になったと考えられる。伝説ではあるが、太郎左衛門は「心太の干物」という名で寒天を売り出したとあるからだ。

ネーミングが拍車

隠元禅師が美濃屋の販売する「心太の干物」を食べて「寒天」と名づけた時期は、明暦三年（一六五七）以降、寛文一一年（一六七一）以前のことと推察される。寛文一一年とは文献（『料理献立集』）に初めて「かんてん」の文字が登場する年である。

隠元禅師は臨済宗、曹洞宗に並ぶ日本三禅宗の一つである黄檗（おうばく）宗の開祖として知られる。来日したのは承応三年（一六五四）。山城国宇治に黄檗山万福寺を開いたのは、寛文一年（一六六一）、七〇歳のときであった。「心太の干物」に関心を寄せた背景には、黄檗料理がある。当時の精進料理は、

曹洞宗・永平寺の茶懐石にルーツを持つ質素で定型的なものであった。しかし、彼が伝えた黄檗料理は、ゴマ油を使い、豆腐や葛を活用して肉、魚、卵料理のもどき料理も創作する、今日風に言うならマクロビオティックのような型破りなものであり、のちに普茶料理と呼ばれ精進料理の新しい流れを作った。「普茶」とは、普く衆人に茶を施すという意味であり、卓を囲み大皿に乗った料理を各人が取り分けるのが特徴である。彼は、新しい食材である寒天に精進料理の幅を広げる新たな可能性を予感したのかもしれない。

隠元禅師による「寒天」のネーミングが商業的展開に拍車をかけたのは想像にかたくない。トコロテンと同じく語呂がいいからである。

第3章　摂津の寒天

摂津に寒天をもたらしたのは宮田半兵衛である。摂津の寒天は、昭和二五年（一九五〇）ごろまで生産高日本一の座に君臨し続けた。本章は、創始期において豪商と対峙した半兵衛たち城山組の活躍と挫折を描くとともに、その興亡の背景に寒天の用途の変化があったことを解明する。

1　摂津の寒天の始まり

その後の伏見の寒天

伏見での寒天製造は当初美濃屋一軒であったが、その消費地は二、三〇年の間に、京、大阪とその周辺に広がり、寒天を扱う店も増えていった（宮下章『海藻』）。

元禄四年（一六九一）の天満青物市場における「万口銭付覚」に伏見の寒天が記されている。天満青物市場というのは、堂島の米市場、雑喉場の魚市場と並ぶ江戸時代の大阪三大市場の一つである。「万口銭付覚」とは、天満青物市場における乾物取引の際の口銭（手数料）のことである。葛、山椒、干し大根、昆布、氷蒟蒻など三三品の中に寒天が記載されており、五歩口銭となっている（西村徳蔵編『大阪乾物商誌』）。

伏見の寒天は、淀川岸の伏見港から船で大阪天満の八軒家浜に運ばれ、対岸にある天満青物市場に運び込まれた。

『料理献立集』（寛文一二年・一六七二）、『江戸料理集』（延宝二年・一六七四）、『茶湯献立指南』（元禄九年・一六九六）などの料理書にも伏見の寒天は登場する。さらに、正徳二年（一七一二）の『和漢三才図会』に伏見の寒天を見ることができる（現代語訳）。

「冬月厳寒の夜にこれ〔トコロテン〕を煮て露天にだしておくと凝凍って大変軽虚になる。俗にこれを寒天という。〔中略〕城州の伏見の里でこれを製造し、僧家では調菜の必要品としている」。

このころから約一〇〇年もの長い間、寒天製造は伏見だけで行われた。はじめは美濃屋一軒であったが、のちには他の二軒が加わり、それら三軒で独占的に製造していた（宮下章『海藻』）。

しかし、伏見でのみ寒天が作られる時代はやがて終わりを告げる。

宮田半兵衛

摂津の寒天の創始者は宮田半兵衛である。彼は享保一六年（一七三一）三月、摂津国島上郡原村城山

（現高槻市原）で生まれた。島上郡は京都と大阪の中間に位置する、摂津の中では最も東側にある地域である。島上郡の北半分は山で南半分は平野である。平野を東西に西国街道が走る。南の端は、淀川である。産業の中心は米作りだが、大阪中心部に近いこともあって昔から酒、綿、煙草、菜種などの副業が盛んで、全般的に農民の商工業への関心は高かった。そのため、貨幣経済の浸透度が高く、農民層の分解、零細化の進行速度も速かった（津田秀夫『近世民衆運動の研究』）。

図3-1　現在の城山。撮影＝筆者

彼の住む島上郡原村城山は、西国街道から遠く離れた北部の山間にあった。『高槻市史』第二巻の付図（小林健太郎作図）によると、原村は淀川の支流である芥川の最上流に位置し、城山は原村とはやや離れた飛び地になっている。国立公文書館デジタルアーカイブの摂津の絵図（天保年間）で確認すると、その飛び地には「原村内城山村」とその名が記されている。城山村は原村の字であり、略して城山村と呼ばれた。現在は城山という区域になっている【図3-1】。田畑を所有しない無高農民（水呑百姓）が多く、寒さの厳しい冬季の耕作はきわめて困難で、村人は炭づくりや線香作りなどで飢えをしのいだ。

天明元年（一七八一）、五〇歳になる彼は伏見の美濃屋を訪れた。若いころから農業に熱心で、村役も務めた彼が美濃屋で寒天製造法を学ぼうと思ったのは、冬場の村の生活の苦しさを何とかしたいという思いからだった。彼は、寒天製造には冬場の厳しい寒さが適していると知り、それまでマイナスでしかなかったわが村の自然条件が、むしろ逆にプラスに働くことに胸を躍らせながら、是が非でもその製造法をマスターしようと美濃屋の門を叩いたのである。

寒天製造法を修得した彼は、美濃屋から原藻を買って城山村に帰った。そして渓谷に寒天場を作り、試作した。城山村の冬の冷え込み、水量豊富な渓流、燃料の薪の豊富さ、それらは伏見よりはるかに寒天製造に適していた。出来上がった製品を伏見に持っていき美濃屋で販売してもらったところ、大いに売れた。これに喜んでさらに製造に励み、数年後には製造器具も工夫して、ますます良質品を製造するようになった。彼はその製造法をまず村内の親戚、嘉兵衛に教え、ついで佐兵衛、茂兵衛に伝えた。

美濃屋以外に原藻の仕入れ先がない彼は、天明年間の中ごろまで、原藻はすべて美濃屋から調達し、出来上がった製品はすべて美濃屋に納めた。しばらくはこうした「伏見への従属の時代」が続いたという（野村豊『寒天の歴史地理学研究』）。

大根屋小兵衛

半兵衛たちの寒天を伏見への従属から解き放ったのは天満乾物問屋の大根屋小兵衛である。彼は、宝暦元年（一七五一）に乾物商人となり、明和年間（一七六四―七一）には天満青物市場の有力乾物商人の一人になった（西村徳蔵編『大阪乾物商誌』）。

天明五年（一七八五）、彼は南伊豆に旅をする。名倉宗太郎編『寒天誌』はそのエピソードをこう書いている（現代語訳）。

天明五年、大阪の町人乾物青物問屋大根屋小兵衛は、商用にて江戸表に行き、帰路、東海道三島駅に宿泊した際、かつて大阪南安治川に住む伊豆出身の船宿主人小松屋仁兵衛が伊豆草を少量ずつ買い入れたことを思い出した。同じ宿に宿泊していた南伊豆から来た客人に南伊豆の心太草の出来栄えを訊いたところ、段々よくなってきているとのことであったので、実地検分を思い立った。〔下田街道を南下し〕大仁（おおひと）駅で昼食を食べた際、南伊豆の小商人と世間話をするうちに話が南伊豆の心太草に及んだ。小商人は大根屋小兵衛の案内役を買って出、二人は下田港に着いた（この小商人は鈴木吉兵衛〔のちの海産物下田商人〕の祖先である）。下田で現場を視察し、心太草の豊富なことに喜んだ大根屋小兵衛は心太草を買いつけるとともに、小商人に大阪への廻漕を依頼し大阪に戻った。これが寒天の原料として世に知られた伊豆草の始まりである。〔子孫の〕鈴木吉兵衛は津々浦々奔走し、南伊豆一帯の心太草を買い取って大阪に廻漕することを本業とした。当時の漁場は、東は網代より西は松崎、南は長津呂港〔現在の南伊豆町石廊崎漁港〕までであるが、とりわけ須崎、柿崎あたりの心太草が上物である。神津島産が最上物で、これらを大根屋は買い占めた。

彼は、原村をはじめとする北摂の村を訪れ、原藻提供の話を持ちかけた。

牛地蔵

小兵衛が買い占めた伊豆草は船で淀川岸の前島浜に運ばれ、そこから牛車に乗せられ丹波・若狭へと通じる京坂越え（きょうさかご）と呼ばれる街道を北上して原村に運ばれた。牛は、日本海側の若狭からも海産物などの物資を、京坂越えをして淀川の前島浜へ運んだ。原村の神峯山寺（かぶさん）の参道入り口には、輸送を担った牛をねぎらう牛地蔵がある【図3－2】（地図は図3－11参照）。

彼は、半兵衛たち北摂の製造者に原藻を販売した。農民に購入資金がなければ前貸しして製品納入時に清算するシステムを取った。また、寒天製造を始める者には製造に必要な道具を揃えるのに必要な資金も融資した。問屋が原料を提供し、製造人が自宅で生産し納品する典型的な問屋制家内工業である。

図3-2　牛地蔵。牛は淀川岸の前島浜と若狭を結ぶ京坂越えという険しい山道で物資の輸送を担当した。天保4年（1833）、原村の人びとが牛の苦労をねぎらうため建立奉納したと伝えられる。撮影＝筆者

彼の登場によって誰でも手軽に寒天製造に着手できるようになり、続々と乗り出す者が出てきた。寛

政元年(一七八九)には服部塚脇村の岡山文蔵が、翌年には島下郡上音羽村の塩田仁兵衛および島下郡太田村の石田与兵衛が製造人になった。寛政一〇年までに、島上・島下・豊島三郡一八ヶ村に三〇人を超す寒天製造人ができた。

「音に名高き寒天を太田に広めて製は城山」という言葉が残っている。音は上音羽の仁兵衛、太田は与兵衛、城山は半兵衛を意味し、いずれ劣らぬ良品を作っていた(野村豊『寒天の歴史地理学研究』)。

中国への輸出

摂津の寒天は国内で販売されただけではなく、中国へ輸出された(小林茂『北摂地域における寒天マニュの展開』)。

寒天には細寒天と角寒天の二種類があり、前者は中国輸出向け寒天であり、後者は国内向け寒天であった【図3-3】。中国で細寒天が好まれたのは、高級食材である燕の巣(漢名・燕窩)【図3-4】の代用品として用いられたからである(河原田盛美『清国輸出日本水産図説』)。

対中貿易は幕府の独占事業であった。伏見の寒天も摂津の寒天も長崎会所(元禄一一年・一六九八創設)に買い取られ中国に輸出された。長崎会所は、長崎奉行所の役人と商人によって運営された。中国商人は長崎郊外に建てられた唐人屋敷(元禄二年創設)に滞在していた。唐人屋敷は密貿易を防止するために作られた。屋敷の二階が船主と商人の部屋で、一階が乗組員の部屋であった。屋敷の管理には長崎奉行所から派遣された乙名(おとな)という役人があたった。ほかに、組頭、唐人番などが配置された。

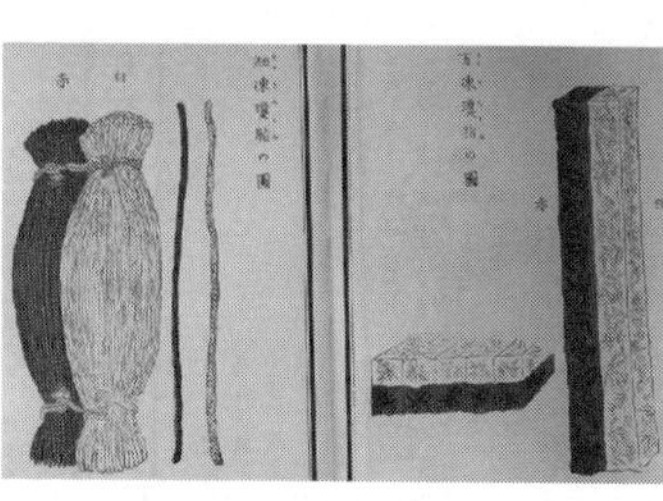

図3-3　細寒天と角寒天。角寒天の重さは8グラム、細寒天は約0.2グラムである。角寒天は煮溶かして使うが、細寒天は数分水で戻しぎゅっと絞ればそのまま料理に使える。江戸時代には刺身のツマや吸い物の具として使われていた。『日本製品図説』より

図3-4　燕の巣。食用になる巣を作るのは、ツバメの中のアナツバメという限られた種類のツバメである。東南アジアのごく一部の地域にしか生息しない。そそり立つ断崖絶壁に海藻類を集めて巣を作る。唾液を混ぜながら海藻を噛み砕いて作るため、巣は寒天質の白い繊維状をしている。『材料・料理・技術事典Ⅱ』より

対中貿易の輸出品は、一八世紀の中ごろまではほとんどが銅で占めた。銅の輸出量が減ると、幕府は俵物（干鮑、煎海鼠、鱶鰭）と諸色（昆布、寒天、鯣、鰹節など）の輸出に力を入れた。中国で珍重される高級食材である。

寒天が初めて登場するのは、延享二年（一七四五）である。五隻の中国船に合計約九五〇〇貫を積み込んでいる。以下、量に増減はあるが、寛延三年（一七五〇）、宝暦二年（一七五二）、宝暦八、九年、安永四年（一七七五）、天明四年（一七八四）と続く。この辺までが伏見の寒天である。その後は摂津の寒天が加わる。寛政元年—四年（一七八九—九二）、寛政六—八年、文化四年（一八〇七）、文化六—七年、天保四年（一八三三）と輸出している（永積洋子『唐船輸出入品数量一覧　一六三七〜一八三三』）。

2　寒天製造法

以下に示すのは、江戸時代の寒天製造法である。次の諸文献を参考にした。

- 高鋭一編『日本製品図説』
- 農商務省水産局編『日本水産製品誌』
- 福山昭「近世寒天業の賃労働者」
- 高田郁『銀二貫』
- 茨木市史編さん委員会編『新修茨木市史』第二巻（通史二）

晒場での作業

寒天製造は晒場（さらしば）での作業から始まる【図3－5】。晒場に適した場所は川原である。仕事は九月下旬

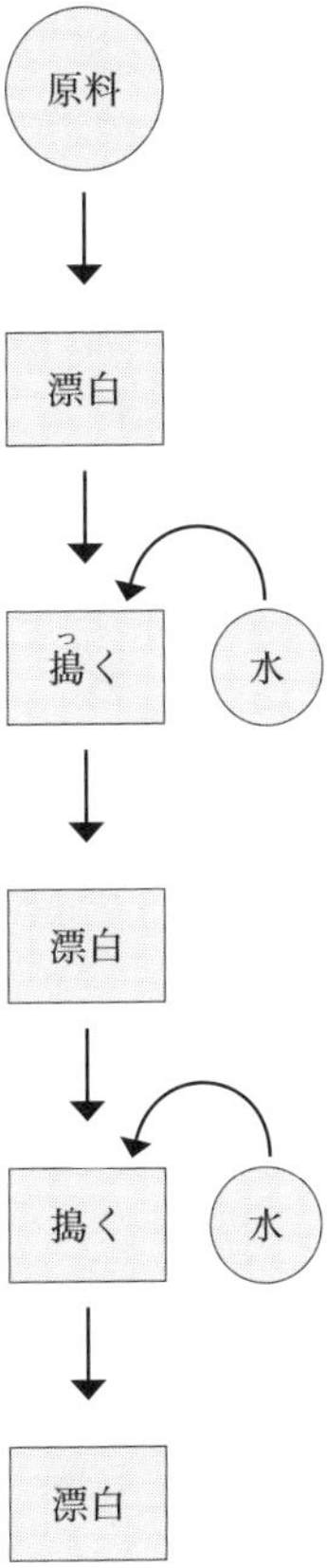

原料 → 漂白 → 搗（つ）く（水） → 漂白 → 搗く（水） → 漂白

図3-5
晒場での作業工程

に始められる。まず、原藻（テングサ、オゴノリ、イギス等）を川原に広げ、水を散布し日光にあてて色を抜く。これを唐臼（踏み臼）または木臼に入れて、水を加えつつ搗いて塩分やあくを抜き、砂礫、貝殻などを除去する。さらに一〇日余り川原に晒し漂白する（初晒）。次いで二番晒として同じ作業を行う。漂白・乾燥した原藻はいったん蔵にしまわれるが、一二月中旬に天場に移される。

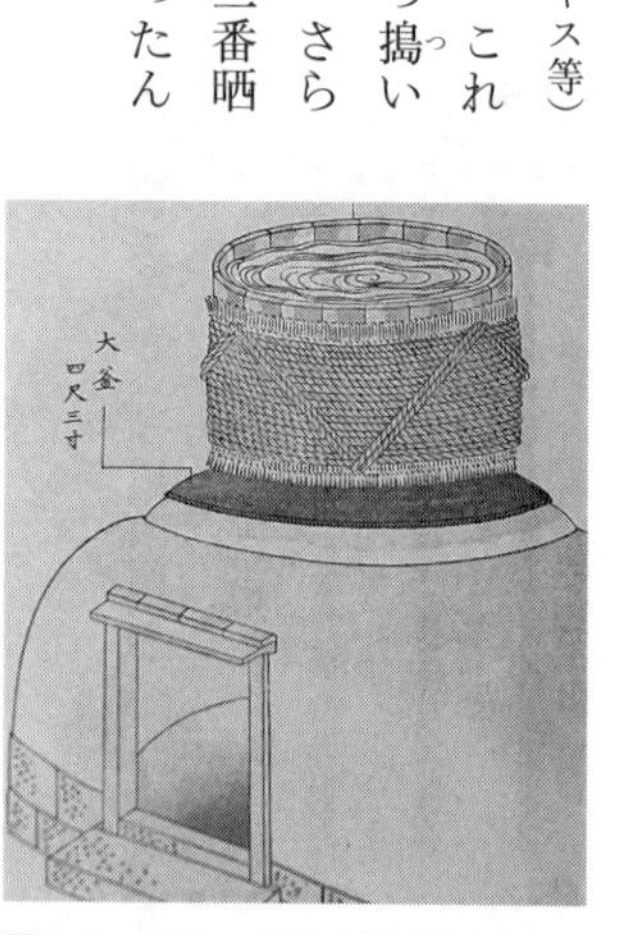

図3-6　大釜。四尺三寸（約163センチ）とあるのは直径のことである。『日本製品図説』より

天場での作業

一二月中旬から作業開始。最初の火入れは釜始めと言い、大釜【図3-6】に酒を供えて全員で祈る。釜は煮熟釜という直径一六〇センチ以上の大釜を用いる。まず釜に水一〇石を入れ、早朝から焚きつけ、沸騰したところへ晒した原藻を投入し、約八~九時間、八〇度くらいに温度を保ちつつ煮熟する。時折差し水をし、寒天質の溶出を促進するために拌棒で攪拌する。【図3-7】のように、圧搾道具をセットしたうえで、釜の中から煮汁を杓で漉袋へ流し込み、これを圧搾して大船に受ける。大船に移された寒天液を通越（替越）という手桶を使って小船に入れ、そのまま固める【図3-8】。固まったのがトコロテンである。搾りかすはさらに水を加え、再び一時間ほど煮て、同様に圧搾する【図3-9】。

図3-8　通越で小船に寒天液を運ぶ作業。『日本製品図説』より

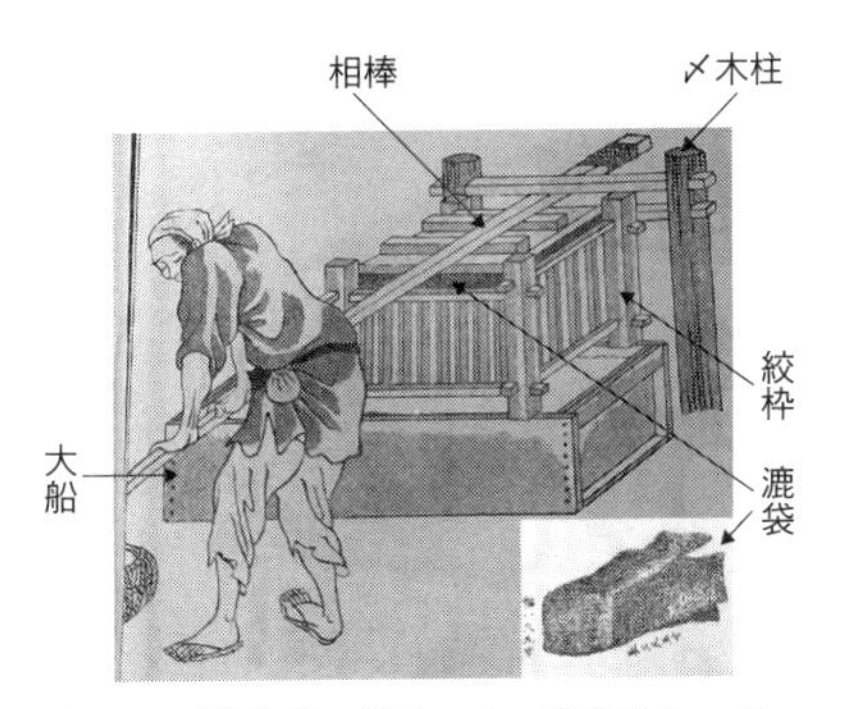

図3-7　圧搾作業。絞枠の中に漉袋が入っている。押し棒を〆木柱に渡して押蓋に圧力をかけ大船の中に寒天液を絞り出す。『日本製品図説』より

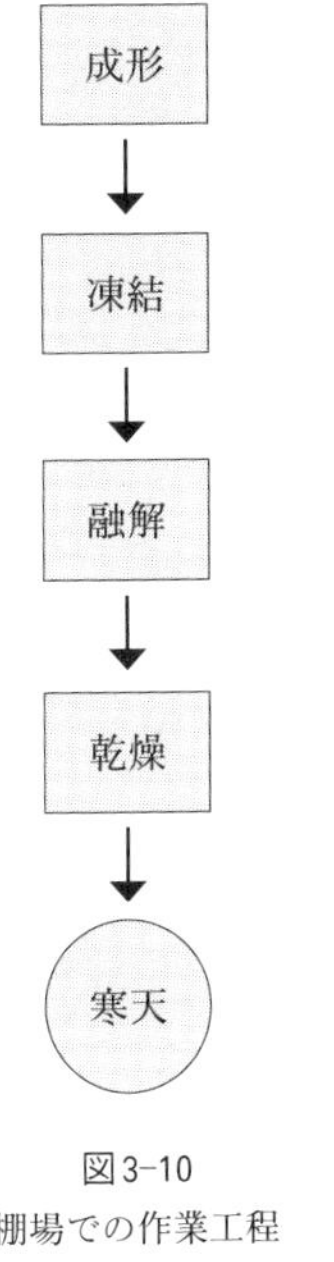

図3-10
棚場での作業工程

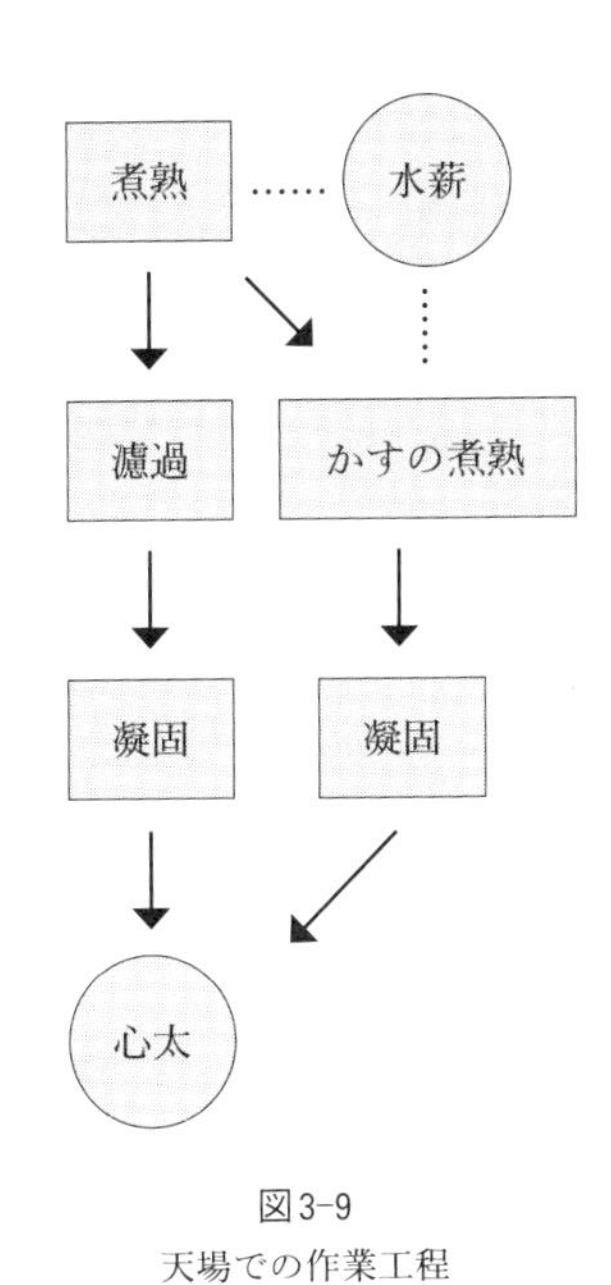

図3-9
天場での作業工程

棚場での作業

棚場は屋外の耕地に設置される。棚に簾を敷いた所へトコロテンを並べる。角寒天は砥石状に一定の寸法に切断して並べ、細寒天はテン突きで突き出し、天然の寒気で凍結させる。夜間凍結したトコロテンは海綿状になり、昼間融解すると水と不純物が除去される。凍結と融解を繰り返すこと、約二週間で寒天となる【図3－10】。

3 仲間組合結成の機運

仲間組合結成願書

寛政一〇年（一七九八）、半兵衛たちは大阪町奉行所に仲間組合結成の許可を願い出た（抄訳）。

乍恐御願

摂州島上郡・島下郡・豊島郡十八ヶ村寒天製法人三四人

惣代　島上郡芥川村　庄兵衛　　同郡津ノ江村　市左衛門

私たちは寒天を製造して所々へ売り出し生計を営んでいる者です。長崎にて唐人や紅毛人に売り渡すために、伝法村の製造人たちとともに売り出したところ、お互い住所が隔たっていることから自分勝手に売買しようとしたため、寒天の品質に善悪があり寒天の価格が不都合に高下してしまい、売買に混乱が生じました。これ以上、品質や規格が不揃いの品を売り続けるならば商売衰微の原因になると思われ、一同嘆かわしく思っています。そこで、御慈悲をもって私ども三四人株または仲間組合を御許可いただけましたならば、我々一統、製法を入念にして売り出し、正当な価格で販売いたします。もしご公儀の方で買い上げていただけるならばこの上なく有り難いことなので、価格はなるべく引き下げることにします。現在の人数株または仲間組合、御免許くだされば末代まで家業を続けることができることとなり、この上なく有り難く存じ上げる次第です。

寛政一〇年二月

島上郡芥川村　庄兵衛／弥助／権右衛門
同郡高槻村　利助
同郡津ノ江村　市左衛門／太兵衛
同郡東五百住村　勘右衛門／宇八／平右衛門
同郡土室村　新蔵
島下郡車作村　政右衛門
島上郡服部塚脇村　文蔵
同郡城山村　茂兵衛／嘉兵衛／浅右衛門／半兵衛
同郡原村　文治郎

同郡萩谷村　治右衛門
豊島郡止々呂美村　勘右衛門
島下郡太田村　治兵衛／嘉左衛門／長兵衛／与兵衛／弥兵衛／伊八
同郡西川原村　要蔵
同郡田中村　嘉七
同郡安威村　久兵衛／喜右衛門／利右衛門
同郡道祖本村　長左衛門
同郡上音羽村　仁平衛／市兵衛／治平衛
同郡富田村　平七

（野村豊『寒天資料の研究（前編）』）

願書の内容を要約すると次のようになる。

私たちは寒天を製造して長崎で中国人などに売り渡しています。しかし、伝法村の製品と一緒に売り渡したところ、寒天の質に善し悪しが生じ価格が下落してしまいました。これ以上、品質や規格が不揃いの品を売り続けると商売が衰微しかねません。そこで、私たちに仲間組合の結成をご許可ください。組合において品質と規格の統一をはかってまいります。

富田（とんだ）村の所属郡が島下郡となっているが、島上郡の誤りである。それを踏まえたうえで、願書に記された十八ヶ村の製造人数内訳を表にしてみた【表3－1】。

願書の冒頭には製造人の数が「三四人」と記されていたが、願書に書かれた名前を端から数えてみると、またこうして表にして一八の村の製造人数を合計してみると、実際の数は三五人であったことがわかる。

村の位置を地図に示してみた。村名の下の（　）内は製造人数である【図3-11】。

半兵衛が伏見の美濃屋で寒天製造法を学び始めたのは天明元年（一七八一）のことであった。大阪奉行所にこの願書を提出した寛政一〇年とはそれから一七年後のことである。芥川の上流、摂津の北部の山間の地で始まった寒天製造が、わずか一〇有余年の間に国の中央部である西国街道の周辺にまで広がっていることがわかる。半兵衛は六七歳になっていた。

仲間組合結成へと彼らを駆り立てたその大元には幕府の経済政策があった。仲間組合とは、かつては

郡	村名	人数	各計
島上郡（十ヶ村）	芥川	3	18
	高槻	1	
	津ノ江	2	
	東五百住	3	
	土室	1	
	服部塚脇	1	
	城山	4	
	原	1	
	萩谷	1	
島下郡（七ヶ村）	車作	1	16
	太田	6	
	西川原	1	
	田中	1	
	安威	3	
	道祖本	1	
	上音羽	3	
豊島郡	止々呂美	1	1

表3-1　18ヶ村の製造人数内訳。野村豊『寒天資料の研究（前編）』より

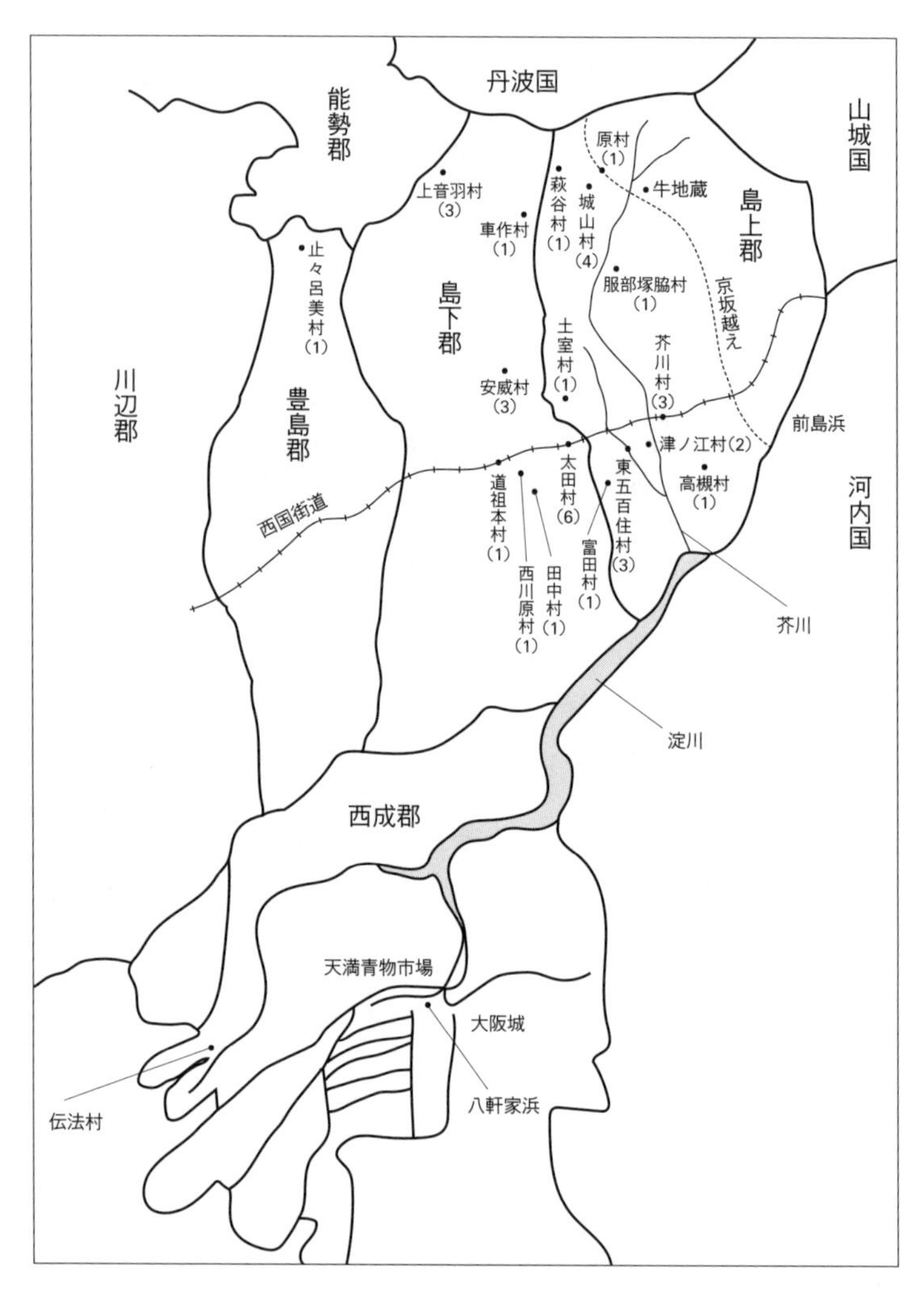

図3-11　寒天製造18ヶ村分布図（寛政10年）。野村豊『寒天資料の研究（前編）』より作成

座と呼ばれた同業者団体である。平安時代の末ごろから、商工業者は同業者でまとまって座をつくり、貴族や寺社といった荘園領主に金銭を納める代わりに販売の独占権を得た。その後も座は発展したが、安土桃山時代から織田信長など楽市楽座政策をとる大名が増え、豊臣秀吉の太閤検地による荘園の廃止で座は消滅した。座から解放された商人は城下町に店を開き、自由な商業活動を行なった。しかし全国的な商品経済の発展の結果、市場は荒れ、貧富の差は開き、八代将軍徳川吉宗は綱紀粛正、米価安定、倹約実行、目安箱の設置など引き締め政策を実行した。享保の改革である。商工業者に対しては仲間組合を結成させ、金銭を納める代わりに営業独占を認可した。いわば座の復活である。明和・安永・天明年間（一七六四―八九）のいわゆる田沼時代には、数々の仲間組合が誕生した。仲間組合結成は世の趨勢であり、十分に幕府の意を汲んだものであった。

伝法村

願書にある伝法村というのは、淀川の下流、大阪湾に近い村である（図3－11参照）。天明年間に寒天曝（さらし）屋が一軒あったという記録がある（『西成郡史』）。島上・島下の山間部に比べると「余りにも海に近く、土地も平坦であつたので、良質の寒天の製造は適せず、その為寒天は廃して、寒天を原料とする三島海苔の製造に転向した」地域である（野村豊『寒天の歴史地理学研究』）。

驚くのは、摂津の南部の西成郡の伝法村でも寒天製造が行われていたということである。おそらく伝法村は天満青物市場に近いため、比較的容易に原藻を手に入れることができたのであろう。三島海苔とは、紅や緑の色寒天を細く切り、板海苔のように方六寸（一八センチ四方）に作ったもので、寒天製品の一種である（『日本製品図説』）。主に、湯で洗って刺身のツマや料理の軒（飾り）として用いられた。現在、三島海苔は流通していない。京都府八幡市にある石清水八幡宮の神饌（神に供える食べ物）としてのみ、その姿をとどめている。

4　城山組と尼崎又右衛門

城山組の結成

寒天製造の後発組である伝法村は、半兵衛ら北摂の製造人から見れば新規参入者である。彼らの寒天の質がよくない、このような製造人を野放しにしておいては、商売が衰退する原因になりかねない。願書はそう訴えている。幕府に対して何らかの規制を求めたのである。

しかし、願書は受けつけてもらえなかった。なぜ幕府は認めなかったのか、不明である。「[願書は]どうも聞き届けられなかったらしく、文化年間に及んでも寒天の製造販売には何等の規制がなかった」とされる（野村豊『寒天の歴史地理学研究』）。

これ以降、摂津の寒天は一五年以上自由競争にさらされる。注目に値するのは、その過程で誕生した小さなグループである。自由競争のなかで生きていくために、品質の向上をはかりブランド戦略を展開した城山組である。そのメンバーは、城山村の茂兵衛、浅右衛門、半兵衛、嘉兵衛と服部塚脇村の文蔵の五人である。彼らは、切磋琢磨して良質な寒天を作り続け、城山組の商標を貼りつけて出荷した。それは長崎の唐人屋敷を通して中国に輸出された。しかし半兵衛は、そのさなかの享和三年（一八〇三）一二月、七三歳で亡くなった。

尼崎又右衛門

文化年間（一八〇四—一八）に入ると寒天製造人は八〇人余りに増えた。自由競争下に置かれた摂津の寒天は大幅な生産過剰を招いた。そのため、文化一〇年（一八一三）、全員が製造をいったん停止した。もしこれ以上製造人が増えたら共倒れになるという危機感を抱いた彼らは、当時の大阪商業界の最高権力者・尼崎又右衛門に輸出用細寒天仲間組合の取締役就任を要請した。権力の力に頼りたいと考えるほどに事態は切迫していたのである。

又右衛門は徳川家康の時代に始まる特権商人である。初代・又次郎は家康の戦陣に随伴し材木・船を供給した。又次郎没後、甥の又左衛門が跡を継ぎ、大阪の陣には旗本を務め徳川氏のため武器などを供給して貢献をなした。彼はのちに又右衛門（初代）と名乗り、駿府・江戸室町・大阪天満長柄町に屋敷を拝領した。以後代々にわたって又右衛門名を相続し、幕府から最高の特権と格式を付与された。

又右衛門は大阪奉行所に輸出用細寒天仲間組合の取締役に就任することを願い出、月番長奉行平賀貞愛の許可を得た。同奉行がその旨を触書にて公示したのは、文化一一年（一八一四）七月である。その趣旨は、次の通りである（抄訳）。

製造者たちから当地の町人尼崎又右衛門へ一手取り締まりの依頼があったことから、又右衛門よりその願い出があったので、事情を聞いた。寒天は三、四〇年以前から長崎へ廻し、唐方へ売り渡しを行なっている品物であるが、事前に数量を取り決めていたわけでもなく、銘々勝手次第に製作していたため、次第に過剰になり全員が製作を休むほどにまでなってしまった。以後は一ヶ年あたりの製作量を取り決め製作しているが、摂州島上・島下両郡そのほか、この近辺の者で八〇人程の製作人があり、これ以上無秩序に製作人が増えたのでは、荷物の流通にも支障が出ることが避けられない状態になるとのことであった。したがって、今後は村々において新規に長崎廻しを目的とする寒天の製作を望む者は、これまで製作してきた者たちと交渉をし、かつ又右衛門へ直接申し込み、支障が生じないようにしたうえで製作を始めるものとする。

（野村豊『寒天資料の研究（後編）』）

幕府は、寒天業界が共倒れになりかかったことを他人事のようにとらえている。まるで、一六年前の寒天製造人一八ヶ村三五名の仲間組合許可願（寛政一〇年）がなかったかのような対応だ。それはともかく、又右衛門は各製造人の製造量に規制をかけた。輸出用細寒天を製造できる者は、又右衛門から許可をもらった者に限られ、製造量も過去の実績とは関係なく、全員同量となった。それは城山組を圧迫した。それまで輸出市場に出回っていた優良な城山製品は次第に姿を消した。

中国商人の反応

これに鋭く反応したのは、長崎唐人屋敷の中国商人・沈秋屏(ちんしゅうへい)であった。彼は、文化一三年(一八一六)、唐人屋敷に詰めている長崎奉行所の地役人に質問書を提出した(抄訳)。

私は在館船主の沈秋屏と申します。これまで寒天を買い調(ととの)えてまいりましたが、近ごろ、寒天の品質が劣り、黄ばみもあり、本国での売れ行きが悪く、非常に困っています。「城山」という印がある品物は色合いが白く上等な品でしたが、近ごろではその品がなくなってきています。私どもは城山印だけを買い調えたいと出入りの商人に申しましたが、その品を仕入れてくれません。なにとぞ、城山印のある寒天が買い調えられますよう、出入りの商人どもへご命令ください。

(野村豊『寒天資料の研究(前編)』)

長崎商人による役人への回答

地役人(乙名、組頭)は唐人屋敷に詰める長崎奉行所の役人(事務担当者)である。彼らは中国商人の質問に答えるために、出入りの長崎商人(諸色屋、寒天屋、野菜屋)に中国商人の質問書を渡した。彼らは、質問書を持ち帰り、後日文書で回答した。次に掲げるのは、その商人たちによる役人への回答文である(抄訳)。

寒天を唐方へ売り渡すことにつきましては、私どもが大阪に行き、製造人を確保し、上方表の数軒の問屋を通し積み下ろして参りました。製作場所は、摂州島上郡・島下郡・西成郡に九ヶ所あります。これらのうち、島上郡城山という所は土地柄が宜しく、年々上品が出来ます。私どもで、城山製の寒天に他の寒天を混ぜて唐方へ売り渡して参りましたが、文化一一年以来、大阪表尼崎又右衛門が一手に取り締まりをすることになり、現在においては同人の手を離れては、大阪からの積み出しができなくなっております。又右衛門は生産高を平等に割りつけ製作させているため、唐人衆に好まれている城山製作寒天の流通はかなり減少致しております。このため全体としては品質が劣るようになってしまい、唐人衆から苦情が出ています。

この件につき又右衛門と交渉して参りましたが、製作場所の生産高を平等にしていることは動かないとのことなので、上品の流通は減少したままです。唐人衆からは城山印の分だけを売り渡すように願いが来ておりますが、私どもが自由に差配することはできません。寒天は重要な売り物ですので、唐人衆の感情を損ねてしまうようではと非常に心を痛めております。すでに去秋の出帆のときには一三万斤ほどの買い上げがありましたが、色々品質について苦情を申し立てられ、今回は右の半量分の注文となってしまいました。

唐国への売りさばき方が悪いという理由により、次第に売りさばき高が減少してしまったのでは、私どもの困難は申すまでもなく、配下で働く者たちの生活が困難となり、この上なく嘆かわしく存ずる次第です。恐れながら以上のように書付を以て御答え申し上げます。

文化一三年

諸色屋　三郎治以下八名
寒天屋　平兵衛以下二名
野菜屋　平蔵以下五名

唐人屋敷　乙名　組頭　御衆中

（野村豊『寒天資料の研究（前編）』）

これを読んだ長崎奉行所の役人は困り果てたことであろう。商人たちは、又右衛門の取り締まりが原因で商品の質が低下し、輸出量も半減したと言っている。しかし、又右衛門の取り締まりは幕府の方針である。板挟みにあった長崎奉行所は、沈黙した。

埒が明かないと感じた長崎商人たちは、思いもよらない行動に出た。城山組に直接、増産の嘆願書を送ったのである（抄訳）。

商人から城山組への増産嘆願書

秋冷弥増しでございますが、益々御安康のことと御慶び申し上げます。さて、年来私どもより唐方へ売り渡して参りました寒天につきまして、当春、在館の唐人衆一統より唐館御役場へ願書が差し出され、それには私どもの仕入れ方に問題があるため年々品質が劣ってきているという趣旨のことが書かれていました。確認したところ、本当に品質が劣っておりました。以前、直仕入れの節には、今とは違って貴家様方一統の荷物が大量にありましたので、唐方へ売り渡す節も全体として穏やかに進めることができましたが、現在は苦情が多く困っております。

このような事情ですので、万一品物の確保ができなくなりますと私ども一統は非常に困ります。また、第一に重要な御冥加銀の上納という公的な責務にもかかわることでございます。そこで、差し当たり当冬の仕入れに不安がありますので、貴家様方御一統の製品につきましては、当冬からは通年の二倍ほどに増加するような段取りで御仕込み下さるべく御願い申し上げます。唐人衆の願書にも城山製と指名があり、好まれておりますことは、誠に御仲間の御面目の次第と存じ上げております。つきましては、唐人衆の質問書並びに答書の写しを御覧に入れますので、これまで以上に御念に入れられ御出精下さるよう御願い申し上げます。

文化一三年九月朔日

諸色屋惣代　小西正兵衛　印／同　緒方武兵衛　印

野菜肴屋惣代　甘濃平蔵　印／同　溝口卯兵衛　印

城山組

寒天屋　茂兵衛様／同　浅右衛門様／同　文蔵様／同　半兵衛様／同　嘉兵衛様

（野村豊『寒天資料の研究（前編）』）

ここに半兵衛の名があるが、城山で寒天製造を始めた半兵衛はすでに他界している。ここに名がある半兵衛は、跡を継いだ息子であろう。

この嘆願書を読んだ城山組は、どう思ったであろうか。又右衛門の指示に従って減産に協力してきたが、中国商人も長崎商人も城山寒天を高く評価し、増産を望んでいる。このまま又右衛門の指示に従い続けるか、それとも彼らの要望に応えるか。葛藤の中で彼らが選んだのは、後者であった。

城山組寒天増焚訴訟

文化一三年一〇月、城山組の五人は、大阪奉行所に訴訟文を提出した。その趣旨は次の通りである（抄訳）。

私どもは長年の間、寒天を長崎表へ送り届けて参りました。一四、五年前までは唐人が買い上げる数量は一年に、三〇斤入り一〇〇〇丸ほどで御座いました。私どもは色々と工夫を重ね「極大白上品」を作ることにより唐国へ広めたいと考え、城山組と書いた印紙を差し入れて積み送り致しましたところ、上品であるとの噂が立ち、年々注文が増え、私どもだけでも、一ヶ年に三〇斤入り一八、九〇〇丸ほど長崎表へ送って参りました。私ども以外の製作人の寒天も増え、合計高が三〇斤入りのものを八、九〇〇〇丸ほども積み送るまでになりました。

その後製造人が増え、製造量の見通しも立てず、品質などへの心得もないままに製造する傾向がありましたので、粗悪品が多くなり、売れなくなりました。そこで、製造人一同から尼崎又右衛門に一手取り締まりを頼みました。私どもは印紙をやめました。製造量も大幅に減らしました。新たに紀州表と京都の新製作人としばらく休んでいた城州伏見の製作人が長崎表に寒天を送るようになりました。又右衛門取り締まりの〔摂津の〕寒天は減少してしまいました。昨年は一人につき一一〇丸製作していましたが、今年は九〇丸です。

唐人は品質低下に気づき、本国での売れ行きの悪さを嘆いているようです。唐人の要望で唐館役場に売り込み商人が呼ばれ事情聴取を受けました。商人は回答を送りました。それらの写しとともに商人からの書状が届きました。それには、私ども城山組の寒天を増産してほしいと書いてありました。

私ども城山組の寒天が好まれていることは、私どもが長年にわたり精を出してきたことが報われたのだと喜んでいます。以前のように上品を製作し長崎表へ送るならば、唐人の評判も立ち直りますし、私ども以外の製作人も上品を製作するように心がければ、全体として大量に買い上げられるものと信じています。

この件について又右衛門方と交渉しましたが、何かと聞き入れがなく、とても下々の者では対談できない状態ですので、恐れながらやむをえず長崎より到来した書状の写しを添えますので、御上覧下さるよう御願い申し上げます。なにとぞ、この件につきまして御聞き届け下さいまして、唐人が好みます品物を、数年来続けて参りました量を製作致したい旨を、又右衛門が承知してくれるよう、恐れながら御憐憫をもって仰せ付け下さりますれば幸いです。

（野村豊『寒天資料の研究（前編）』）

長崎表には摂津の寒天だけではなく、紀州、京都、伏見の寒天が送られていたことがわかる。寒天製造は各地に広がっていたのだ。

野村豊によれば、この訴訟は又右衛門と城山組との対談になったが、又右衛門は聞き入れなかった。同年一一月、中国商人から城山製の寒天を買いたい旨の願いが再度長崎商人たちにあり、一二月、彼らは城山組に注文を発し、同時に尼崎屋にも交渉した。

「そこで翌文化十四年正月、城山組製造人は再度奉行へ願ひ出たのであつたが、その結果は文書が残存していないから不明であるが、おそらく又右衛門の不承知で終つた物と考へられる」（野村豊『寒天の歴史地理学研究』）。

5 尼崎又右衛門の支配強化

羊羹の発明

城山組は輸出用細寒天に見切りをつけ、国内向け角寒天に生産を切り替えた。これに同調する製造人が続出した。というのは、一つには、又右衛門は輸出用細寒天の取締役になったのであって国内向け角寒天は彼の支配の及ばないところであったからである。もう一つは、江戸に角寒天の大きな需要が起こり、大阪の寒天問屋から江戸向け輸送が盛んになっていたからである。なぜ江戸での需要が増加したのか。背景には羊羹の発明があった。

寒天の用途を年代順に見てみよう（虎屋文庫『寒天ものがたり』より）。


『料理献立集』寛文一一年（一六七一）……精進料理に「かんてん」（刺身として）。

『江戸料理集』延宝二年（一六七四）……「寒てん、そのま、水にてざっと洗ひて用へし」。

『合類日用料理抄』元禄二年（一六八九）……「凝ところてん」（製法は寒天と同じ。既述）。

『茶湯献立指南』元禄九年……精進料理に「色寒天」（刺身として）

『和漢精進料理抄』元禄一〇年……吸い物の部に「かくかんてん、小口［切り］、但八月より三月までよし」。

『御菓子之絵図』宝永四年（一七〇七）……「氷室山」というお菓子の材料に「かんてん」。

『当流節用料理大全』正徳四年（一七一四）……刺身に寒天の使用あり。

『調味雑集』明和頃（一七六四―七二）……水ようかんに寒天使用。

『卓子式（しっぽく）』天明四年（一七八四）……豆砂糕（ようかん）に寒天使用。

『料理通』文政一二年（一八二九）……梨子羹、柚子羊羹、梅羊羹に寒天使用。

図3-12　歌川国芳『深川佐賀町菓子船橋屋』。東京都江戸東京博物館蔵。画像提供＝東京都江戸東京博物館／DNPartcom

『菓子話船橋』天保一二年（一八四一）……金玉糖、胡麻羹、麦羊羹、柑玉糖などに寒天使用。

このように寒天の発明の直後は、主に刺身や吸い物の具として用いられた。例外は宝永四年『御菓子之絵図』の「氷室山」である。寒天は一八世紀後半から羊羹の材料として需要が高まるが、これはその先鞭と考えられる。この時期は、羊羹と言えばまだ蒸し羊羹を意味した。小麦粉や葛粉をつなぎとして、餡子・栗・砂糖などを蒸し固めたものである。ういろうもその一種である。寒天で固める練り羊羹が登場すると、蒸し羊羹にはなかったなめらかな口あたりと日もちのよさで爆発的な人気を集めた。

江戸の有名な料理屋である八百善の四代目主人栗山善四郎が著した『料理通』は、谷文晁、酒井抱一、葛飾北斎等の挿絵を載せた、江戸文化の粋を集めたもので、七〇年にわたりロングセラーとなった。その中に、三種類の練り羊羹のレシピがある。

『菓子話船橋』は、江戸深川佐賀町の菓子名店、船橋屋の主人・船橋屋織江が著した書物である。船橋屋は文化初めの創業で、練り羊羹を売り物としていた【図3-12】。本書には店に伝わる菓子の製法を、素人の菓子好みの人びとが作れるようにと分量付きで記されている。例えば、練り羊羹の材料は、「白ささげ四百目〔一五〇〇グラム〕、唐盆砂糖九百目〔三三〇〇グラム〕、白角天〔角寒天〕二本半」と記されている。当時の江戸で練り羊羹は人気の菓子だった。

又右衛門の国内向け角寒天支配

又右衛門の取り締まりは、輸出用細寒天に限ってのことであることはすでに述べた通りである。そのため国内向け角寒天の売買は自由で、又右衛門の取り締まりの対象外であった。ところが、国内向け角寒天の製造が増えたことによって、原藻がそちらにとられ輸出用細寒天の原藻が減少し、値が上がった。文政三年(一八二〇)には、九年前の文化一一年に比べて、約四倍になった(宮下章『海藻』)。

こうなると、又右衛門としては輸出用細寒天を確保するために、角寒天製造を抑制するほかなくなった。彼は、大阪奉行所に対し、国内向け角寒天と原藻の取り締まりを申し出た。奉行所はこれを認め、文政四年一〇月、触書にて次の趣旨を公示した(抄訳)。

食用角寒天製作にも長崎廻しと同じ干藻を用いているが、元締めする者がいないため自然と長崎へ廻す寒天の元草に影響し、製作方に支障が出ているため、角寒天についても、又右衛門が一手に取締り致したいと願い出ている。今後は、長崎廻し細寒天と食用角寒天との分量を分け製作するものとし、新規に角寒天を製作する場合には、又右衛門へ相談のうえ製作方に加わるようにすること。

元草については、浦々にて採れる干藻は年々生産量が減り、九ヶ年前〔文化一〇年〕と、去る辰年〔文化三年〕とを比較するに四倍ほどの高値になっている。右は、浦方において採れる干藻が払底しているわけではなく、右の事情を知っている者、又は他国と取引をして商いをしている者が利潤を得ようとして浦々へ廻り、不相応な値段を持ちかけ買い占めをしているためと思われる。今後は、干藻も又右衛門へ一手に取り締まりをさせるので、浦々において干藻を囲い込み所持している者があれば、早々に売り渡しについて又右衛門と交渉し、原価に応じた相応の利分を加え、製作人たちへ売り渡し、今後についても本来あるべき取引をするようにすること。

右の通りであるので、長崎廻し寒天のみならず、一般に流通する食用角寒天並びに干藻についても又右衛門の一手取り締まりとする。

（野村豊『寒天資料の研究（後編）』）

こうして文政四年（一八二一）以降、又右衛門は、輸出用細寒天はもちろんのこと、国内向け角寒天および原藻取り締まりまで一任され、寒天の全実権を握ることとなった。それは、天保の改革による仲間組合禁止の一時期（天保一二年から安政元年までの一三年間）を除いて明治維新まで続いた。

半兵衛の顕彰碑

江戸時代における摂津寒天の歴史を振り返ると、大きく二つの時期に分けることができる。前半期は、天明元年（一七八一）から文化一一年（一八一四）であり、半兵衛による寒天製造技術の修得と彼から製造法を学んだ製造人たちによる自由競争の時代である。後半期は、文化一一年から幕末までであり、又右衛門による一手取り締まりの時期である。

輝きを失わないのは、前期である。冬場、畑の耕作ができないというデメリットが、実は寒天製造にとってはメリットであることを発見した半兵衛と彼の仲間・城山組のドラマがひときわ輝いて見える。品質向上、ブランド戦略という今日にも通用する近代的センスは特筆に値する。

後期については、又右衛門の一手取り締まりに対する野村の批判を引用しておこう。

「一手取締と言ふ事は、平等に製造せしめて保護すると言ふ点に於て特長があるかも知れないが、一方優秀品の出現を押へ、製造その物に対する努力研究を怠らしめ、寒天業の近代的発展に大きな支障となつた事も見逃す訳には行かない」。

「これは丁度太平洋戦争の為に経済統制を受けて、あらゆる生産品の品質が下落し、出鱈目の悪質品が一般家庭へ配給されたのと同一原理であつて、産業の発達、品質の向上は望めない」（野村豊『寒天の歴史地理学研究』）。

高槻市の聞力寺（もんりき）の境内には、大阪府、京都府、兵庫県の寒天業組合が大正三年（一九一四）に建立した宮田半兵衛翁顕彰碑がある【図3-13】。碑文にはこう書かれている（抄訳）。

これは日本特産の寒天製造の祖宮田半兵衛翁の功徳の碑です。宮田半兵衛翁は享保一六年三月大阪府三島郡清水村原に生まれ、夙に済民の志に深い民でした。正保四年山城国伏見の美濃屋太郎左衛門が寒天製造法を創案したが、その方法は未完成で用途も狭かったので、宮田半兵衛翁が天明年間に見学苦心してその精製法を開発して郷里近辺に伝え、享和三年一二月七三歳で没せられました。

図3-13　宮田半兵衛の顕彰碑。聞力寺（大阪府高槻市宮之川原）。撮影＝筆者

子孫はその業を継いで繁盛し、官も賜金追賞しました。しばらくして業者は全国に拡がり年額巨万の販路を広め、海外二十数カ国に及び、宮田翁の恩恵はいよいよ顕著となったので、寒天組合は相諮って碑を建て英霊を慰めることにしました。

山水の清き処に
天は偉人を生むもので
翁はかくして国を益し
民に利したその功徳は実に大きく
芳しさは万春に流れる

6 薩摩、信州、丹波へ

寒天の発明から摂津の寒天にいたるまでを年表にまとめた【表3－2】。

〈製造史〉

伏見で発明された寒天は、延享二年（一七二七）から中国への輸出品となり、天明年間からは摂津でも作られるようになった。しかし製造人が多くなったため大阪の大商人・尼崎又右衛門の一手取り締まりを受けるようになった。

和暦	西歴	寒天に関する出来事
寛永18年	1641	「氷心太　珍物なり」（鳳林承章）……寒天黎明期
明暦3年	1657	伏見の美濃屋太郎左衛門……寒天商業的展開の始まり
寛文11年	1671	料理書に初めて寒天……『料理献立集』
元禄2年	1689	長崎に唐人屋敷
元禄4年	1691	天満青物市場に寒天
宝永4年	1707	氷室山（お菓子）に寒天使用……『御菓子之絵図』
正徳2年	1727	『和漢三才図会』に伏見の寒天
享保16年	1731	宮田半兵衛生まれる
延享2年	1745	寒天（細寒天）の中国輸出開始
明和頃	1764–72	水ようかんに寒天使用……『調味雜集』
天明元年	1781	半兵衛、伏見にて寒天製造法を学ぶ
天明4年	1784	豆砂糕に寒天使用
天明5年	1785	大根屋小兵衛、伊豆のテングサ買い占め
寛政10年	1798	北摂寒天製造者35名仲間組合結成願書
享和3年	1803	半兵衛死去（72歳）
文化10年	1813	摂津寒天、生産過剰で製造一時停止
文化11年	1814	尼崎又右衛門一手取り締まり
文化13年	1816	城山組寒天増焚訴訟
文政3年	1820	国内向け角寒天の需要高まる
文政4年	1821	国内向け角寒天も又右衛門の一手取り締まり下に
文政12年	1829	3種類の羊羹に寒天使用……『料理通』
天保12年	1841	各種羊羹に寒天使用……『菓子話船橋』

表3-2　寒天年表（寛永～天保）。白い行は製造史、網かけ行は食物史である

〈食物史〉

当初は、刺身、吸い物の具という用いられ方であったが、次第に羊羹の材料へと用途が広がっていった。羊羹の普及とともに国内向け角寒天の需要が高まった。

このあと、寒天は摂津を飛び出し、薩摩、信州、丹波へと渡る。薩摩へは、財政改革リーダーの調所笑左衛門広郷（ずしょしょうざえもんひろさと）がもたらした。幕府に隠れて密造し中国に密輸する。これについては、第4章にて詳述する。信州へは、一介の行商人であった小林粂（くめ）左衛門が摂津ないしは丹波にて製造法を学び、信州に持ち帰った。これは、第5章にて詳述する。ここでは最後に、摂津の隣の丹波で黒田又兵衛が製造を始めたいきさつについて述べよう。

黒田又兵衛

黒田又兵衛は丹波国桑田郡牧村に生まれた。生まれた年は天明年間あたりと思われるが、詳細は不明である。彼が寒天に興味を持ったきっかけは、北摂で行われていた寒天製造である。彼は杜氏（とうじ）として灘の酒造業者へ出稼ぎにいくその往き帰りに、亀岡街道・余野街道沿いの北摂の村々で寒天製造をしている様子を見学して製造方法を学んだ（大阪府漁業史編さん協議会編『大阪府漁業史』）。彼の生まれた牧村は北摂の村と環境が似ていたので寒天製造に適していると考えたのである。

彼は、天保九年（一八三八）、京都奉行所に寒天製造を出願した（山城、丹波、近江、大和は京都奉行所の管轄下）。丹波国は、大阪町奉行と尼崎又右衛門の管轄外であるから許可は容易におりた。しかし、寒天原藻は大阪天満青物市場が集積地であるため、又右衛門の支配下の問屋からしか買うことができなかった。又右衛門の支配を受けず独立製造をしたいと考えていた彼は、いろいろ手を尽くした。その結果、天保一一年（一八四〇）より毎年、京都の有栖川宮家へ角寒天五〇〇本を調進することとなった。宮家なら又右衛門の一手取り締まりを受けない治外法権の地である。原藻は大阪の斎藤町（現在の江戸堀）にある有栖川宮家御用所が買い上げ、又兵衛に渡すことになった（宮下章『海藻』、宮城雄太郎『日本漁民伝』）。

有栖川宮家からは、丹波から京都の宮家まで寒天を運んでくる道中の守護として、菊御紋付の提灯、小田原提灯、「有栖川宮御用」と記された旗、木札等を渡された（野村豊『寒天の歴史地理学研究』）。

丹波寒天製造仲間

又兵衛が有栖川宮家の信任を受けていることを知った紀伊大納言家からは、天保一四年（一八四三）から紀州産原藻の専売制を実施するにつき、その全量の買い取りをしてほしいとの申し込みを受けた。彼はそれを快諾し、生産規模を拡大するために新規製造者を募集したところ、丹波国桑田郡に四人、船井郡に三人の希望者が現れた。彼の寒天製造はその後も評判を呼び、弘化三年（一八四六）には、約二〇名で「丹波寒天製造仲間」を結成、京都奉行所に届け出、許可された（宮下章『海藻』）。

この動きは、原藻生産地の各藩を刺激した。安政三年（一八五六）には、伊予国宇和島藩が、文久二年（一八六二）には志摩国鳥羽藩が、慶応元年（一八六五）には加賀国前田藩が、それぞれ原藻を藩営専

	安政3年	安政4年
伏見製作人	280個	292個
丹波伊予組	630個	914個
丹波紀伊組	1096個	1420個
摂津製作人	1994個	2374個

表3-3　城・丹・摂の生産高協定。1個は30斤入り。『寒天の歴史地理学研究』より

売とし、又兵衛をリーダーとする丹波寒天製造仲間へ販売した。その生産量は五〇余年の歴史を持つ摂津寒天に迫る勢いであった（野村豊『寒天の歴史地理学研究』）。

丹波寒天の躍進は、又兵衛にとって誇らしいことであったが、同時に生産過剰の脅威にさらされることでもあった。その危機を乗り越えるために、やむをえず又右衛門の一手取り締まりを受けることにした。安政三年（一八五六）と翌安政四年、摂津、丹波、山城伏見の製造人は結束して生産高の調整を行なった【表3－3】。それは、又右衛門の一手取り締まりが廃止される明治維新まで続いた。

第4章　薩摩の寒天

南国の花が咲き乱れる薩摩藩で本当に寒天製造が行われたのかと不思議に思うかもしれない。しかし、史跡「島津寒天工場跡」（口絵3参照）があるのだから紛れもない事実である。本章は、薩摩藩が寒天製造を始めた歴史的背景、寒天製造の実態、保存・顕彰の軌跡について解明する。

1　歴史的背景

借金続きの薩摩藩

薩摩藩は火山国である。領土は生産性の低い火山灰土壌（シラス・ボラ・コラ）に広くおおわれており、米作に適した土地は少ない。定期的に火山の噴火があり、噴煙が絶えず上がっている。また、台風銀座と言われるほどに台風に襲われる。石高は約七二万石で、加賀藩の約一〇二万石に次ぐ大藩ということであるが、それは籾高でのことであって、他藩と同じ米高（玄米高）に直すと三六万石程度くらいにしかならない。

薩摩藩は、武士王国である。他藩の約五倍にあたる膨大な数の武士がいた。武士は実のところ非生産者である。他藩では一九人の農民・商工人が一人の武士を養っていたのに対して、薩摩藩では三人の農民・商工人が一人の武士を養っていた。今風に言うなら、膨大な人件費の支出に悩む「要構造改革組織」だ。

薩摩藩は、南洋に面する。そのため、琉球貿易という収入の切り札があった。琉球貿易は、慶長一四年（一六〇九）、薩摩藩の琉球への武力侵攻によって始まった。琉球を支配した薩摩藩は、琉球で仕込んだ薬種、絹織物などの唐物を幕府公認のもと、長崎で販売した。長崎商法と言う。鎖国令以降もそれは、幕府の長崎港貿易の補完物として存続が認められた。しかし、長崎港貿易が最も重要である幕府は、薩摩藩の長崎商法を抑え込んだ。貞享三年（一六八六）には貿易総額は三分の二に縮小され、正徳五年（一七一五）にはさらに抑え込まれた。

参勤交代の経費も藩の財政を悪化させた。参勤交代の経費は籾高から起算されたため、膨大なものとなり、藩の借金は増えるばかりだった。さらに、明暦三年（一六五七）、元禄一六年（一七〇三）の江戸大火では薩摩藩邸が類焼した。鹿児島城下でもたびたび火災に見舞われ、元禄九年の大火では鶴丸城本丸も焼失した。災害復旧費も藩財政を圧迫した（原口泉ほか『鹿児島県の歴史』）。

追い打ちをかけたお手伝い普請

こうした状況に追い打ちをかけたのが、幕府のお手伝い普請である。お手伝い普請とは、幕府の命令を受けて大名が自領とは無関係の地域で行う奉仕工事で、参勤交代とともに藩の力を弱らせるための幕府の策略である。

宝暦三年（一七五三）、幕府は伊勢湾に注ぐ濃尾平野の木曽川、長良川、揖斐川の三河川流域の治水工事を薩摩藩に命じた。当時、薩摩藩はすでに六〇万両を超える借金があった。当初、工事費は一〇～一五万両と見積もられていた。藩士の中からは「幕府の嫌がらせだ、一戦交えるべき」との強硬論も出て議論は沸騰した。しかし、幕命には逆らえず、薩摩藩は宝暦四年一月、工事を受託。家老・平田靭負（ゆきえ）を総奉行に任命し、大阪などで金策に当たらせるとともに、藩士約一〇〇〇名を美濃の現地に派遣した。二月、現地に到着した薩摩藩士はさっそく工事に着手した。工事は想像以上の難工事。しかも、監督する幕府役人は工事の一部を藩士以外の人間に請け負わせることを禁止したり、飲食に一汁一菜、酒禁止という厳しい制限を設けたりした。彼らの仕打ちに腹を立て、割腹自殺をしてその怒りを露わにした藩士もいた。

工事は、洪水による竣工部の被災、赤痢の流行、幕命による度重なる計画変更、追加工事の実施など過酷な条件を乗り越え、宝暦五年五月に終了した。薩摩藩士の死者は八七名を数えた。そのうち割腹自殺した者が五五名だった。総奉行の平田靭負は、幕府の検分直後に割腹自殺をし、五二歳の生涯を閉じた。全責任を負って自殺したと伝えられている【図4-1】。

図4-1　治水神社薩摩義士の像。昭和13年（1938）、平田靱負および薩摩義士を祭神とする治水神社が、岐阜県海津市海津町油島に建立された。境内には、宝暦治水史蹟保存会による宝暦治水の絵入り物語が陳列され、訪れた人にわかりやすく出来事の一部始終を伝えている。撮影＝筆者

費やした工事費は四〇万両に達した。そのうち、二二万両は大阪の商人からの新たな借金であった（原口泉ほか『鹿児島県の歴史』）。

調所広郷の財政改革

借金地獄に陥った藩の財政を立て直したのは、調所笑左衛門広郷である。調所広郷は、安永五年（一七七六）、薩摩藩の下級藩士・川崎主右衛門の次男として生まれた。一二歳で下級藩士・調所清悦の養子となり、調所広郷を名乗った。寛政一〇年（一七九八）、二二歳の彼は江戸で島津重豪に仕えた。文化六年（一八〇九）、重豪が藩の実権を握った。文化一二年、三九歳で小納戸頭取兼御用御取次見習になった。文政七年（一八二四）、四八歳で側用人格両隠居続料掛に任ぜられる。側用人格とは藩の要職に就いたということである。両隠居とは、重豪と息子の斉宣のことであり、続料とは二人の隠居経費のことであるが、それは調所が藩の財政にかかわる第一歩であった。藩は二人の隠居経費を長崎商法での収益でまかなっていたため、彼は長崎商法の拡大に取り組んだ。文政八年（一八二六）、長崎商法の取扱品目を一〇品目増やすことに成功し一定の成果をあげるものの、藩の借金の利子は雪だるま式に増える一方で、結果的には焼け石に水。藩の借金の総額は、文政一〇年（一八二八）には五〇〇万両に達した（原口虎雄『鹿児島県の歴史』）

【表4-1】。

文政一一年（一八二八）、重豪は彼を財政改革主任に大抜擢した。彼の改革の骨子は次の通りである。

①五〇〇万両の負債償却
②三島（奄美大島、喜界島、徳之島）の黒砂糖販売強化
③琉球貿易の拡張
④国産品の改良増産
⑤諸物産開発

天保四年、重豪は八九歳の天寿をまっとうしたが、藩主の斉興は彼を信頼し、財政改革を続行させた。改革は着々と成果をあげ、天保九年（一八三八）家老に昇格した彼は、藩財政を黒字に転換し、弘化元年（一八四四）には目標だった五〇〇万両の備蓄も達成した。

年代	借銀高（万両）
元和2年（1616）	2
寛永9年（1632）	14
寛永17年（1640）	34.5
寛延2年（1749）	56
宝暦4年（1754）	66
享和1年（1801）	117
文化4年（1807）	126
文政10年（1827）	500

表4-1　薩摩藩借財の推移。原口虎雄『鹿児島県の歴史』より

嘉永元年（一八四八）、調所は急死する。嘉永四年、斉興に代わって斉彬が藩主になるが、斉彬は彼の財政改革を引き継ぎ、国産品の改良や貿易の拡張に力を入れた。このあと、薩摩藩は幕府を倒す雄藩へと発展していくが、それはひとえに薩摩藩を貧乏藩から脱却させた調所の功績に負うものである。

彼の改革の①～③は、財政を好転させるうえで大きな役割を果たした。しかし、それらは藩を支える農民の力を向上さ

せることとは無縁であった。

①の負債償却は借金の踏み倒しという大阪商人への横暴であり、②の黒砂糖販売強化は三島農民への支配・収奪の強化であり、③の琉球貿易の拡張は藩営密貿易の実施であった。農村改良と言える施策は④と⑤である（原口泉『維新の系譜』）。

④の「国産品の改良増産」について見ておこう。例えば米である。薩摩米は従来、大阪堂島市場での評価が低く、安く買いたたかれていた。彼は、農政担当の奉行たちの人柄を吟味し、一人につき数郷を担当させて受持郷の巡回、農耕の指揮監督にあたらせた。薩摩米は、刈り取り後の調整に難があったため、肥後米を手本にして大阪から唐箕（とうみ）を買い入れ、穀粒に混じる遺物を除去した。また、俵作りも粗悪なため輸送中の船の中や集荷時に米が俵からこぼれ落ちた。大阪の水揚場では、落ちた薩摩米を拾い集めて売る者が現れるほどであった。これも俵を作る専用の道具を作って、俵装をより堅牢にした。こうした改善を加えたことで、大阪市場での評判もよくなり価格も向上した（芳即正（かんばしのりまさ）『調所広郷』）。

2　寒天密造

二つの寒天工場

寒天製造は、⑤の「諸物産開発」に分類される。「国産の開発こそ、財政充実の本道である。佐藤信淵の『薩藩経緯記』の指摘の通り、調所はたばこ・椎皮・椎茸・牛馬皮・海人草・鰹節・捕鯨・櫓木・硫黄・明礬・石炭・塩・肥料・木綿織物・絹織物・薩摩焼などあらゆる物産の開発に手をつけたが、これには有能な町人たちを抜擢してあたらせている。それのみか、絶えず先進地から優秀な技術者を招聘し、また旅中でも諸国の物産開発に深い注意をはらって長所を取り入れた」（原口虎雄『鹿児島県の歴史』）。

薩摩藩の西岸沖にある甑島ではテングサが豊富に採れた。調所はその「開発」を思い立った。薩摩藩は、薩摩国、大隅国、日向国南西部から成り立っている。寒天製造地として選ばれたのは、日向国南西部（現在の宮崎県都城市）である。そこに二つの寒天工場が作られた。

①石山寒天工場　高城郷石山（現都城市高城町石山）

②有水川寒天工場　高城郷星原・山之口郷永野（現都城市高城町星原・同市山之口町山之口）

郷というのは、薩摩藩独自の行政区画である。本書の口絵3にある島津寒天工場跡は、有水川寒天工場の一部である。

浜崎太平次

調所は、寒天工場の支配人に豪商・浜崎太平次（八代目）を起用した。太平次は、藩御用物を各地に運送するかたわら、密貿易によって着々と財をなしていた。太平次の密貿易船は、船底や帆柱に隠し場所が細工されていて幕府の監視の目をかいくぐった（上原兼善『鎖国と藩貿易』）。

薩摩藩も表向きは合法的に長崎商法を行いつつ、それを隠れ蓑にして禁制の唐物、高級乾物類を琉球や北海道から密買し、国内や中国に密売していた。

調所と太平次は手を組み、寒天の密造・密売を計画した。そのため他藩に例を見ないほど出入国管理を厳しくした。石山寒天工場は薩摩街道沿いにあるが、街道の入り口には厳しい審査をする去川（さるかわ）の関所があった。有水川寒天工場の周りには、境目番所や辺路番所が置かれ、厳しい取り締まりが行われた。

見事な史跡「島津寒天工場跡」

私は各地の寒天遺跡を見てきたが、宮崎県都城市にある「島津寒天工場跡」ほど、見事に保存された遺跡をほかに見たことがない。本書に取り上げた七つの地域の寒天遺跡を一覧にしてみた。

伏見　寒天発祥の地の記念碑
摂津　宮田半兵衛の顕彰碑
薩摩　島津寒天工場跡
信州　小林粂左衛門の顕彰碑
天城　特になし
岐阜　特になし
樺太　特になし

これを見てわかるように、寒天工場の遺跡を保存・顕彰しているのは薩摩のみである。以下において、薩摩藩の寒天製造の実態とともに、いったい何が見事な遺跡を保存・顕彰する原動力になったのかを解明することとしたい。

3　地中に埋もれた石山寒天工場

まず、遺跡の残っていない石山寒天工場について見ることにしたい。石山寒天工場については、都城市の郷土史研究家・塩水流（しおずる）忠夫の論考「新たに見つかった薩摩藩石山寒天工場に関する文献、資料を基にしての考察」から詳しくその内容を知ることができる。その内容を一問一答式にまとめてみた。

稼働期間、場所、面積

――石山寒天工場はいつごろから始まりましたか？

天保年間と考えられる。

――終わったのは？

明治五年ごろだと思う。浜崎家に保存されていた工場の原図【図4‐2】の下部には「第八代太平次より第一〇代太平次の時代まで（明治四年まで）ここにおいて盛大に経営した」と書かれているからだ。したがって、約四〇年間続いたと言える。

——場所は？

有水川寒天工場のような山の中ではない。原図中央に薩摩街道が書かれているように、平地である。現在は畑や人家になっている。

——寒天工場の面積は？

およそ一町五反五畝三〇歩余。嘉永六年に藩主の島津斉彬が視察に来たときの説明用資料にそう記されている。坪数にして約四六八〇坪。東京ドームのグラウンドは約四〇〇〇坪だが、それより少し広い。

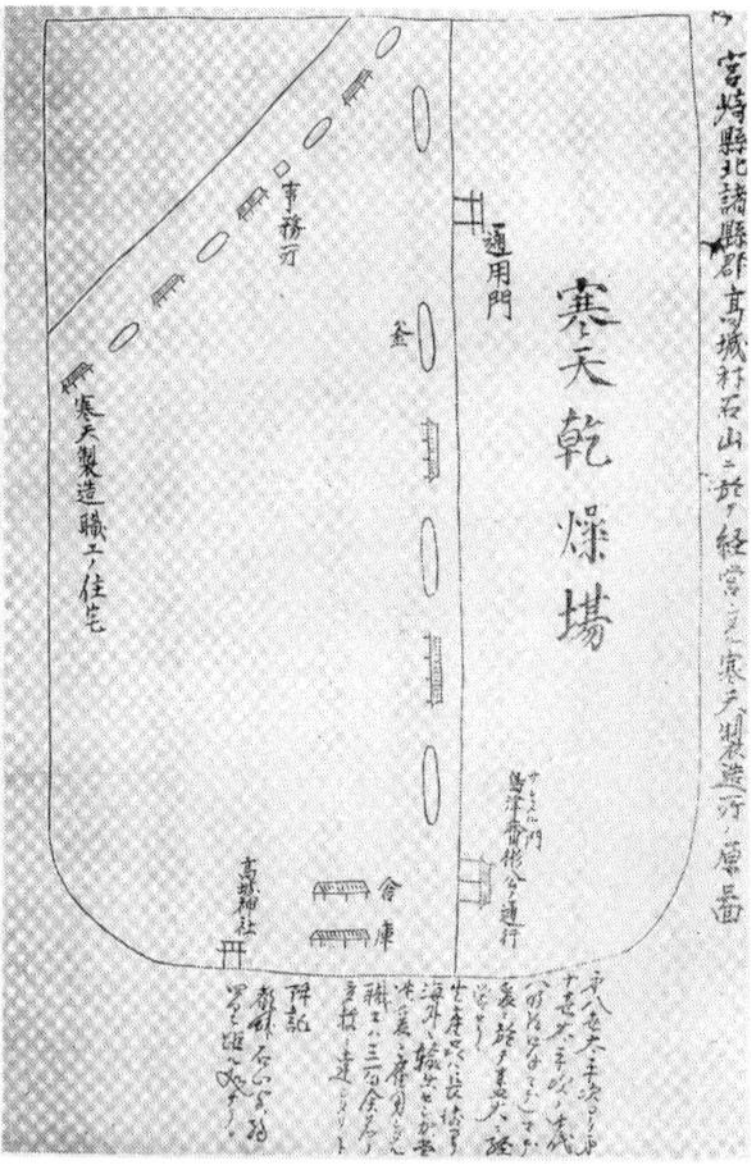

図4-2　寒天製造所の原図。塩水流忠夫「新たに見つかった薩摩藩石山寒天工場に関する文献、資料を基にしての考察」より

製造状況

——かまどの数はわかりますか？

五個のかまどが八ヶ所に設けられていた。釜の大きさは、直径・高さともに四尺五寸（約一メートル三六センチ）、厚さ四寸（約一二センチ）だったと思われる。釜は西南戦争に徴用されて残っていない。

——生産量は？

最盛期の明治二、三年の生産量は、六万斤以上、代価にして二万四〇〇〇円。参考までに同時期に県に報告された他村産物の産出量と値段と比較してみよう。

・黒糖　一五万斤　六〇〇〇円
・樟脳　一万五〇〇〇斤　一五〇〇円
・柴胡　八〇〇〇斤　二五六円

こうして見ると、寒天は利益が格段に多かったことがわかる。

——密輸出したのですね？

記録はない。が、工場の近くを流れる大淀川から船で都城に運ばれ、都城からは馬で福山港へ。福山港から小舟で鹿児島港に運ばれ、鹿児島港からは長崎港に運ばれ密輸出されたと推察される。

——働いていたのは？

地元の女性が八〇名くらい、テングサ選びなどの仕事をしていた。男性は指宿、伊集院、伊作といった西目地方からの出稼ぎで、九〇人くらいだった。

——寒天製造の技術指導者はいたのですか？

支配人は浜崎太平次（八代目）だが、寒天製造の指導者として京都山科から村上太平次という職人を招いていた。

——村上太平次は適地選びからかかわったのでしょうね？

もちろんそうだ。寒天製造に適した場所は限られている。石山・有水川ともに青井岳に水源を発する有水川が流れる。霧島山から霧島おろしが吹き、夜間の冷え込みが厳しい。山が迫っているため薪が手に入りやすい。水、寒さ、薪と三条件がそろっている。南国薩摩にこんなところがあるのかと驚いたのではないか。

4　有水川寒天工場

有水川寒天工場は、その一部が現在史跡「島津寒天工場」（口絵3参照）として公開されている。有水川寒天工場の全体については、昭和一一年（一九三六）、当時有水小学校の訓導（教員）であった前田厚が同僚の瀬尾重俊と遺跡調査を行なっている。前田はその調査結果を「有水川寒天製造所遺跡及遺物」（一九三七）としてまとめている（都城史談会『もろかた』第一六号（一九八二）所収の市園辰夫の論考「石山・有水川寒天製造所の紹介」の中に収録されている）。

有水川寒天工場については、彼の調査報告から詳しくその内容を知ることができる。その内容も一問一答式にまとめてみた。

稼働期間、場所、面積

——有水川寒天工場の稼働期間は？

安政三年から明治四年までと聞いている。

——石山寒天工場より遅くスタート？

一〇年くらい遅いと思う。

——場所は？

有水川を大淀川本流分岐点の上流約二里の地点である。山間に位置する。川の左岸は高城町星原で、右岸は山之口町永野である。石山寒天工場からは約四里離れている。

——面積は？

両岸合わせて約一町五段歩。石山寒天工場とほぼ同じである。

遺跡の状況

——遺跡の状況は？

星原側（左岸）の遺跡は畑と化してほとんど姿をとどめていないが、永野側（右岸）は長屋Ｃに八個のかまどがほとんど完全に残存していたのをはじめ、水車や水神像や倉庫の跡など当時の状況を伝えるものが多く残されていた【図４－３】。

——敷地の中央を有水川が流れていますね。

この工場は有水川をうまく利用している。跳ね釣瓶や水車を使ってかまどの設置されている長屋に水を引き入れている。

——長屋というのは？

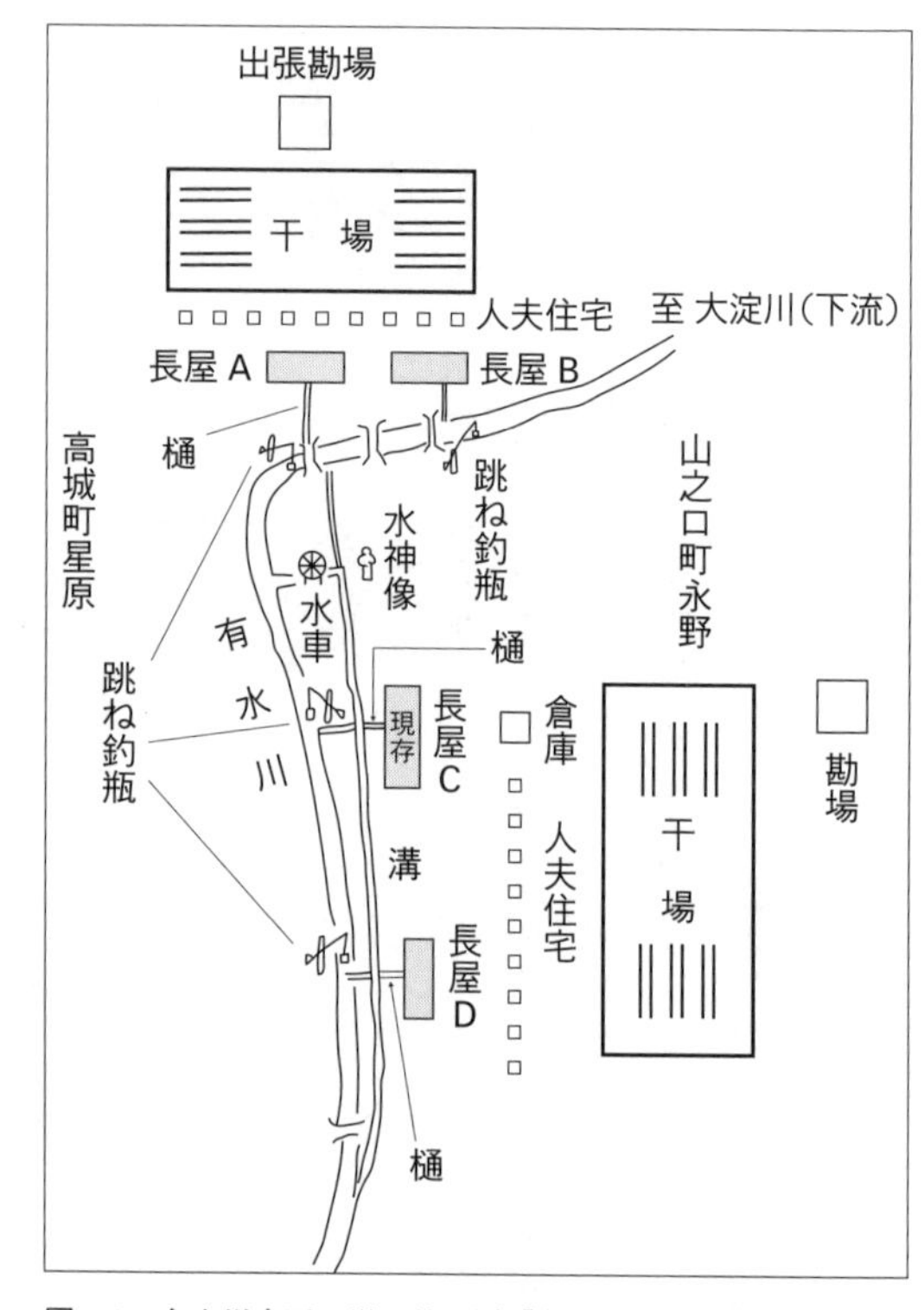

図4-3　有水川寒天工場。前田厚「有水川寒天製造所遺跡及遺物」より作成（市園辰夫「石山・有水川寒天製造所の紹介」『もろかた』第16号、都城史談会、1982年8月所収）

テングサを煮る仕事場である。横三間（五・四メートル）、縦一〇間（一八メートル）くらいの茅葺平屋造りで数個のかまどが設けてあった。長屋の近くには人夫住宅が一〇軒ばかり一列に並んでいた。間口五間（約九メートル）、奥行三間（約五・四メートル）の茅葺平屋造りで、一軒に数人住んでいた。住宅の裏に干場が設けられていた。トコロテンを干すところである。

――勘場(かんば)というのは？

事務所である。監督者がいて経営のいっさいを取り締まった。

――かまど跡が残っていた？

長屋Cに八個のかまど跡がほぼ完全に残っていた。かまどは円形で直径四尺（一二〇センチ）、深さ四尺。かまど跡が完全に残存していたのは、竹林の中にあったためだろう。推定だが、かまどの総数は三二箇になる。

――遺物は？

遺物の主なものは、家屋と器具である。人夫住宅は星原の星原喜作氏の住宅になっている。勝手と裏に増築してあるが、基幹部分はそのまま残っていた。器具としては大箱、小箱、重石(おもいし)、突出具が残されていて、それぞれ個人の所有になっている。

――製造状況は？

原料のテングサは薩摩の西岸、俗に言う西目から持ってきた。これには貝殻などが付着していたので、水車や川を利用してきれいにし、釜に酢を入れて煮た。従業員数は一二〇～一三〇人。このうち八〇人が西目からの出稼ぎ者で男子のみ。人夫住宅に数人ずつ分宿して働いた。残りの五〇人は付近の女子。製品は、一尺立方くらいの木箱に入れ、重ねてむしろで包み、縄で荷造りして馬の背で都城の倉庫に運んだ。そこで馬に積み福山街道で福山港に運び、そこから船で遠く中国方面に発送した。

5　寒天工場遺跡の保存顕彰

見事なバトンタッチ

すでに述べたように、前田厚は有水小学校（明治八年創立）の教員であった。同僚の瀬尾重俊とともに寒天工場遺跡の調査を行なったのである。二人が調査を行なったころ、郷土史研究家・塩水流忠夫は旧制中学の四年生だった。塩水流はこう回想している。

「前田厚氏とともに、この調査に当たった瀬尾重俊氏は、当時有水小訓導として私の家のすぐ近くに住んでおられ、親しくつきあっていた……この瀬尾先生から何回か〔薩摩藩の〕寒天づくりについて聞いた記憶がある」（「薩摩藩寒天工場経営の現代的意義と遺跡の保存顕彰について」）。

昭和五七年（一九八二）、山之口町教育長となって二年目の塩流水は、有水川寒天工場跡の発掘を提案した。二人の先輩教員の研究によって長屋Cがほぼ完璧に保存されていることを知っていたからである。彼の提案は支持され、多くの関係者の協力によって発掘作業が行われた【図4－4】。郷土を愛する人間の見事なバトンタッチと言うほかない。

塩水流教育長の決意

彼が発掘を決意したのはある思いがあったからである。

「寒天の藩再建に果した代価は、砂糖専売の代価等に比べれば微々たるものであったろう。しかし、

図4-4　島津寒天工場跡。有水川寒天製造所の長屋Cを復元したものである。私は平成28年9月にこの史跡を訪ねた。江戸時代の工場がほぼ完全に復元されていることに感動し、写真に収めた。しかし今思えば、大きな勘違いをしていた。私は目の前の史跡が有水川寒天工場跡のすべてだと思い込んでいたのである。本書を書くために改めて資料を読み、史跡が有水川寒天工場のごく一部であることを知った。撮影＝筆者

砂糖専売が琉球や奄美や種子島等の農民を苦しめたのに対して、この寒天工場経営は、西目地方や日向庄内地方の活性化、更に福山や甑島（こしきしま）の産業振興にも役立ち、多くの人を喜ばせた事業であった。〔中略〕昨今、財政再建をはかるために「村おこし運動」とか「リゾート構想」ということばをよく耳にする。その計画を見ると、どこも同じようなレジャー産業が主で、合理化によって生産性を向上させ農業の活性化をめざすとか、他町や他県と連携をとって産業を振興するというような運動や構想はほとんど見当たらない」（塩水流忠夫「薩摩藩寒天工場経営の現代的意義と遺跡の保存顕彰について」）。

薩摩藩の寒天製造について、上原兼善はこう書いている。

「労働力として周辺の女性のほかに、とくに西目筋の指宿、伊集院、伊作から男子が投入されたという話は、生産手段である土地と農業労働力とのアンバランスの著しかった西目に対する調所の政策としてみるといっそう興味深い」(上原兼善『鎖国と藩貿易』)。

西目という地域は農耕可能な土地が狭かった。働き手はいるのにそれが活用されない状況が続いていた。調所の寒天密造は、地域の余剰労働力対策という側面を持っていたのである。

塩水流は、こうした一般民衆の生活を豊かにする地元活性化政策こそ未来に受け継ぐべき遺産だと言うのである。

発掘作業

彼の提案に対して、地主、文化財専門委員、教育委員会、永野地区公民館、地元の有志が賛意を表し、発掘作業は開始された。
・昭和五六年八月　現状確認作業
形が確認される状態で残されていることがわかった。
・昭和五六年一一—一二月　かまど周辺の竹の除去作業
かまど周辺の竹を切除する作業を行なった。周辺住民の協力奉仕で作業が進んだ。参加者の間に、先祖の働いた製造所跡の検証作業だという意識が回を重ねるごとに高揚していった。
・昭和五七年一—二月　発掘作業

宮崎日日新聞

江戸時代の島津藩　姿くっきり寒天製造跡

財政難で密貿易目的

山之口の竹林　「コ」字状に9窯

排水溝や作業員乗降口も

図4-5　『宮崎日日新聞』昭和57年3月12日付

予期していた以上に埋没の状態がひどく、下の方には落ちた切り石が埋まっており、それに竹の根が絡んでいて作業は困難を極めた。掘った土を外に持ち出すためには、傾斜した通路を押し上げなければならず、体力を消耗した。木枯らしの吹く季節であったが、皆汗ばみながらの作業であった。やがて、焚き口通路の底盤も姿を現した。驚いたことに、焚き口は切り石で敷き詰められ、真ん中には空気入れと灰のかき出しのための石組みがしてあった。こうした新たな発見に歓声をあげながら作業を進めた。寒天の溶液を絞る際に用いた重石九個も出てきた。

こうして、不完全ながら九基のかまど跡のうち七基の復元を終え、作業を打ち切った。

残りの二基は埋もれた姿で保存・公開することとした。

昭和五七年（一九八二）三月一二日付『宮崎日日新聞』は公開された寒天工場について「姿くっきり寒天製造所跡」と題して詳細に報道している【図4－5】。また、原口泉は『かごしま歴史散歩』の中で、「見上げるような大釜跡が掘り出されてみると、今さらながら島津藩の密貿易がいかに大がかりであったかに驚かされる」と書いている。

補遺　昭和版「薩摩の寒天」

後藤敦美の論考「昭和版寒天製造所」（『日和城』第八号）には、有水川寒天工場の高城町星原側跡地（図4−3参照）を利用して昭和二一年から昭和二四年までの冬季三回、寒天を製造した記録が掲載されている。その内容を簡単に紹介しよう。

きっかけは、昭和二一年、宮崎交通社長・岩切章太郎の家に長期滞在していた梅路見鸞（うめじけんらん）が岩切に寒天工場の設立を持ちかけたことであった。「宮崎県観光の父」と言われる岩切は、明治二六年（一八九三）生まれ。東京大学法学部政治学科を卒業後、大正九年（一九二〇）に住友総本店に入社。大正一三年に宮崎に帰り、昭和元年（一九二六）宮崎市街自動車を設立。昭和一七年（一九四二）、都城自動車・宮崎鉄道を併合して宮崎交通株式会社とした。岩切は当時、五三歳であった。一方、梅路は、明治二五年（一八九二）生まれの五四歳。後藤によると、「博識家で今で言うコンサルタントのような人物であった」。

昭和二一年一〇月、岩切章太郎が法人有限会社日国（ひのくに）産業を設立。高城町星原にあった有水川寒天工場の跡地を約一反歩（三〇〇坪）買収した。工場の建物は、改築する近くの小学校の校舎を解体移築した。釜場や倉庫などの建材は当時製材所を営んでいた後藤本人が提供した。大釜は日本一の鋳物の産地と言われる広島県可部町に発注した。圧搾した煮汁を受ける大箱（大船）と小箱（小船）は都城営林署貯木場にあった東岳（ひがしだけ）産のモミの大木で作った。それ以外の小道具は長野から取り寄せた。また、長野から寒天製造技術者を三名招いた。テングサは県内産だけではなく、熊本、鹿児島からも買い入れた。

製造は午後から開始した。原藻を煮詰めて火を止め、温度が下がると圧搾して煮汁を大箱に入れ、凝固する前に小箱に移し、凝固したら三寸角に切れる包丁でトコロテンを四角棒状に切る。これを突き出し器ですだれの上に押し広げる。夜中になると、冷気を見計らって触媒となるぶっかき氷をまき散らす。それでトコロテンが凍り始める。これを見届けた棟梁以下職人たちは寝床に就く。翌朝、朝日とともにトコロテンは溶けて柔らかくなり、西風によって水分は蒸発する。そして夜中にまた凍結する。これを何回か繰り返すうちにきれいな寒天となる。梅路は工場の近くの民家に下宿してこの事業を見守った。

初年度の製品は、アメリカに送るため横浜の輸出品検査所で検査を受けた。Aが三つのスリーAという最高級ランクをもらい、一同万歳。そして、次年度、シベリアに抑留されていた岩切の長男が帰還したので、寒天工場の責任者となった。この年も成功。しかし三年目、暖冬となり、トコロテンは凍結せず腐ってしまった。赤字が発生して会社を解散した。後藤はこう書いている。

「江戸時代島津藩〔薩摩藩〕が長年星原永野にて成功した寒天製造時は暖冬異変は無くて繁栄し、密貿易で多大の外資を獲得したのに、昭和の寒天は暖冬のため、三年にしてうたかたと消えたのであった。いま問題になっている地球温暖化は既に此頃から始まっていたのかもしれない」。

第5章　信州の寒天

長野県は現在、寒天生産量全国一位。九割近いシェアを誇っている。信州寒天の始まりは、薩摩寒天とほぼ同じ江戸時代末期である。薩摩に寒天をもたらしたのは為政者であったのに対して、信州にもたらしたのは一介の行商人であった。信州寒天隆盛の要因を、創始期から明治時代末期までの歴史に探る。

1　信州における寒天製造の始まり

寒心太

信州に寒天製造をもたらしたのは小林粂(くめ)左衛門である。粂左衛門は寛政一一年（一七九九）信州諏訪郡玉川村穴山の農家に生まれた。三〇代の後半、関西を行商中に偶然寒天製造を目にし、その地の気候が郷里の諏訪地方と似ていることから製造技術を持ち帰ることを決意し、製造工場で下働きをしながら製造法を学んだ。それが信州寒天の始まりである（池内精一郎『信州寒天誌』）。

長野県諏訪地方出身の歌人・島木赤彦は、大正一二年（一九二三）に著した随筆「諏訪湖畔冬の生活」の中でこう書いている。

「寒地である諏訪は、天然物が豊かでない上に、旧藩時代には誅求（ちゅうきゅう）〔税金〕が可なり酷かった。そのため、昔より人民に勤勉と質素と忍耐の習慣を造りあげた。信濃人は勤勉であると言はれてゐるが、その中で、諏訪人は殊に秀でて勤勉である。この習慣が今の生糸や寒心太の産業を生み且つ発達させた」（『島木赤彦鈔』）。

赤彦は「寒心太」と書いている。実は、「かんてん」と読む。信州以外で使われることはなく、信州独自の文字だ。文献上、この文字が最初に見られるのは、嘉永六年（一八五三）二月の諏訪の寒天製造者一一人による高島藩（諏訪藩とも言う）への請願書においてである。その中で、「寒心太商売仕居候」（寒心太の商売をして参りました）と書いている。以来、信州では昭和初期までこの文字が使われてきた。

推測だが、信州寒天の創始者たちがこの文字を用いたのは、信州にすでに寒晒しという食品加工技術があったためだと思われる。寒冷地の信州では寒天を作る以前から氷餅、凍り豆腐といった保存食品が作られていた。京都、鹿苑寺（金閣寺）の住職・鳳林承章は、寛文六年（一六六六）一二月の日記（『隔蓂記』）に「氷餅をこしらえる。信濃の氷餅の類いだ」と書いている（本書第3章参照）。その製法は「寒晒し」（フリーズドライ）である。寒晒しの餅が氷餅であり、寒晒しの豆腐が凍り豆腐である。これら以外にも、大根、こんにゃくなどさまざまな食材を寒晒しという加工技術を用いて保存食品にしていた。冬場の寒さを活かした生活の知恵である。したがって、信州人は寒天を見て、これは「寒晒しの心太」だと思ったにちがいない。しかしもうすでに名前はついていた。「寒天」。詩的だが、何ともピンボケな名前である。彼らは、「氷餅」や「凍り豆腐」にならって寒天を「寒心太」と表現したと思われる。

では、なぜ島木赤彦が大正時代に寒天を「寒心太」と書いたのか。寒天製造とは関係がない赤彦が「寒心太」と書くのは、この文字が寒天製造関係者にとどまらず信州人全般に広まり、定着していたためだと思われる。文字を教えるのは学校である。明治九年（一八七六）諏訪郡上諏訪村に生まれた赤彦は明治一四年に地元の古田学校初等科に入学した。当時の長野県の小学校の教科書を調べると、地理の教科書『信濃国地誌略』上巻（長野県編纂、明治一三年）に、「〔諏訪郡の〕製造物は生糸、真綿、小倉帯地、小倉袴地、諏訪平、細美、寒心太、氷餅、氷豆腐、〔以下略〕」と書かれている。年代的に見て、赤彦もこの教科書で学んだにちがいない。信州人は学校で寒天を「寒心太」と教わったのである。

俳人・長田菊明の証言

粂左衛門がどんな人であったかを伝える文献資料はない。ただ、彼より四〇歳年下の俳人・長田菊明が、昭和四年一二月（九〇歳のとき）に幼いころの思い出話としてこう証言している。その話を聞いて書きとめたのは、『信州寒天誌』の著者・池内精一郎である。

粂左衛門の生家は私の二軒置いて西隣で、後には粂左衛門が大きな家を建てゝ直の隣家となつたのでよく知つてゐる。余程変つた人で、朝十時頃に起きて一日二食で暮らしてゐたやうであつた。体格は人並か人並より少し大きい位のものであつた。天保申歳〔五年〕には甲州台ヶ原あたり〔山梨県北杜市白州町〕へ行商に行つて、そこで騒動に加わつたなどと云ふ噂もあつた。粂左衛門は幼い時の名を七ナンとか云つた。そして顔が赤かつたので赤七とも云つた。妻の外女二、三人も置いて織屋（はたや）をやつたこともあつた。寒天はどこから覚えてきたか知らぬが、私共の極小さい時五つ六つの頃夏は心太売をして歩き、冬は寒天を製造した。寒天製造の仕方は今と大した変りはないやうであつた。田のまはりに簀囲（すのこ）ひをして、板の上に心太を並べて凍らせた。簀囲ひをしないと埃（ほこり）が着いて光沢が悪くなるからである。粂左衛門が天草を臼で搗（つ）く傍（かたわら）へよく遊びに行き、天草に着いてゐる小さい貝殻などを貰つて喜んだものだ。

（池内精一郎『信州寒天誌』）

長田が五歳のころといえば、それは弘化元年（一八四四）にあたる、と池内は言う。すでにこのころには、粂左衛門は夏場にはトコロテンを売り、冬場には寒天を製造していたのだ。ということは、信州寒天の創始期は、その前の天保年間と考えられる。

彼が寒天の製造法を伝授した一人である浜富蔵の家には「乍恐御訴訟奉申上候」（年次不詳）という文献資料が残されている。それにはこう書かれている（抄訳）。

私どもは農業にて生活している者でありますが、寒国ゆえ一〇月下旬より二月下旬までの間、田畑耕作をやめ、天保年間より寒国産物寒晒凝海草を作ってまいりました。ご当地はもちろん、甲州、上州、相州あたりに売りさばきました。

この「私ども」は富蔵と推定される。「寒晒凝海草」は、「寒晒しのトコロテン」である。ここにも「天保年間より」という言葉が見える（矢崎孟伯（たけのり）『信州寒天業発達史』）。

信州寒天の創始期

ところが、大正一五年（一九二六）に茅野市玉川穴山に粂左衛門を顕彰して建てられた「信州寒天元祖の碑」【図5-1】には、信州寒天の創始期が天保年間（一八三〇―四三）のあとの弘化元年（一八四四）と書かれている。この碑は、粂左衛門の孫の浅吉が建てた（粂左衛門には子がなく、甥の栄吉を養子としてもらった。栄吉には五人の子があり、浅吉はその第四子である）。

碑文は次の通りである（読点は筆者による）。

図5-1　信州寒天元祖の碑。長野県茅野市玉川穴山。撮影＝筆者

諏訪郡寒心太製造業元祖小林粂左衛門翁ハ玉川村穴山ノ人性闊達ニシテ才気アリ、天保八年西遊シテ丹波ニ至リ寒心太製造ノ技ヲ修メ、弘化元年郷ニ帰リテ業ヲ興シ経営甚ダ力メ家道大ニ振フ、嘉永四年九月宮川村坂室今井芳太郎、中河原浜富蔵、玉川村白川万蔵ノ三氏翁ニ従ヒテ伝習ス、嘉永四年三氏家ニ帰リテ各業ニ就キ爾来今井浜ノ両家ハ其業ヲ継グコト八十年近邑観テ而シテ之ニ倣ヒ今ヤ同業者ノ多キ百有余ニ及ブ、而シテ其技モ亦攻究ヲ重ネ品質大ニ改善セラレ本郡重要ノ物産トナル是ニ於テ信濃寒心太諏訪組合ヲ設ケ益々其販路ヲ拡張シテ海外ニ輸出シ終ニ国産業トシテ製糸ニ次グニ至レリ、此レ実ニ翁ガ創業垂統ノ余沢ナリ、郷人ソノ基ク所ヲ知ラザルベカラズ、翁老イテ子ナシ、甥栄吉ヲ養ヒテ子ト為ス、栄吉五子アリ、曰ク仙吉、曰ク粂蔵、曰ク馬三郎、曰ク浅吉、曰ク音吉、第四子浅吉後ヲ承グ、余〔浅吉以外〕ハ出デヽ他家を嗣グ、浅吉祖父ノ功業ノ湮滅（いんめつ）センコトヲ恐レ余ニ請ウテ其概要ヲ叙セシメ石ニ刻シテ以テ後昆（こうこん）〔後世の人〕ニ示ス

大正十五年十一月

遠江（とおとうみ）　内田周平誌　　　東京　林竹次郎書

従三位子爵諏訪忠元題額

碑文を要約する（傍点は筆者による）。

諏訪郡寒天製造業元祖の小林粂左衛門翁は玉川村穴山の人で、天保八年（一八三七）に丹波で寒天製造法を修得し、弘化元年（一八四四）に地元に帰り寒天を作り繁盛した。嘉永四年に宮川村坂室の今井芳太郎、中河原の浜富蔵、玉川村の白川万蔵の三氏に製法を伝授した。現在では寒天製造者は一〇〇名を超える。品質も改善され、本郡の主要物産となり、海外にも輸出している。これもひとえに翁が寒天製造の道を開いたがためである。翁に子はなく、甥の栄吉を養子とした。栄吉には五人の子がいて、第四子浅吉が跡継ぎとなった。浅吉が祖父の偉業を後世に知らしめるためにこの碑を建てた。

池内精一郎はこの碑文に二つの疑問を提示している。

①「天保八年に丹波で寒天製造を修得し」とあるが、丹波の寒天は天保一一年に始まる。天保八年が誤りか、それとも学んだ先が丹波ではなく摂津なのではないか。

②「弘化元年に地元に帰り寒天を作り」とあるが、粂左衛門【図5-2】が寒天製造を伝授した浜富蔵の子息の談によれば、その二年前の天保一三年には父親の富蔵は寒天製造を始めたというから、弘化元年は誤りではないか。

不思議なのは、この碑を建てた孫の浅吉が、湖南小学校長・山田重保（池内の友人）の聞き取り調査に対して次のように答えていることである。

・粂左衛門は天保八年に丹波もしくは摂津に行った。

図5-2　小林粂左衛門の使っていた寒天製造道具。上：もろぶた、天突きなど。下：煮熟釜（直径75センチ、深さ40センチ）。八ヶ岳総合博物館蔵。撮影＝筆者

・このときは九〇日ほどでいったん帰郷した。その後、再び丹波もしくは摂津に行き、二ヶ年寒天製造を修得した。
・帰郷後、家内だけで寒天製造を行なったが、天保一二、三年ごろから人手を頼んで製造するようになった。
・弘化二年ごろ、白川万蔵と協同し、摂津より多くの原料を買い込み、製品は甲府・江戸に送り出した。
・嘉永四年、浜富蔵、今井芳太郎が加わり、四人で共同出荷した（池内精一郎『信州寒天誌』）。

信州寒天の創始期に関する情報を整理しよう。

①俳人・永田菊明の証言……弘化元年、粂左衛門はすでに寒天を製造していた（製造開始は天保年間）。
②浜家所蔵文献資料「乍恐御訴訟奉申上候」……天保年間に寒天製造販売を開始した。
③信州寒天元祖の碑……寒天製造の開始は弘化元年
④孫の浅吉の談……天保一二、三年ごろ、人手を頼んで寒天を製造した。

こうしてみると、③の信州寒天元祖の碑だけが弘化元年説で、あとはすべて天保年間説である。③の情報を除けばきれいに年表が作れる【表5－1】。

したがって、信州寒天の創始期は天保一二、三年ごろとするのが妥当と思われる。

和暦	西暦	出来事
天保8年	1837	粂左衛門、関西へ
天保12年	1841	粂左衛門、帰郷し寒天製造を始める
天保13年	1842	
弘化1年	1844	長田菊明(5歳)、粂左衛門の寒天製造を見る
弘化2年	1845	白川万蔵と共同経営。摂津より多くの原藻を買い込んだ
嘉永4年	1851	浜富蔵、今井芳太郎が加わり、4人で共同出荷
嘉永6年	1853	寒天製造者11人、高島藩に願書

表5-1　創始期の信州寒天年表。作成＝筆者

2　共倒れへの危惧と原藻不足

共倒れへの危惧

池内精一郎によると、粂左衛門から寒天製造を伝授された白川万蔵は、開業以来明治九年（一八七六）まで寒天製造を継続した。昭和四年（一九二九）、白川家に保存されていた寒天製造関係の文献資料（仕入帳、釜上帳、送り状等）を精査した池内は、「極めて貴重なる二通の古文書を見出した」としている。その一つは、寒天仲間組合の許可願である。右の年表にあるように、嘉永四年に寒天製造を行なっていたのは、粂左衛門と白川万蔵、浜富蔵、今井芳太郎の四人であった。しかしその後、人数は増

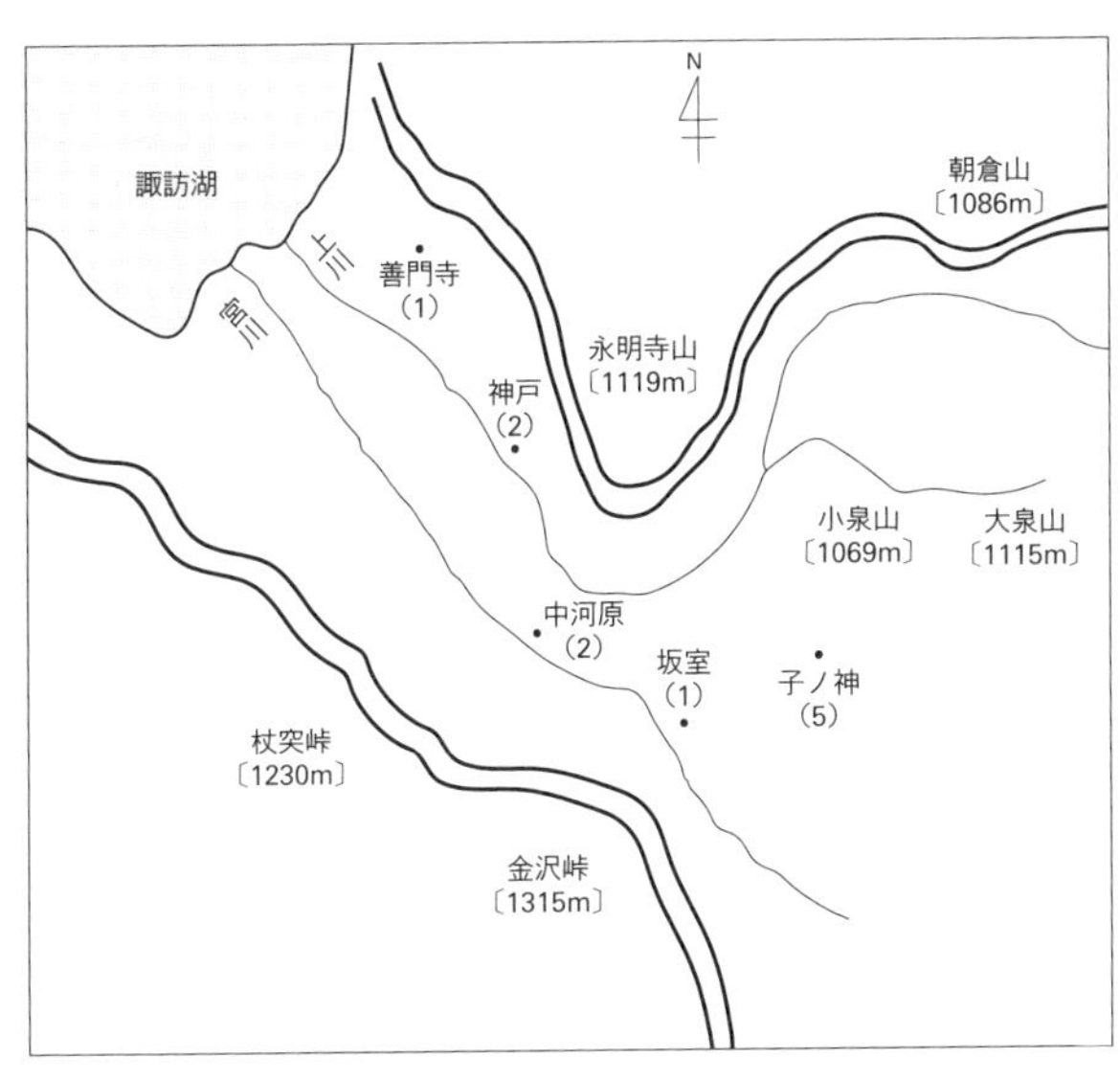

図5-3　寛永6年の寒天製造者11人分布図。池内精一郎『信州寒天誌』より作成。（　）内数字は製造人数

え、嘉永六年（一八五三）には一一人になった【図5-3】。彼らは、これ以上増えたら共倒れになると考え、高島藩の奉行所に次のような願書を提出した（抄訳）。

中河原の富蔵、子ノ神新田の音蔵は五年以上前より、寒心太を製造してきました。去年（嘉永五年）の暮より、坂室新田の園右衛門、神戸村の忠兵衛、長五郎、子ノ神新田の平吉、浅五郎、万蔵、金十、中河原の安之丞、上桑原の五右衛門が加わり、総計一一人は寒の四、五〇日間、製造しましたが、不出来の品は処分し、上出来の品のみ、甲州、上州、上田、信州内は上田、善行寺に出荷しました。羊羹屋、菓子屋、料理屋の需要に応えるためです。今よりも製造者が増えると商売が成り立ちません。運上金を五貫五〇〇文納めますので、新規に製造するものを認めないでください。諏訪郡中私ども一一株に限定としていただきたい。

願書に書かれた氏名は次の通りである。

玉川村子ノ神　五味音蔵／五味平吉／五味浅五郎／白川万蔵／牛山金十
宮川村中河原　浜富蔵／浜安之丞
四賀村神戸　浜忠兵衛／浜長五郎
宮川村坂室　今井園右衛門〔芳太郎の父〕
四賀村普門寺　百瀬五右衛門

粂左衛門の名前が見えないのは、嘉永五年あたりから休業していたからである。富蔵と音蔵の二名を除いて九名が嘉永五年から製造開始をしたように書いてある。この件について池内はこう述べている。

「嘉永五年の暮から十一名中の九名まで一斉に開始したやうに願書にはなつてゐるがこれは如何にも不自然で、各家はそれ以前に試製してゐるものと想像される。奉行所へ差出すやうな文書には運上〔金〕のことなどから、商売の困難な事情を示す必要がある。〔中略〕から云ふ訳で寧ろ開業の古きを述ぶることを避けたものであらう」（池内精一郎『信州寒天誌』）。

願書の主旨は一一人による仲間組合設立の許可願である。運上金を納める代わりに、藩の権力で新規参入者を阻止してほしいと願い出ている。背景には原藻確保の問題があった。

原藻不足

池内の言う「極めて貴重なる二通の古文書」のもう一通がそれである。それは、右の願書の二年後の安政二年（一八五五）に出された。原藻不足のために、六名の製造者が連名で藩の奉行所に商売休止を求めている（抄訳）。

私ども、おかげさまで寒てんの商売をさせていただいています。しかし、近年てん草が入手困難になりましたので、しばらく商売を休ませていただきたくお願い申し上げます。

普門寺　五右衛門
神　戸　忠兵衛／同　長五郎
子ノ神　乙蔵〔願書では音蔵〕／同　金十
中河原　安之丞

当時の原藻仕入れは、摂津頼みであった。粂左衛門の休業も影響していたのかもしれない（彼は、翌安政三年にこの世を去った)。遠隔の地からの買い入れには限界があった。製造を続けたのは、次の五名であった。

五味平吉(子ノ神)、五味浅五郎(同)、白川万蔵(同)、浜富蔵(中河原)、今井芳太郎(坂室)。

3 白川万蔵の活躍

万蔵の旅

安政二年の六名の休業願い以降、残りの五人がどのように寒天製造を続けたのか、それを知る手がかりは、白川家に残された文献資料である。それには、白川万蔵が伊豆に旅に出たことが書いてある。

万延元年(一八六〇)八月一六日、万蔵は五一両二朱五一八文を用意して子ノ神の自宅を出発した。天保二年(一八三一)生まれの万蔵は二九歳であった。甲州台ヶ原(山梨県北杜市白州町)で一泊し、さらに鰍沢(かじかざわ)(山梨県富士川町)で一泊。鰍沢から舟に乗り富士川を岩淵(静岡県富士市)まで下り、吉原(同上)に一泊。翌一九日は東海道を歩いて沼津に出、中伊豆の古奈に一泊。古奈から下田街道を南下し、修善寺を越えて天城山麓の大川畑で一泊。難所である天城峠を越えて二一日に下田港に到着した。

万蔵は下田に四日間滞在し、その間、下田の廻船問屋・綿屋吉兵衛に会い、テングサを大量に買い入れた。その後、江戸へ出て、日本橋小網町の川船積問屋・小川久蔵から三宅島、新島のテングサ各一六貫買い入れて帰郷している。

白川家に残された帳簿類には、これらのほかに江戸の並屋庄兵衛、柏屋市助、駒木銀三郎、直江津の荒岩屋茂吉からテングサを買いつけた記録が残されている（矢崎孟伯『信州寒天業発達史』）。

富士川の舟運

万蔵が買い入れた下田のテングサはどのように信州に運ばれたのか。下田のテングサは駿河湾の小須を経由して岩淵河岸に運ばれた。江戸で買い入れたテングサも清水港を経由して岩淵河岸に運ばれた【図5－4】。

図5-4　岩淵河岸の高瀬舟発着所。富士山かぐや姫ミュージアム所蔵

岩淵河岸は東海道と甲信地方とを結ぶ全長一八里の富士川の舟運の入り口である【図5－5】。使われた船は、船首が高く底が平の形状をしている高瀬舟と呼ばれる小型の船である。

富士川に舟運が開かれたのは、江戸時代の初めである。慶長一二年（一六〇七）、徳川家康の命により、京都の豪商・角倉了以が五年の歳月をかけて完成させた。彼は当初、東南アジア貿易（朱印船貿易）で活躍したが、鎖国となり朱印船が廃止されて以降は、国内各地の河川の開削に力を尽くした。岩淵から甲州に向かう上りの高瀬船には主に塩などの海産物が積まれ、甲州から岩淵に向かう下りの高瀬船には主に米が積まれ

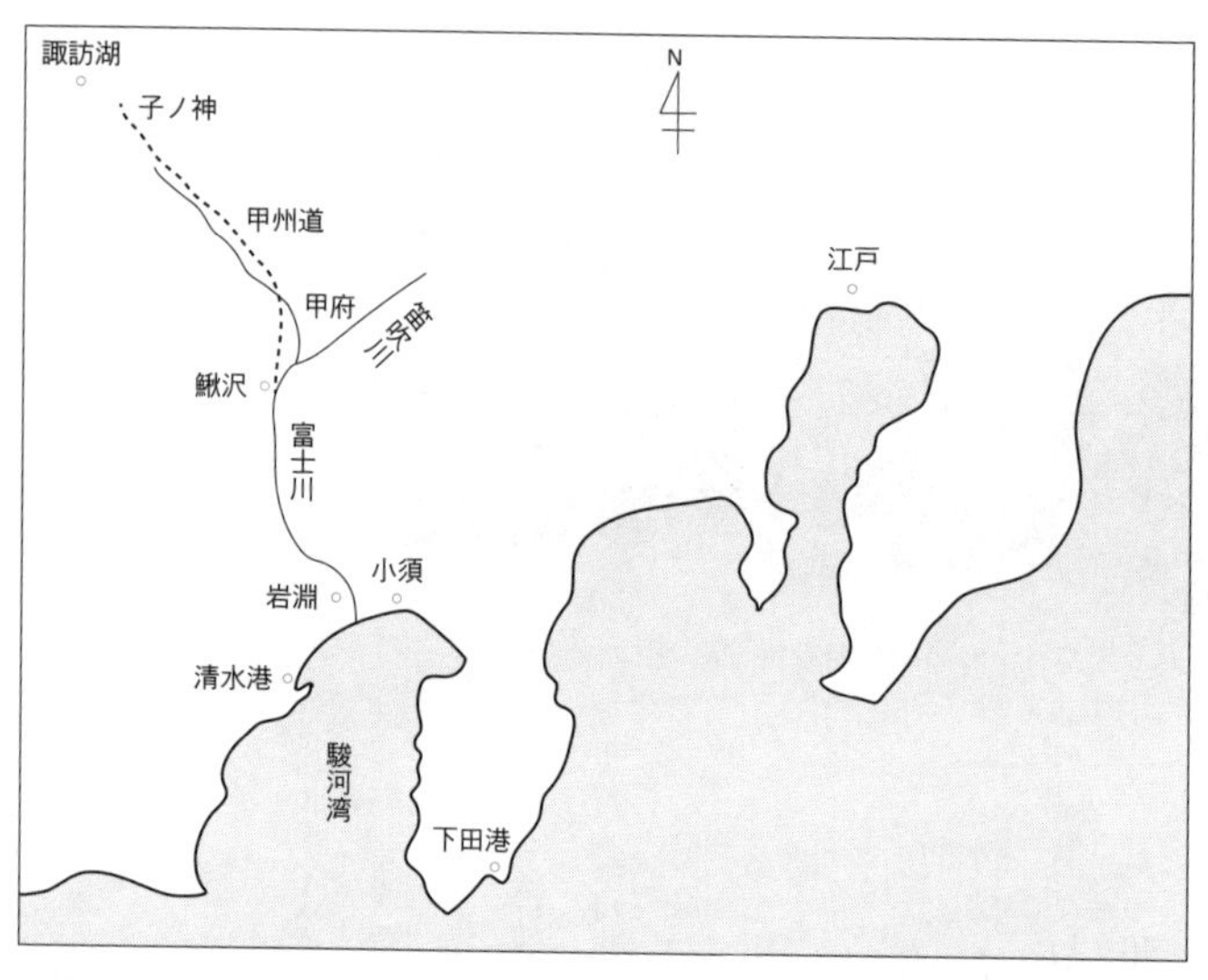

図5-5　富士川の舟運による諏訪地方へのテングサ搬入経路。矢崎孟伯『信州寒天業発達史』より作成

た。下りは約半日で目的地に着いたのに対して、上りは船頭が舟首に綱を結び引っ張って川をさかのぼるため四日から五日もかかった。

岩淵河岸で高瀬舟に積まれたテングサは鰍沢で荷揚げされた。当時、鰍沢には全国各地から物品、文化、風習が入ってきた。鰍沢に受け継がれている鰍沢ばやしは京都の祇園ばやしと江戸のはやしが微妙に入り混じっている。山車は上半分が浅草風で、下半分は京都の御所車風になっている。ナマコ壁は伊豆松崎から伝わったものだ（富士川町ホームページ）。

鰍沢からは、中馬（ちゅうま）と呼ばれる駄馬による宿場継ぎ輸送で甲州道を通って諏訪地方に運び込まれた。万蔵は、この富士川の舟運と中馬を使って買いつけたテングサを信州に運び入れたのである。彼の旅は、原藻不足の苦境から脱するための旅だった。

万蔵の寒天製造

テングサ買い入れルートを確保した万蔵は、寒天製造を行なった。彼が下田へ旅をしたのは万延元年であった。その二年後の文久二年（一八六二）の万蔵の寒天製造状況が文献資料として残っている。まず、製造の様子である。焚き始めは一一月一六日（旧暦）で、焚き終わりは翌文久三年正月一八日（旧暦）。総焚釜数は、四三釜。一釜から約四〇枚のモロブタ（小舟）がとれた。原藻は、伊豆草、房州草、イギスを使用している。次に原藻関係である。仕入れ先は、江戸、下田港、直江津である。万蔵が日本海側の直江津からの搬入を開拓したのは、文久元年である。直江津のテングサは、糸魚川の問屋から信州大町～松本～村井～塩尻～下諏訪～上諏訪の問屋を経て子ノ神に送られた。

原藻仕入れ高については、伊豆草二八〇貫、房州草三九二貫、代金七四両。そのほかに仕入れたテングサを加えて、万蔵、五味浅次郎、五味平吉の三人で三ツ割。一人分二八七貫、代金三六両三分二朱の記載が見られる。収支計算は次の通りである。売上高は九八両三朱で、支出は原藻代金三六両三分二朱、駄賃一〇両一部六〇〇文、薪四両三分、酢等一両六一二文、手間代（雇人一人分）一両三分四〇〇文。純利益約四三両。相当高い利益率である。

万蔵、五味浅次郎、五味平吉、浜富蔵の四人で協同して出荷していた（池内精一郎『信州寒天誌』）。

4　幕末の信州寒天

元治元年の製造者

安政二年に五人にまで減少した製造者は、九年後の元治元年（一八六四）には一九名に増えた。万蔵がテングサ買い入れのルートを開拓したことが大きな要因であることは言うまでもない。元治元年七月吉日付白川家蔵天草仕入懸帳の表紙裏面には一九名の製造者の名が書かれている。

子の神　五味利助／五味浅次郎／白川万蔵
穴山　小林条左衛門（二代目）
塩沢　吉田忠右衛門
坂室　今井芳太郎／今井清三郎／今井勝五郎
木船　牛山勝右衛門
中河原　浜富蔵／浜安之丞
新井　五味又右衛門／嘉十郎（姓不明）／忠治（同上）
南真志野　藤森太右衛門
神戸村　浜長五郎／浜忠兵衛
塚原村　矢崎久右衛門

下金子　　矢崎信一郎

製造者の団結ぶり

その二年後の慶応二年（一八六六）には寒天製造者は二六名に増えた【図5－6】。彼らは連名で製造者仲間の現状を維持するために奉行所に冥加金（献金）を願い出ている（抄訳）。

乍恐奉願上口上書之御事

私どもは、去る嘉永六年に御願いを申し上げ、農間寒入四、五〇日の間に寒心太を製造し、御運上を一人に付き五〇〇文ずつ御上納して参りましたが、この度、一貫文〔倍額〕ずつに増額して御上納するようご命令が下され謹んでお請け致し、これまで商売を続けることができまして有り難く存じております。しかしながら、この程、青物問屋を上諏訪町へご指定されましたことから、問屋の方から寒心太草一〇〇文に付き口銭四文ずつを差し出すようにとの打診がありました。これまで少額ながら御運上も差し上げて参り、さらにこの上口銭を差し出すようになりましては資本に乏しく、そのうえ年内の限られた期間での製造ですので商売が成り立ちません。これについて御願いを申し上げることは恐れ多いことではございますが、これまで差し上げて参りました御運上一貫文ずつの件につきましては御免除下さり、青物問屋へ差し出す口銭の件も御用捨下さいましたならば、冥加金として金子一〇〇両を差し上げたく存じております。右願いの通りご命令下さいましたならば大変有り難く存じ上げます。

慶応二年一〇月一六日

中河原村　富蔵／安之丞／末吉

坂室新田　園右衛門／清左衛門／勝五郎／清三郎／常左衛門

子ノ神新田　浅次郎／平吉／万蔵／音蔵／金重

中金子村　忠次

南真志野村　太右衛門

塚原村　久左衛門

中村　千代吉

神戸村　忠兵衛

芹ヶ沢村　伊兵衛

塩沢村　忠右衛門

穴山新田　粂左衛門（二代目）

木船新田　勝右衛門

子ノ神新田　文兵衛／忠四郎

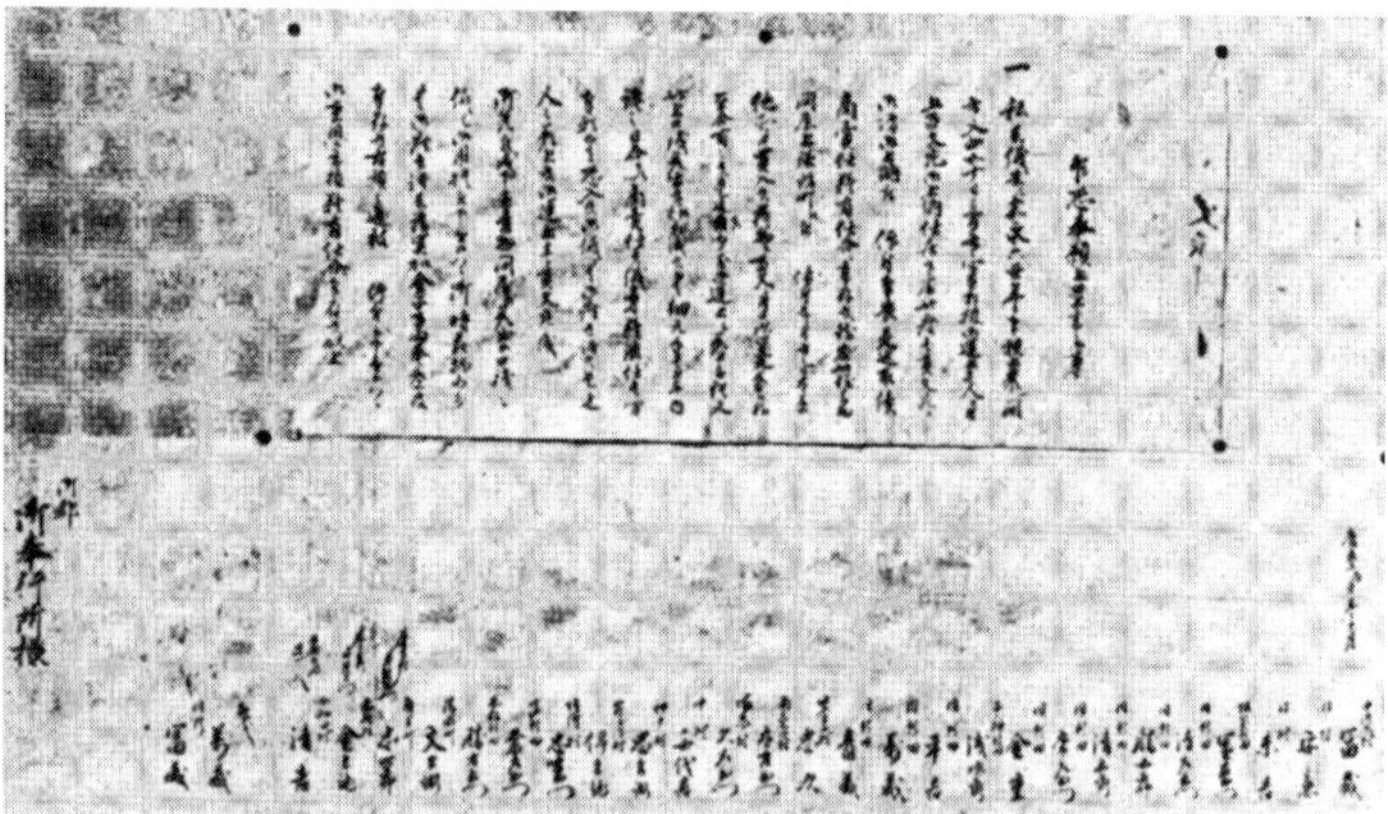

図5-6　白川万蔵ら26名の寒天製造者は高島藩に運上金、口銭の廃止を求めた。池内精一郎『信州寒天誌』より

中金子村　平右衛門
木船新田　武八
惣代　万蔵
同断　富蔵

要約すると次のようになる。

藩への運上金は五〇〇文から倍額の一貫文に値上がりしたが、私どもはそれに従ってきました。上諏訪町に原藻を扱う青物問屋が誕生し、私ども製造者に対して口銭（一〇〇文につき四文）を要求してきました。運上金と口銭の両方に応えるのは資本の乏しい私たちには難しいことです。この際、運上金も手数料も廃止してください。その代わり一〇〇両を払います。

二六名の連名のあとに「惣代」として万蔵と富蔵の名があるように、二人はリーダー的存在だった。慶応二年と言えば、翌年一〇月が大政奉還である。一両の価値は万蔵が五一両余りを持って下田に行った万延元年と比べると、六分の一ほどに下落していた。それでも現在の価格にして約七万円になる（池田弥三郎・林屋辰三郎編『江戸と上方』）。

一〇〇両という金額の大きさにも驚くが、それ以外金はいっさい出さないという大胆な要求にも驚く。私たちにこれ以上たからないでくれという悲鳴が聞こえてくるようだ。この願書が出されてから五日後に奉行所から製造者に運上金一〇〇両の上納請求が出ているから、藩は彼らの要求を認めたのであろう。矢崎はこう述べている。

「当時の寒天業者の結束した活躍ぶりと、逆に寒心太業者からの冥加金にまで依存した幕末期高島藩財政の逼迫ぶりが推量できる」（矢崎孟伯『信州寒天業発達史』）。

5　明治時代における寒天製造

信濃寒心太諏訪組合の創立

廃藩置県により高島藩は、高島県、筑摩県を経て、明治九年（一八七六）に長野県になった。

諏訪地方の寒天製造は宮川村中河原、坂室、茅野、安国寺を中心に発展し、明治九年には製造者数は七三名となった。明治九年の「寒心太製造人名面帳」を見ると、寒天製造発祥地の玉川村穴山には製造者は見られず、諏訪湖に注ぐ宮川と上川流域を中心に諏訪湖の南東側地域のほぼ一円に広がっている【図5－7】。村別に人数を集計すると次の通りである。

宮川村（中河原・坂室・茅野・安国寺・舟久保・田沢・新井）　三七名
玉川村（子ノ神・栗沢）　四名
永明村（塚原・横内）　五名

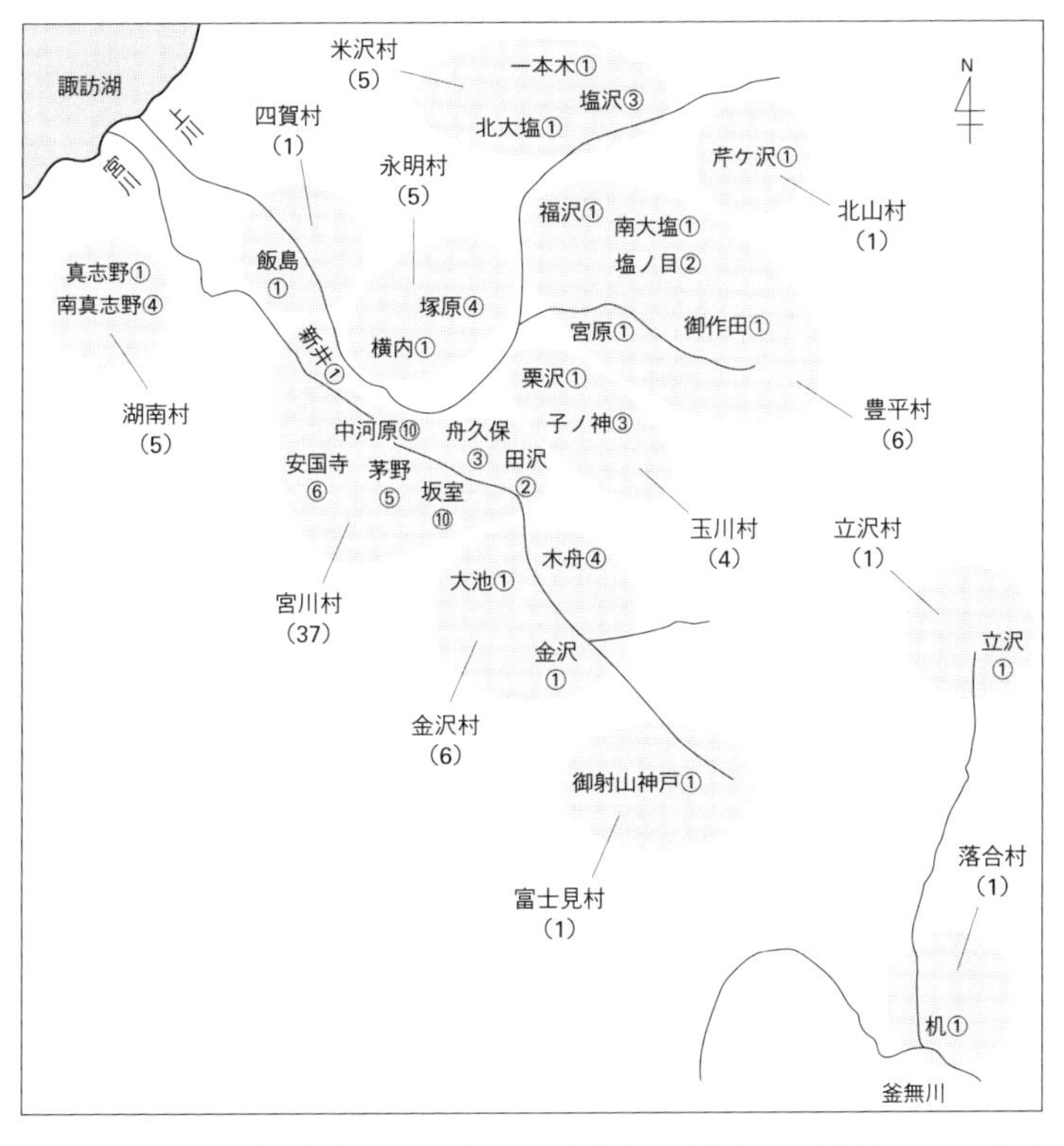

図5-7　明治9年諏訪地方寒天製造者分布図。矢崎孟伯『信州寒天業発達史』より作成

豊平村（塩ノ目・南大塩・福沢・宮原・御作田） 六名
米沢村（塩沢・北大塩・一本木） 五名
金沢村（木舟・大池・金沢） 六名
四賀村（飯島） 一名
湖南村（南真志野・真志野） 五名
北山村（芹ヶ沢） 一名
富士見村（御射山神戸） 一名
立沢村（立沢） 一名
落合村（机） 一名

その後、明治一〇年代から二〇年代にかけて諏訪地方の寒天製造額は増え続け、明治二三年には総額二〇万円に達した。しかし、増産とともに粗製乱造も見られ、粗製乱造禁止、同業者間の団結、良品製造を合言葉に明治二六年（一八九三）、「信濃寒心太諏訪組合」が誕生し、事務所を宮川村の茅野に置いた。加盟の組合員は一〇六名（うち仲買二名）で、宮川村が五六名と過半数を占め、信州寒天製造の中心地となった。

同組合は、明治三五年には「信濃寒心太諏訪水産組合」と改称した（矢崎孟伯『信州寒天業発達史』）。

中央線の開通

明治三八年（一九〇五）一一月、中央線が富士見から岡谷まで開通すると、テングサなどの原藻は鉄道で茅野駅に届くようになった。諸産地からの原藻は年間四〇〇〇トンにも及ぶようになった。輸送運賃も、鉄道によらないころと比べると、六分の一ほどに軽減された。中央線の開通によって、製造業者は急増した。明治三七年には七五人だった製造者が、明治四四年には二倍以上の一五四になっている【表5－2】。

中央線の開通を機に工場の分布は、上伊那郡の藤沢、朝日、東春近や東筑摩郡にまで広がった。また、釜無川を隔てた落合村の川向うに位置する大武川（山梨県北杜市白州町大武川）でも、明治四二年から寒天製造が始められた。

明治四三年、組合員が長野県全域とその周辺にまで広がったことを受け、「信濃寒心太諏訪水産組合」は「諏訪」を取り、「信濃寒心太水産組合」と改称した。

年次	製造者数	釜数	生産高（kg）	生産額（円）
明治 37	75	95	18 万	22 万
明治 40	93	117	27 万	38 万
明治 42	128	151	34 万	48 万
明治 44	154	183	40 万	62 万

表5-2　明治期諏訪地方の寒天生産推移。矢崎孟伯『信州寒天業発達史』より作成

第6章　天城の寒天

明治初期、わずか七年間という短い期間であったが、伊豆の天城山中で寒天製造が行われた。その目的は他国に売るばかりだった伊豆半島のテングサを自国で寒天に製造し、自国を豊かにすることであった。絶大な支持を受けた事業であったが、短期間で終了の時を迎えた。その原因は何であったのか。

1　伊豆国生産会社

仁田常種

明治六年（一八七三）二月、足柄県令柏木忠俊は、小田原城旧二の丸領主御殿にあった県庁舎に伊豆の豪農・仁田常種を呼び寄せた【図6－1】。足柄県とは廃藩置県第一次府県統合（明治四年）によって相模国西部と伊豆国とを統合して作られた県である（五年後の第二次府県統合で相模国は神奈川県に、伊豆国は静岡県に統合された）。

常種は文政五年（一八二二）、伊豆国田方郡仁田村に生まれ、幼名を瀧次郎、長じて仁田家三五代大八郎と名乗った。常種は隠居後の名前である。

仁田家初代の仁田四郎忠常は源頼朝の家来であった。

図6-1　仁田常種（35代仁田大八郎）。『静岡県徳行録』国立国会図書館デジタルコレクションより

仁田家は忠常の死後、帰農した。江戸時代には代々名主を務めた。明治二年（一八六九）、四七歳で仁田組総代名主となった常種は、二宮尊徳の貯蓄法に学び各戸に積立預金の指導をして台風などの災害に備えさせた。また、夏の暴風雨による農作物の被害に際しては自ら米や義援金を寄付した。

この姿を見ていたのが、当時韮山県大参事であった柏木忠俊である。柏木は、韮山反射炉を建設した江川英龍（太郎左衛門）のもとで働いた知識人で、外国の文化・技術に通じ、国際情勢を読む力を持っていた。英龍の死後、息子の英武が一六歳の若さで韮山県令となった。この若き県令を大参事として補佐していたのが柏木だった。

銀行類似会社

柏木が県庁舎に常種を呼んだのは、明治新政府の殖産興業政策に基づいて伊豆地方に新式の会社を設立することを要請するためだった。新政府の殖産興業は明治四年に始まる。最初は、鉱山、鉄道、官営工場の経営に力が注がれたが、明治六年以降民間資本家の育成にシフトする。柏木が新式の会社に求めたものは二つあった。一つは、地元資源を活用した生産事業である。もう一つは、庶民金融である。このような組織は、全国各地に設立され、銀行類似会社と呼ばれた。なぜそう呼ばれるようになったのか。背景には新政府の金融政策があった。

新政府は明治五年、国立銀行条例を発布して国立銀行の設立に乗り出した。国立銀行と言っても、国が保有し運営するという意味の「国立」ではなく、「国の法に従って設立された」という意味で、実態は民間会社だった。目的は、新政府が慶応四年から明治二年まで発行した太政官札（金と交換不可能な不換紙幣）を駆逐し、金と交換可能な兌換（だかん）紙幣を流通させることであった。そのため、国立銀行には兌換紙幣の発行権が与えられた。

明治六年、まず日本橋兜町に第一国立銀行が設立された【図6－2】。設立者は江戸時代以来の豪商三井・小野組である。初代総監役には渋沢栄一が就任した。銀行の建物は、維新以来単独での銀行設立を目指していた三井組が明治五

図6-2　第一国立銀行（旧海運橋三井組ハウス）。『実写奠都五十年史』国立国会図書館デジタルコレクションより

年、日本橋一丁目および兜町に架かる海運橋際に建てた日本初の銀行建築「海運橋三井組ハウス」があてられた。政府が三井組から購入したのである。

以後、明治八年までに、第二（横浜）、第三（東京）、第四（新潟）と四つの国立銀行が設立された。しかし、金の不足から兌換紙幣発行に限度があり、どの国立銀行も経営不振に陥った。そこで新政府は、明治九年に国立銀行条例を改正し、国立銀行に不換紙幣の発行を認めた。その結果、国立銀行の新設が相次ぎ、第五（大阪）、第六（福島）、第七（高知）……と増え続けた。しかし、紙幣発行が容易になったためインフレーションを招き、政府はその防止策として国立銀行の総資本額と総発行紙幣額に限度額を設けた。明治一二年にその限度額に達したため、第一五三銀行をもって国立銀行の新設は打ち切られた。当時、国立銀行以外にさまざまな金融機関があったが、新政府は国立銀行以外の金融機関に銀行を名乗ることを禁止していた。そのため、国立銀行以外の金融機関は銀行類似会社と称されたのである。

銀行類似会社は三つのタイプに分けられる。

①旧武家の金融授産のための銀行類似会社
②質屋、無尽、頼母子講、個人高利貸しを内実とする銀行類似会社
③地方有力者たちによる新政府の殖産興業政策を実行する銀行類似会社

柏木が常種に要請したのは、③のタイプである。このタイプの銀行類似会社は、国立銀行法の規制を受けないため事業内容は自由で、生産と金融のほか、物品販売、社会事業、相互扶助など多岐にわ

図6-3　現在の伊豆の国市韮山山木。近くには重要文化財江川邸（韮山反射炉を築造した江川太郎左衛門英龍の邸宅）がある。若き日の源頼朝が平家によって配流されたのもこの地である。最寄り駅は伊豆箱根鉄道駿豆線韮山駅。撮影＝筆者

たった（朝倉孝吉『明治前期日本金融構造史』）。

伊豆国生産会社設立

明治六年三月、柏木の要請を受けた常種は伊豆国生産会社（別名韮山生産会社）を設立した。会社の住所は、足柄県韮山支庁管下田方郡韮山村字山木（現伊豆の国市韮山山木）二二三番地宇野範右衛門方である【図6－3】。

戸羽山瀚が著した『伊豆銀行沿革誌』には、県下に公示された柏木と楫取素彦の草案になる生産会社の「大意」および「規則」と設立時の役員が記されている【図6－4】。

「大意」の要旨は次の通りである。

伊豆は資源が豊富であるが、資源活用ができていない。衣食には困らないが進歩がない。現代の文明を取り入れて現状を変えていきたい。

具体的には、次のことを行う。
・山野を開墾する。
・茶、桑、楮（こうぞ）を栽培する。
・牧畜を奨励する。
・鉱山を開発する。
・水産業を盛んにする。
・金融を盛んにして県民の殖産能力の増進を高める。

次に、「規則」を抜粋する。

第一則　富国理財の一助を目的とするがあくまで誠実公平を主とし、毫も私利私欲に溺れない。
第二則　省略
第三則　資本金は三万円、一株は五〇円とする。
第四―七則　省略
第八則　社員の家族は大切にする。冠婚葬祭や贈答等はどうでもよいが、社員が窮地に陥ったらお互い助け合う。

図6-4　伊豆国生産会社外観。戸羽山瀚『伊豆銀行沿革誌』国立国会図書館デジタルコレクションより

第九則　会社からの貸出金の返済期限は二～六ヶ月とし利息は年一割五分とする。但し、借主の事情によっては引き下げる。

第一〇則　富豪でないものには特別な方法を設ける。利息は、年一割二分とし、返金方法は本人の勝手次第。少額でも持参のたびに受け取り預かり金とする。預かり金には一割から一割一分の利息を付ける。

第一一則　貧民の場合も前条に準じる。但し、その返済は金でなくてもよい。米、茶、楮、糠、糸繭、綿、漆、藍玉、紙、蠟燭、海藻、草履などでも可とする。

第一二―一八則　省略

注目に値するのは、「規則」の一〇則および一一則である。一〇則は、富豪ではない者への利息は年一割二分、返済計画は借り主の自由としている。また、返済のための預かり金には一割から一割一分という高い利息を付けてやり、貸付利息とのわずか一分差をもって会社の収入とするという驚くべき内容になっている。一一則は、貧民の返済金は金である必要はなく、米や茶、楮などの収穫物でもよいという画期的な内容である。

最後に、設立時の役員を示す。

相談役　柏木忠俊／同　楫取素彦

頭　取　仁田常種
取扱人　小川範右衛門／同　渡邊市郎左衛門
書　役　杉崎三郎／同　江川六郎

戸羽山瀚は、生産会社の設立について「時は恰も、為替会社の解散直後にあって第一国立銀行創立の四ヶ月も前であったのは伊豆の経済史を研究調査する我等の意を強めた」と評している。為替会社とは、明治二年（一八六九）、政府の保護監督のもとに設立された金融機関である。東京、大阪をはじめ全国八ヶ所に置かれたが、まったく機能せず明治五年には解散した（戸羽山瀚『伊豆銀行沿革誌』）。

明治六年一一月、伊豆国生産会社は下田、松崎、三島の三ヶ所にそれぞれ分社を設立した。このうちの下田分社が白浜村の天草採集組合に資金貸付を行なった。これが、寒天製造のきっかけとなった。

2　寒天製造へ

寒天試製

明治七年（一八七四）、伊豆国生産会社は足柄県に対して寒天試製願書を提出した。その要旨を記す。

当国賀茂郡白浜村その外の村々が、海岸において採集している心太草の件について、当社の事業資金を充てて参りましたところ、追々事業が盛大となり、村々は手広く売買ができるようになって参りました。採集した心太草を用いて乾天を精製するようにすれば村々の生産がいっそう増加致します。乾天製造のすべてを一貫して行うことは、輸出品の一品となり将来村々を潤す産業となるものであります。ただ、製造する場所は寒暖や水質の関係が少なからずあります。そこで、乾天製造を専門とする職人に検討させたところ、天城山官林のうち川津に、字川ノ入という場所が適していることがわかりました。右場所のうち、反別二町五反歩、当明治七年から同一一年まで五ヶ年の間、貸し付け下さるよう御願い申し上げます。拝借年限中、官地拝借料一ヶ年、金五円ずつ上納致します。なにとぞ格別の御賢察をもって、願いの通りご許可下さるよう、我々一同、御願い申し上げます。

明治七年一一月四日

御管下伊豆国生産会社

副取扱人　渡辺市郎左衛門

取扱人　小川為之助

頭取　仁田大八郎

足柄県令　柏木忠俊殿

（戸羽山瀚『伊豆銀行沿革誌』）

「乾天製造を専門とする職人」とは丹波・丹後の出稼ぎ寒天職人であると思われる。幕末から明治に

図6-5　川ノ入を流れる渓流。撮影＝筆者

かけての寒天資料に丹波や丹後からの出稼ぎ実態が数多く記録されている。常種も彼らから寒天製造法を学んだ。その彼らが選んだ場所が川ノ入であった【図6－5】。川ノ入には天城山を源流とし、河津川に注ぐ渓流がある。テングサの晒しや煮熟に大量の水を要する寒天製造にとって、すぐ近くに水量豊富な川があることは必須の要件である。

伊豆国生産会社が寒天製造に着目したのは、白浜村等で採れる伊豆のテングサ（豊富な地元資源）が「活用ができていない」状況にあったためである。江戸時代から伊豆のテングサは高品質で知られ、摂津や信州に輸送され寒天に加工され販売されていた（本書第3章、第5章参照）。もし自国で加工できれば輸送コストはきわめて低くなるため、安くてよい品が提供でき、しかも村々が潤う。常種らの熱のこもった願いは聞き入れられ、伊豆国生産会社は川ノ入に工場を建て寒天製造を開始した。

原料のテングサは白浜村等から川ノ入までどのように運ばれたか。海岸から山裾の梨本あたりまでは比較的平坦な土地だから、下田街道を馬車で運べたと思われる。しかし、天城山麓に入ると道は険阻になる。安政四年（一八五七）、下田に滞在していたアメリカ総領事のハリスは領事館のある玉泉寺から江戸城に向かう途中、天城山を通った。ハリスは、米国製の蹄鉄をはめた馬に乗って下田を出発したが、梨本を超えると道は狭くかつ急峻になり、馬を下りて人足のかつぐ特製の籠に乗って峠を越えた。この事実を見ると、テングサは川ノ入まで人にかつがれて運ばれたと考えるのが妥当である（ハリス『日本滞在記』）。

本格的製造

明治九年（一八七六）、静岡県令大迫貞清は、内務卿大久保利通に対して天城山官林拝借願書を提出した。主旨を記す。

天城山河津口乾天製造場の儀につき左の如し
明治九年より一二年まで　四ヶ年季
天城山河津口字川ノ入
一、反別二町五反歩余　今般拝借願い分
外　反別二町五反歩　昨八年拝借御許可分

拝借料金　一ヶ年五円

一、立木四八四本　代金一五円四〇銭五厘

一、およそ八反歩　雑木御払下相願分

本数四八〇〇本

代価金九円

豆州白浜村等の心太草は生産会社の支援のもと売り上げを伸ばしている。しかし他国へ売るのみでは利益が限られている。そこで寒天製造を考えるに至った。寒天製造には寒暖の差や水質などが重要である。明治八年に旧足柄県に許可をもらい天城山中の河津口字川ノ入に二町五反歩の土地を借りて寒天を試製した結果、高品質の製品が得られた。この際さらに生産を拡大したいので、借りている土地を倍の面積に広げてほしい。期間は、明治九年から一二年までの四ヶ年季。拝借料は年五円でお願いしたい。

寒天製造は日陰ではできないためその地所にある立木一八四本を伐採したい。伐採した木は製造小屋の建設に利用したい。建設用の木を四里あまりも離れた村里から運んでくるのは容易なことではないので是非お願いしたい。代金は支払う。

大量の薪を必要とするので、字大日陰から字大日向に至る地所の雑木を刈り取らせてほしい。この代金も支払う。

（『明治初期静岡県史料』第五巻）

伊豆国生産会社の試製実績を認めた静岡県が、常種らに代わって国に対して官林拝借を願い出たのである。天城山の所管は幕末以降、韮山藩→足柄県→明治政府→宮内省→農林省と推移する。生産会社が試製を願い出た明治七年ごろは足柄県の管轄であったが、その後明治新政府に移管したため、県がこの願い書を起こしたのである。

大久保はこの願書にゴーサインを出した。明治四年に始まった殖産興業は三つの時期に分けられる。第一期は工部省段階と呼ばれ、鉱山、鉄道、官営工場に力を注いだ時期である。第二期は明治六年内務卿に就任した大久保が主導した内務省段階と呼ばれる時期で、在来産業（農牧業、農産物加工業）の育成に力を注いだ。天城山官林拝借願書はこの時期にあたる。第三期は、農商務省段階である。明治一四年（一八八一）に新設された農商務省は官営工場の破綻と赤字財政からの脱却を図りつつ、農林、水産、商工業などの産業行政を総合的に主管した。

大久保は、内務卿に就任する前の明治四年一一月から明治六年九月まで岩倉使節団副使としてアメリカ、イギリス、フランス、ドイツを視察した。大久保の心を強くとらえたのはドイツであった。ドイツは、アメリカ、イギリス、フランスに比べて工業化が遅く、その遅れを強力な官僚主導の産業振興政策で取り戻そうとしていた。それは工業化後進国日本の格好のモデルだった。大久保のゴーサインによって、生産会社の寒天製造は国の推奨する殖産産業の一つとして明確な位置づけを獲得したのである。

第一回内国勧業博覧会

天城山中に広大な土地と大量の薪を確保した伊豆国生産会社は寒天製造を順調に進めた。明治一〇年(一八七七)、伊豆国生産会社は、生産量を倍加し販路を拡張する目的で大蔵省から一万円の資金を借り入れた。『伊豆銀行沿革誌』には借入金の抵当として主な株主の地券証を差し出したことが記されている。主な株主とは、仁田頭取、小川宗助、渡邊圓蔵、江川英武の四名である。

明治一〇年八月から一一月にかけて、大久保は上野公園で第一回内国勧業博覧会を開催した。帰国前スイスで、ウィーン万国博覧会を見学した大久保はそれにならって、自らが采配を振るった在来産業育成の成果を世に知らしめた。『明治前期産業発達史資料・勧業博覧会資料』には「出品目録」と「賞牌褒状授与人名録」が収録されている。その中に生産会社の寒天が確認できる。商品名は「石花菜(煮)」、生産者は「鈴木清吉」、生産地は「伊豆国加茂郡天城入字川ノ入」である。「石花菜(煮)」とは寒天のことである。

生産者の「鈴木清吉」は伊豆国生産会社の賛同者の一人で下田町の人である。商品名が原料である「石花菜」であるところから常種ではなく、テングサの産地である下田町の鈴木清吉の名前で出品したものと思われる。伊豆国生産会社の寒天は、「褒状」という賞を「生産会社」の名前でもらっている。

3　朱書の入った未提出文書

発見した新資料

令和二年（二〇二〇）年、私は偶然、インターネット古書店「日本の古本屋」で天城の寒天に関する新資料を入手した。資料は、毛筆文字の書かれた和紙が三枚、図面の書かれた和紙が一枚、計四枚からなり、白い紙紐で綴じられていた。タイトルは、「天城山寒天製造ニ付雑木御払下ヶ願」【図6-6】。

明治一二年（一八七九）に、天城山での寒天製造を続けるために雑木を払い下げてほしいと政府に願い出た文書である。目を引いたのは、表紙にある二ヶ所の朱書であった。表紙右側、綴じ紐の脇の朱書には「明治一二年八月五日に本書は内務省山林局へ提出したその控えである」という意味のことが書いてあった。一方、左上の朱書には「一〇月七日、改めて提出するためこの書面は取り消す」という意味のことが書いてあった。要旨を記す。

寒天製造に付き雑木御払い下げ願書

天城山官林のうち狩野口湯ヶ島入字桐山

一　凡そ反別一町歩　　雑木御払い下げ願

此の凡そ木数三〇〇〇本　但し坪に付き五本

此の代価金一円五〇銭

寒天製造ニ付雑木御拂下ケ願書
天城山官林字狩野口
湯ケ島入字桐山
一　凡反別壱町歩　雑木御拂下ケ願
此凡木数三千本　但シ壱坪ニ付五本
此代價金壱円五拾銭
右御官林地續字桐山民有地ニ於テ國之産
繁殖ノ為メ寒天製造仕度ニ付テハ焚木必
需之処同所之義ハ御官林接續ノ地ニテ
民有山林等無之一里余相隔ヘ村里ヨリ
運送時々間之加ルニ費用相嵩ミ製造之

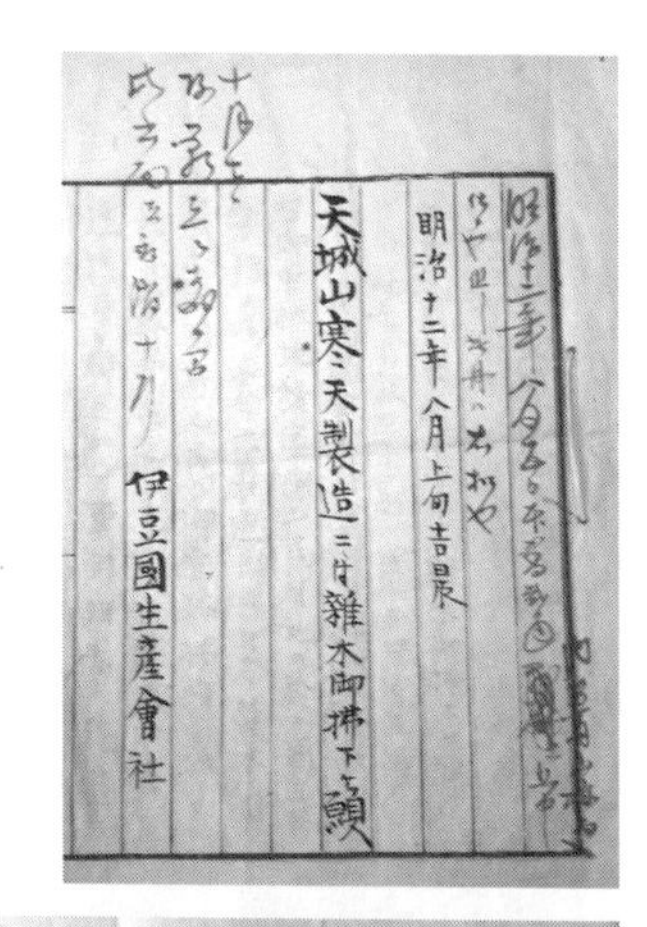
明治十二年八月上旬吉辰
天城山寒天製造ニ付雑木御拂下ケ願
伊豆國生産會社

故障有之遺憾不尠候間前書御場所ニ有
之候雑木御拂下ケ被成下度尤従前御制
木ト唱エ右九木ハ勿論苗木タリ共
相除キ全ク雑木而已本年九月ヨリ来ル十三年
三月迄七ケ月ノ間書面代金ヲ以御拂下ケ被
仰付度別紙圖面相添此段奉願候何卒
特別御詮議ヲ以願ノ通リ御聞済之程伏
而奉懇願候以上
明治十二年八月
伊豆國韮山町
生産會社
願人　宇野飛右エ門
同　穂積忠吾
同　副願人　渡邉圓藏
同　願人　仁田大八郎

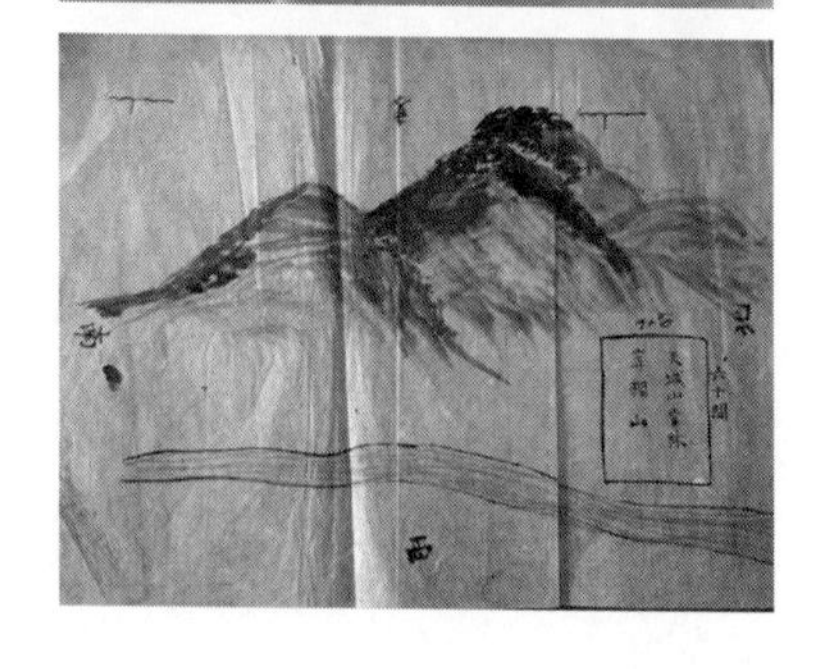

図6-6　朱書の入った未提出文書「天城山寒天製造ニ付雑木御払下ケ願」。筆者蔵より

但し平均一本に付き金五毛

右は、御官林の地続きである字桐山民有地において国内産業の振興のため寒天製造を致しておるところでございますが、そのために焚木が必需であります。同所は御官林に接続している地であり民有の山林等はなく、一里余り隔てたところにある村里から運送しているため時として欠乏し、それに加え費用が嵩むことから製造への支障があり大変困っておりますので、前書の御場所にある雑木を御払い下げくだされたく御願い申し上げます。なお、従前から御制木とされております松、杉、檜、楠等はもちろん、その苗木であったとしてもこれを除き、すべて雑木のみを、本年九月より来たる一三年三月まで七ヶ月の間、書面の代金により御払い下げをいただきたく、別紙図面を添え御願い申し上げます。なにとぞ特別の御詮議いただき願いの通り御許可いただけますよう伏して懇願申し上げます。以上

伊豆国韮山町生産会社

明治一二年八月

願人　取扱人　宇野範右衛門

同　同　穂積忠吾

同　副頭取　渡辺円蔵

同　頭取　仁田大八郎

桐山に工場増設

従来、寒天工場は川ノ入という場所にあると考えられてきた。これまで述べてきたように、明治七年の寒天試製願書にも、明治九年の天城山官林拝借願にもその地名が記されていたからである。しかし、この新しく発見した明治一二年の「天城山寒天製造ニ付雑木御払下ヶ願」には、「御官林の地続きである字桐山民有地において国内産業の振興のため寒天製造を致しておるところでございます」と書かれている。

「字桐山民有地」とは、現在の伊豆市湯ヶ島にある主に山林からなる地域である。したがって位置としては、川ノ入の北側となり、平野部の中央を本谷川が流れる。本谷川の下流は狩野川に注ぐ。

新資料には桐山にて寒天製造を行なっていると書かれている。天城山中にあった工場が桐山に移転したのか、それとも天城山中の工場はそのままにして桐山に工場を増設したのか。おそらく後者であろう。というのは、伊豆国生産会社は明治一四年の三月から六月にかけて開催された第二回内国勧業博覧会に角寒天と細寒天を出品しているが、生産地は「天城山」となっているからだ。

桐山に工場を増設した時期はおそらく、明治一〇年の大蔵省への資金借り入れあたりと思われる。筆者は、川ノ入の寒天工場の長屋跡を見学したことがあるが、テングサを煮る釜がせいぜい二、三基設置できるほどの広さであった【図6-7】。釜数を増やすために、桐山に第二工場を増設したと思われる。

令和三年（二〇二一）秋、私は桐山を訪ねた【図6-8】。ＪＲ三島駅から伊豆箱根鉄道駿豆線に乗り換え、約三五分で終点の修善寺駅に着いた。駅前のバスセンターから東海バスに乗り、約四〇分で「特別養護老人ホーム天城の杜」に到着した。東海バス修善寺営業所によると、「特別養護老人ホーム天城の杜」の停留所名は、数年前まで「桐山」であったという。バスを降り、国道を徒歩で少し戻ると、左手に本谷川に通じる小型自動車一台がやっと通れるほどのS字状の下り坂の道があった。その道を下

図6-7　川ノ入の寒天工場長屋跡。普通自動車が4〜5台が駐車できるほどの広さ。撮影＝筆者

図6-8　桐山を流れる本谷川、下流にて狩野川に注ぐ。撮影＝筆者

っていくとせせらぎの音が聞こえ、渓流の水しぶきが見えてきた。川べりに立つと下流に長さ約一〇メートルほどの橋が見えた。橋の上から上流方面を眺めた。川ノ入の渓流に比べると、流れが緩やかだ。川原の右手にワサビ田の跡が見えた。橋を渡り切ろうとすると、赤い通行止めの標識を貼り付けた高さ五〇センチほどのゲートに前途を遮(さえぎ)られた。標識の脇には「この先は自己責任で行動してください」という意味のことが書かれていた。桐山林道の入り口である。私はきびすを返し、天城山(本谷川の上流)に向かって、せせらぎを聞きながらうっそうと生い茂る木で薄暗い旧下田街道を歩いた。道幅は一・五メートルほどで石ころや段差が多く歩きにくい。気温は二〇度。冬季になれば、この本谷川も凍る日があるのだろう。伊豆国生産会社はこの川沿いのどこかに第二工場を建てたにちがいない。そう考えながら歩いていくと、約四〇分で道の駅「天城越え」に着いた。

4　朱書の背景と意図

朱書「取り消す」の背景

表紙の朱書「この書面は取り消す」の背景には新政府の金融政策の変化があったと思われる。すでに述べたように、明治六年、第一国立銀行は三井・小野組の共同出資により設立された。しかし、しばらくすると三井組は第一国立銀行から手を引き、「海運橋三井組ハウス」の譲渡金を元手に日本橋駿河町(現室町)に銀行業務を行う三階建ての洋館「為替バンク三井組」を建設した。明治九年七月、政府は、それまでの国立銀行以外の銀行を認めない方針を改め、この為替バンク三井組を私立銀行として認可した。わが国初の私立銀行（三井銀行）の誕生である。

これを機に、新政府は法律を改正し、世間一般に対して広く私立銀行設立認可の道を開いた。銀行という名前は世間から尊重されている。翌年と翌々年には、各一行の私立銀行が誕生した。一気に増えたのは、明治一二年（一八七九）である。原因は、新政府が国立銀行の新設を禁止したことである。安田銀行（のちの富士銀行、みずほ銀行）、共立銀行等、銀行類似会社から私立銀行へ改組するものが相次ぎ、その数は九行にのぼった（朝倉孝吉『明治前期日本金融構造史』）。

朱書「取り消す」（明治一二年八月）の背景にはこうした新政府の金融政策の変化があった。すなわち、銀行類似会社が私立銀行へと昇格するチャンスが生まれたのである。ところが、私立銀行に昇格するということは、純然たる金融機関になることにほかならない。そうなると、寒天製造はやめなくてはいけないかもしれない、そう考えたのである。

伊豆銀行に吸収合併

私立銀行は、翌明治一三年には二九行に達した。静岡県下でも、明治一三年に大場銀行、西遠銀行、掛川銀行の三行が設立された（『伊豆銀行沿革誌』）。

大場銀行は、同年九月、伊豆国君沢郡大場村に資本金七万円で設立された。設立者は、北伊豆の富豪・有力者であり、銀行類似会社・大場治水社（明治六年設立）の経営者でもあった大村和吉郎、吉田惣祐、大村治三郎、青木誠太郎、小川弥右衛門、佐野孫七である。

設立の趣旨は、公益のための産業開発、生産促進と金融であった。その大場銀行が、明治一三年一二月、伊豆国生産会社、治水社を合併し、伊豆銀行と名称変更したのである。大場銀行はわずか四ヶ月存在したにすぎず、業況実績はない。伊豆銀行設立のための布石であった。

伊豆銀行の設立発起人は、宇野範右衛門、栗原宇兵衛、小川弥右衛門、吉田惣祐、大村和吉郎ほかであった。

『伊豆銀行沿革誌』に掲げられた伊豆銀行設立認可時の資料を以下に掲げる。

〈資本金額増加の件〉

一、金七万円　元資本額

明治十三年九月創設した処の資本金の分

一、金二五万五千円　増加資本額

内

金六万三千円

治水社及び生産会社の資本金

金九万二千円

今回募集した処の資本増加分

合計　三二万五千円　資本金総額

〈大場銀行改称の件〉

一、伊豆銀行

一、本店　位置　伊豆国田方郡韮山町

一、支店　同　同国君沢郡大場村

一、同　同　同国同郡三島宿

一、同　同　同国田方郡大仁村

一、同　同　同国賀茂郡和田村

一、同　同　同国同郡下田町

一、同　同　同国同郡松崎村

一、出張所　同　同国君沢郡戸田村

計　七店一出張所　一宿二町五ヶ村

右の者、治水生産の両社を併合し、その資本金と今回募集する金額とをあわせて大場銀行の資本金に加え、同行の名称を改め、本店の位置を変更し、専ら貨幣流通の道を開き州民の営産に便益を与えるために必要な場所を選んで支店及び出張所を配置した。

明治一三年一二月二〇日

大場銀行発起人兼治水社取扱人　青木誠太郎／同　大村治三郎

生産会社取扱人　宇野範右衛門／同　穂積忠吉
大場銀行取締役　宮彦三郎／同　野方武兵衛／同　津田六郎
大場銀行取締役兼発起人治水社取扱人　吉田惣祐／同　佐野孫七
大場銀行取締役　山口余一
大場銀行副頭取兼生産会社副頭取　栗原宇兵衛／同　渡辺円蔵
大場銀行頭取兼生産会社副頭取発起人　小川弥右衛門
大場銀行監督兼発起人治水社取締　大村和吉郎

大場銀行頭取が生産会社の副頭取（小川弥右衛門）であったり、大場銀行の副頭取が生産会社の副頭取（栗原宇兵衛、渡辺円蔵）であったりするように、伊豆の富豪・有力者が、まず銀行類似会社を作り、次に法的に設立可能となった私立銀行を作ったことが読み取れる。

右の中に、伊豆国生産会社の頭取である仁田常種の名前はない。彼は、銀行設立には加わらず、寒天以外にも製糸、牧畜、養魚などで伊豆の産業振興に貢献し、明治三一年（一八九八）、七七歳でこの世を去った。

銀行本務外事業照会

『伊豆銀行沿革誌』にはもう一つ重要なことが記されている。

〈銀行本務外事業照会〉
生産又は起業に係わる事業を銀行自ら営むのは銀行の本務外に属すためはなはだ不都合であり、その営業は速やかに廃止しなければならない。
明治一四年五月二日
銀行局長　岩崎小二郎代理
大蔵省少書記官　加藤斉

伊豆銀行は発足後、寒天製造事業の継続の可否について大蔵省に問い合わせをしているのだ。この行為について朝倉孝吉は、「伊豆銀行は、県下第一の大銀行で、業況もしっかりしているので、このように大蔵省にうかがいを立て、その回答によって、銀行業務以外の業務の扱い方を決めたのであろう」と解説している。

すでに述べたように、明治一四年三月から六月にかけて上野公園で第二回内国勧業博覧会が開催され、伊豆国生産会社は角寒天と細寒天を出品した。大蔵省の見解は、この第二回内国勧業博覧会のさなかである明治一四年五月二日に示された。再度引用しよう。

「生産又は起業に係わる事業を銀行自ら営むのは銀行の本務外に属すためはなはだ不都合であり、その営業は速やかに廃止しなければならない」。

朝倉はこの見解について、「銀行類似会社がやっていたような事業を銀行がやってはいけないという大蔵省の指導である」と解説を加えている。つまりこの見解は、伊豆銀行に対して寒天製造事業の停止を求めたものであった。

伊豆国生産会社設立から寒天製造の終焉までを振り返ってみよう【表6-1】。伊豆国生産会社は、明治六年に新政府の殖産興業政策によって誕生した銀行類似会社である。地元資源を活用した寒天製造は、明治七年に天城山で始まった。一方、明治九年、新政府の金融政策の転換によって私立銀行が設立された。明治一〇年、同社は大蔵省から一万円を借り入れ、桐山に第二工場を設立した。転機は明治一三年に訪れた。同社は大場銀行に合併され、大場銀行はすぐに伊豆銀行に名称変更し

	新政府の金融政策	伊豆国生産会社の動向
明治 5 年	国立銀行条例公布	
明治 6 年	第一国立銀行設立	伊豆国生産会社設立
明治 7 年		足柄県に寒天製造試製願
明治 8 年		川ノ入で寒天製造開始
明治 9 年	初の私立銀行（三井銀行）設立	
明治 10 年	私立銀行 1 行設立 第 1 回内国勧業博覧会	大蔵省から 1 万円資金借入 桐山に工場増設
明治 11 年	私立銀行 1 行設立	
明治 12 年	（国立銀行設立禁止） 私立銀行 9 行設立	8 月、願書作成 10 月、願書に書面取消しの朱書
明治 13 年	私立銀行 29 行設立	9 月、大場銀行設立 12 月、大場銀行に併合、同時に大場銀行は伊豆銀行に名称変更
明治 14 年	第 2 回内国勧業博覧会	5 月、大蔵省見解 その後、寒天製造停止

表6-1　新政府の金融政策と伊豆国生産会社の動向。筆者作成

た。明治一四年、伊豆銀行は大蔵省に銀行本務外事業照会を行なった。その結果、寒天製造を打ち切らざるをえなくなった。貴重な地元産業の喪失であった。

5　残る寒天の地名等

大蔵省の見解を、常種をはじめとする寒天製造者たちはどう聞いたであろう。天城の寒天にかかわった伊豆国生産会社の社員、白浜村等の漁民、テングサ運搬の馬士、工場労働者などすべての人が肩を落としたにちがいない。

政府の殖産興業政策によって誕生した天城の寒天は、政府の金融政策によって姿を消した。工場から立ち上る煙や原料のテングサやできあがった寒天を積んだ駄馬の行き交う姿を見ていた周辺地域の人びとは、なぜ急に寒天製造をやめてしまったのか、不審に思ったにちがいない。

天城山中に寒天橋、奥寒天橋、寒天歩道、寒天林道、寒天御礼杉、寒天モミなど寒天の名がつく地名等が多数残されているのは、この地域にあった寒天工場を懐かしむ人びとの意識を表しているように思える【図6－9・10】。

伊豆銀行は明治二一年（一八八八）に三島銀行を統合して隆盛のうちに経営を続けたが、戦時中の政府による一県一行の方針で昭和一八年（一九四三）静岡銀行に統合された。

図6-9　寒天橋。撮影＝筆者

図6-10　寒天御礼杉。撮影＝筆者

6 大釜の発見

天城の寒天研究で忘れられないのは、寒天工場で使われた大釜を発見したことだ。きっかけは、私が天城の寒天について調べていることを知った『伊豆新聞』の森野宏尚記者から、「寒天工場があった場所を知っている老人がいます。梨本にお住まいの稲葉修三郎さんです。九一歳になりますが、お元気です。会ってみませんか」という電話があったことだった。

平成二八年六月一〇日、森野記者と私と私の妻で河津町梨本の稲葉さんのお宅を訪問し、次のような話を聞いた。

私は大正一五年の生まれです。昭和一六年から四三年まで帝室林野局東京支局河津出張所寒天伐木事務所に勤務しました。私の勤めた事務所は、明治初期にあった寒天製造工場の跡地に建てられたと上司等から聞いています。事務所ができたのは昭和一四年です。つまり私は事務所ができた二年後に採用されたのです。当時私は一六歳、高等小学校を卒業したばかりでした。事務所のあったあたりはすでに寒天という地名で呼ばれていました。ただし、川ノ入という昔の地名も聞いたことがあります。

事務所には六畳二間に台所が付いていて、私は朝昼晩と三度台所でご飯を炊きました。近くの渓流にはヤマメがいてそれも料理しました。電気はないためランプの生活でした。そのころの冬の天城山は寒さが厳しく、冬場の渓流は全面的に凍りました。約一〇センチの厚さの氷が張り、その下をヤマメが泳いでいるのが見えました。

事務所の周りには炭焼き窯が九基あり、炭焼きに従事する人が二五名ほどいて集落を作り、炭焼き、伐木、そり運びなどの仕事をしていました。そこで作られる炭は「官製炭」と呼ばれ一般の炭より高値で取引されました。そりで事務所前に集められた炭は京浜地方にトラックで運ばれました。事務所には製炭担当官がいて専属で窯入れから出荷までを管理していました。私はまだ一〇代なのに官服を着ていましたから、集落の人からは「旦那さん」と呼ばれ、恥ずかしい思いでいっぱいでした。給料もよく一ヶ月二七円でした。

明治初期のテングサの搬入の件ですが、当時は車道がなく搬入は人か馬がするしかなかったと思います。あっ、そうだ、思い出しました。テングサを煮た大釜が〔河津町〕大鍋にあるはずです。

七月一五日午前九時三〇分、稲葉さんのお宅に私たち夫婦と森野記者が集合した。私の車に稲葉さんを乗せ、森野記者の車を先頭に一路寒天橋に向かった。梨本からループ橋を越え、新天城トンネルの手前で旧天城街道に入ると五分くらいで寒天橋に到着した。

私が寒天橋を見るのはこれが初めてではなかった。一年前の平成二七年三月、当時勤務していた小田原短期大学の「おだたん食育村」という親子料理教室で二度目のトコロテン作りをした直前に、妻と二人車で来て寒天橋を撮影している。親子料理教室の参加者にスライドで見せようと思ったのだ。そ

伊豆新聞　平成28年（2016年）7月28日（木曜日）日刊

寒天製造の大釜発見

明治初期の天城山

物証初確認、歴史も解明

河津町大鍋の旧家から

河津町梨本の旧下田街道に歌手・石川さゆりさんの「天城越え」に登場する寒天橋がある。天城山中腹の同橋近くで今から140年ほど前の明治時代初めに寒天製造が行われ、その名残として「寒天」の名が地名などと共に残るが、同所の寒天製造工場で材料のテングサを煮るために使ったとされる大釜が隣の同町大鍋の旧家で見つかった。天城の寒天製造に関し、物証確認は初めてで、新たな事実、歴史背景も解明された。

天城山での寒天製造に関し、小田原短期大・食物栄養学科長の中村弘行教授(64)は現地調査はじめ、国立国会図書館や静岡県立中央図書館など1年ほどにわたる調査・研究の中で各種事実を確認した。大釜は今月、同町梨本の地元史に詳しい稲葉修三郎さん(91)に中村教授が取材した際、稲葉さんが昔の記憶をたどって再確認し、現存することが分かった。

稲葉修三郎さんは「伝承」と前置きした上で「明治時代後半と昭和初めに上河津村長を2期務めた地元名士の稲葉伊右衛門さん宅は、高台に家があって水利が悪く、寒天製造を終了して不用となっ

明治初期に寒天製造に使われたとみられる大釜を調べる中村教授(奥)と稲葉さん。さびて劣化、会員による補修跡もみられる＝河津町大鍋

図6-11　天城の寒天製造に使われた大釜。手前が稲葉修三郎さん。『伊豆新聞』平成28年7月28日付

のころから、天城の寒天に興味を持ち始めていた。

寒天橋のたもとに駐車して、歩いてかつて帝室林野局東京支局河津出張所寒天伐木事務所があった場所に行った。約五分で現場に着いた（図6－7参照）。

次に河津町大鍋に向かった。再びループ橋を越え、稲葉さんの家の前でいったん車を止めた。稲葉さんは自宅に戻り、軽自動車に乗って現れた。稲葉さんの先導で私たちは再出発した。

稲葉さんが「思い出した」と言う旧家は高台にあった【図6－11】。それは、明治時代後期と昭和初期に上河津村長を二期務めた地元名士の稲葉伊右衛門さん宅で、現在は孫の頴子（ひでこ）さんが住んでいた。稲葉さんの話では、伊右衛門さんの家は高台にあって水

利が悪かったため、天城山での寒天製造が終わり不用となった大釜を水がめ用として譲り受けたそうだ。鉄製の大変重いものなので、山中から男四人がてんびん棒で担ぎ運んだと聞いているとのことであった。頽子さんは不在であったため、私たちは広い庭の片隅に置かれている大釜を観察した。全体的にさびていて、釜をかまどに置くつばの部分は損傷が激しく補修した跡があった。メジャーで測ってみると、直径が約一三〇センチ、深さは約一〇〇センチだった。後日森野記者が頽子さんを訪ねたところ、父親の茂さん（八八歳で他界）から寒天製造で使われた大釜だと聞いているとのことであった。

私はこのあと、八月に兵庫県西宮市山口町の郷土資料館を訪れた。六甲山地の一角、船坂の寒天製造（明治〜平成）で使われた大釜が資料館の庭に陳列されていると知ったためである。メジャーで測ったら、直径が約一三〇センチ、深さは約一一〇センチだった。大鍋の旧家で見た大釜とほぼ同じ大きさであった。

第7章　岐阜の寒天

岐阜の寒天は、細寒天（糸寒天）に限って言えば、生産量日本一、国内シェアの八割を誇る。私は平成二九年、明知鉄道の寒天列車に乗り、寒天づくしの三段重弁当を食べ、山岡駅かんてんかんにある寒天カフェ・レストランや寒天資料館を訪ねた。寒天が町おこしの観光資源として高く位置づけられているのを肌で感じた。明知鉄道もかんてんかんも官民共同の運営である。この官民共同こそ、岐阜寒天の大きな特色である。その起源を歴史に探ってみた。

1　副業

農村経済の崩壊

江戸時代より農家は本業としての田畑耕作と組み合わせて、さまざまな自給自足経済を営んできた。

綿より糸を紡ぎ、糸より布を織り、布より着物、頭巾、肌着、足袋などできる限り身に着けるものは自給してきた。草履も蓑も筵も、酒も醤油も味噌もすべて農閑期における自給品であった。

しかし、明治六年（一八七三）の地租改正によってあらゆる土地・海面が私有財産化されたため、入会地（共同原野・山林）や自由海面から薪、肥料、副食物などを得ることはできなくなった。加えて、日清戦争のころから始まった第一次産業革命（軽工業）によってそれまで自給していた物品は商人によって供給されるようになった。そのため農家は、それら物品（商品）を購入することになり、同時に農閑期における労力利用の方法を失うこととなった。自給自足経済から市場経済に移行したのである（高橋亀吉『明治大正農村経済の変遷』）。

農商務省の調査

大正元年（一九一二）、農商務省農務局は『農家副業ニ関スル調査』をまとめた。それによると、「田畑一町歩以下」の小規模農家が「農家総数ノ七割ヲ占ム」ため、農業だけでは生活が成り立たなくなっている。その対策として、「適当ノ副業ヲ営ミ以テ収益ノ増加ヲ図ル」ことが必要であるとしている。同書によると、副業が農家の救済策となる理由は次の四つである。

①農閑期は無為に消費する傾向にある。副業を行うことで年間を通して働き、収入を増やし、凶作に備えることができる。

②老幼婦女の微弱な労力も活用して収入増につなげられる。

③収穫期のみの収入では自足経済を脱せないため金融枯渇に陥りがちである。
④遊情放逸の弊風を改めて勤勉力行の美風を進め自助の精神を涵養する。

同書は、すでに各地で取り組まれている副業を、製糸業、果樹・蔬菜（そさい）、特用作物、畜産、製造、工芸、林産、水産の八分野に分けて、道府県別に掲載している。

岐阜県を例に見てみよう。

製糸業……養蚕、製糸、真綿
果樹・蔬菜……柿
特用作物……杞柳（きりゅう）
畜産……牛、馬、鶏
製造……製茶、干柿、製紙
工芸……藁細工、畳表、柳行李、竹細工、箒、経木真田、蔓細工、織物、下駄歯
林産……木炭、椎茸、樹皮採取
水産……鯉其他養殖

寒天は、製造の分野に入る。この時点では岐阜県はまだ寒天に着手していない。同書は寒天についてこう述べている（読点は筆者による）。

「寒天製造ハ大阪及長野ヲ第一トシ京都、兵庫等之ニ次グ、全国ノ製造戸数三百三十一、産額百八十万円アリ、是等ハ共ニ山間ニ於ケル農家副産品タリ、殊ニ寒天ハ重要輸出品ノ一ツニシテ支那ヲ初ト

シ欧米及東洋ノ諸国ニ輸出スル額百六十万円ニ達ス」。全国の製造戸数が三三一、産額一八〇万円とある。明治四四年の長野県の製造者数は一五四、生産額は六二万円である(表5－2参照)。三分の一強を長野県が占めていたことがわかる。

このように、農商務省は農村経済の立て直しの活路を副業の奨励に見出そうとした【図7－1】。

図7-1　農商務省　京橋区木挽町(現中央区銀座)。農商務省は明治14年(1881)に設立され、農林、水産、商・工業などに関する行政を主管した。『東京景色写真版』国立国会図書館デジタルコレクションより

副業課の新設

大正六年までは、農商務省内の農務局、商工局、水産局がそれぞれ独自に副業に関する調査をしたり、奨励を行なったりした。

しかし大正六年六月、第三九回帝国議会が追加予算として副業奨励賞を承認すると同時に、同省内農務局内に副業課が新設され、農村、漁村、都会における一般中小産者の副業に関し、調査および奨励の事務を担当することとなった。

副業奨励の具体的方法は、講演、実地指導、指示応答、仲介、調査、参考品および器具機械の購入貸し付け、補助金の交付等であった。補助金は、府県または農会に専任職員を設置し、事業を推進す

るための資金として使われた。

初年度の副業奨励予算は、一万四一〇〇円で、主に地方における専任職員設置費に充てられた。翌大正七年度には、九万二九〇円となった。その後、大正一四年度には新たに農村振興費を起こし、沈滞する農村経済を活気づけることとなり、副業奨励費は三四万三一三二円となった（小平権一『農村副業問題』）。

農商務省が農務局の中に副業課を新設したことは、工業化の進展によって農村の貧困化がますます深刻になっていたことを物語る。しかし、工業化を進める都市が豊かであったかというとそうではない。大正七年の米騒動、同年から九年までのスペイン風邪流行、大正九年からは第一次世界大戦の軍需景気終了による戦後恐慌、大正一二年の関東大震災による震災恐慌、続いて金融恐慌、昭和恐慌と大不景気のトンネルへと突入していく。無論、農村も同様の運命をたどった。昭和恐慌で最も打撃を受けたのは農村である。副業課の新設はそのトンネルの入り口に作られた対抗措置だった。

2　菖蒲治太郎

大正一〇年（一九二一）、岐阜県は農商務省農務局副業課に寒天製造の専門家の派遣を要請した。これに応えて派遣されたのが嘱託職員で技師の菖蒲治太郎（しょうぶはるたろう）である。『岐阜寒天の五十年史』は、「岐阜寒天の生みの親」を岐阜県農務課副業担当の大口鉄九郎（おおぐちてつくろう）としているが、岐阜県に寒天製造の知識・技術をもたらしたのは、菖蒲である。大口は菖蒲と岐阜の農家青年との間に立ってコーディネーターの役割を果たした。欠くべからざる存在ではあったが、「岐阜寒天の生みの親」ということになると、第一に菖蒲の名を挙げなければならないだろう。

水産伝習所

菖蒲治太郎は佐賀県藤津郡大浦村の出身である。明治二六年（一八九三）九月に上京し、東京府三田四国町の水産伝習所の製造科に九回生として入所した。三年間学び、明治二九年八月に卒業している。水産伝習所には、漁撈（ぎょろう）科、製造科、養殖科の三つの学科があり、彼は製造科に入学した。

水産伝習所はわが国水産教育の先駆的存在である。設立したのは日本最大の水産団体である大日本水産会である。明治二一年に国から設立認可を受け、翌二二年一月から授業を開始した。一期生には、缶詰の祖であり、樺太寒天の発明に大きな影響を与えた伊谷以知二郎がいた（本書第8章参照）。教師には、岡村金太郎（水産植物学）、河原田盛美（水産製造学）、内村鑑三（水産動物学）、美濃部俊吉（「天皇機関説」の美濃部達吉の兄、経済学）などがいた（『大日本水産会水産伝習所報告』）。

明治三〇年三月末に閉所、所管を農商務省に移し、水産講習所に名称を変更した。明治三五年に校舎を深川越中島に移転し、戦後は文部省所管の東京水産大学となり、平成一五年（二〇〇三）に東京商船大学と統合されて東京海洋大学になった。東京海洋大学附属図書館には菖蒲が在学中に筆記した松原新之助の『水産動物学』と『水産養殖学』の講義録が残されている【図7-2】。

菖蒲は、明治二八年九月、第三学年になり始業式に臨んだ。第三学年は実習づくしの学年で「実習科」とも呼ばれた。始業式には、漁撈科一三名、製造科三六名、養殖科四名の生徒が顔をそろえた。彼らに三年目の学びの意義と心得が次のように伝えられた。

一、教授器具、原料等十分ではないかもしれないが、教師を助け勉励すること。

二、整理整頓、時間厳守を心がけること。

三、実習では社会の模範となるような優れた製品を作るよう心がけること。

四、卒業後は漁夫職工等を監督指揮する立場になることを肝に銘ずること。

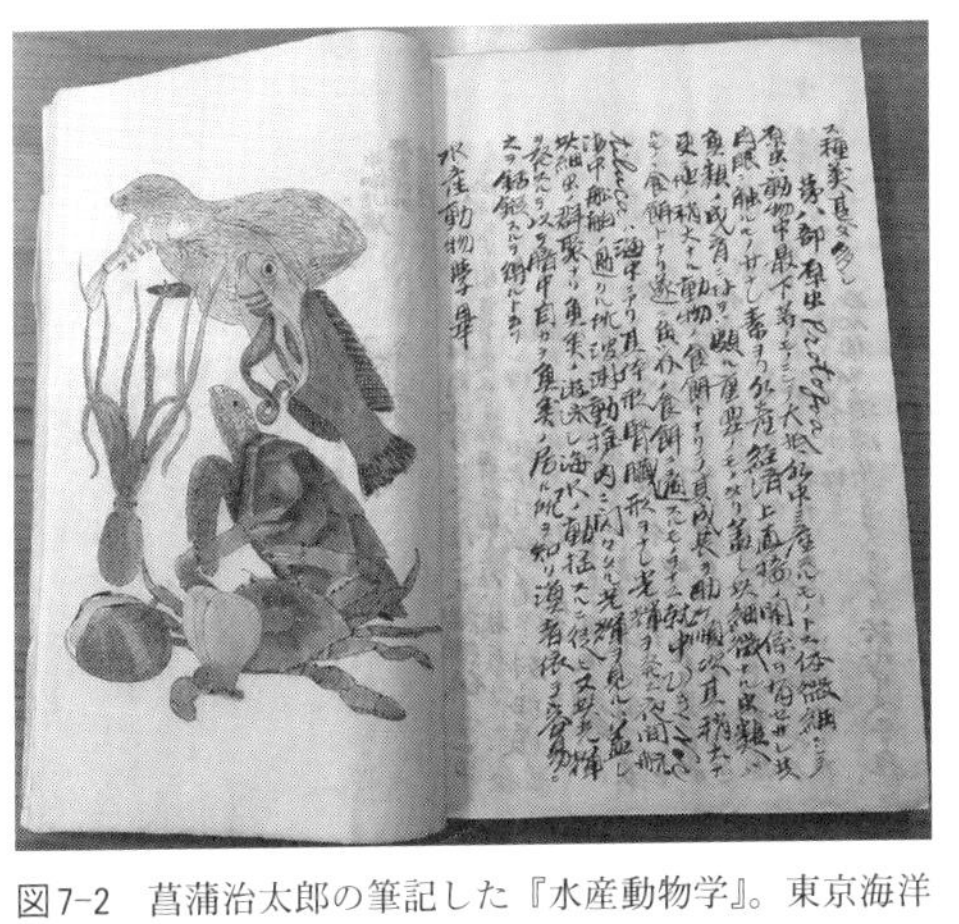

図7–2　菖蒲治太郎の筆記した『水産動物学』。東京海洋大学附属図書館蔵

菖蒲が所属した製造科の実習内容は次の通りであった。

缶詰、燻製、乾製、塩蔵、酢漬、乾鮑、海参（いりこ）、鯣（するめ）、鰹節、明骨（めいこつ）、魚肚（ぎょと）、堆翅（たいし）、寒天、刻昆布、乾海苔（ほしのり）、肝油、魚膠（ぎょこう）、グリセリン、食塩、沃度（ようど）、搾粕（しめかす）、骨粉、海獣製革、染毛法、防腐法。

実習生は甲乙丙丁の四組に分かれ、甲は乾醃（かんえん）製品実習に、乙は缶詰製造実習に、丙は化学製品実習に、丁は製塩ならびに分析実習に最初従事し、以後残りの三組を三週間ごと交代で実習した（『大日本水産会水産伝習所報告』）。彼はここで初めて寒天製造を学んだ。

朝鮮に寒天製造試験所設立

水産伝習所を卒業した菖蒲は、明治三二年五月（一八九七）から明治四〇年六月まで三重県水産試験場の初代場長を務めた（『三重県漁業史』）。三重県水産技術センターが編集した「水産試験場・水産技術センターの目で見る百年の歴史」には、菖蒲の写真が掲げられ「鰤（ぶり）敷網漁業の祖」と書かれている。また明治三七年から翌年にかけて場長として、鰮（いわし）油漬缶詰の製造・欧米輸出を目的とした東洋水産株式会社の設立に協力した（『三重県徳行家調査第一集』）。しかし、寒天に取り組んだ形跡は見当たらない【図7-3】。

明治四三年（一九一〇）、日韓併合により、大日本帝国領となった朝鮮を統治するため朝鮮総督府が設置された。菖蒲は朝鮮総督府農商工部殖産局水産課に技師として派遣された。彼が朝鮮総督府時代に書いた論考を列挙しよう。

「大正元年度寒天製造試験成績」（『朝鮮総督府月報』第四巻五号、大正三年五月）
「大正元年度寒天製造試験成績」（『朝鮮総督府月報』第四巻六号、大正三年六月）
「大正元年度寒天製造試験成績」（『朝鮮総督府月報』第四巻七号、大正三年七月）
「大正元年度寒天製造試験成績」（『朝鮮総督府月報』第四巻八号、大正三年八月）

「朝鮮沿岸に於て捕獲さるる冬期の魚類について」（『朝鮮及満州』七八号、大正三年八月）
「寒天製造適地」（『朝鮮彙報』大正四年一〇月）
「朝鮮の水産業」（『朝鮮及満州』九〇号、大正四年八月）
「魚油について」（『朝鮮彙報』大正七年六月）

右の八本の論考のうち五本が寒天に関するものである。それらをもとに、朝鮮における彼の寒天の取り組みについて見てみよう。

大正元年（一九一二）、彼は総督府直営の寒天製造試験所設立に着手する。彼はその意義についてこう述べている。日本では明治四二年度に約二九万九〇〇〇貫の寒天を製造した。価格にして約一三四万円である。輸出水産物総額の約一割五分強、輸出水産物種類中第二位の地位を占める。一方、朝鮮の原藻の産額は約一〇〇万貫、価格にして約六〇万円である。これをもし寒天に加工すれば三七万五〇〇〇貫の製造となり価格にして二一七万円。原藻のまま輸出している現状に比べ、一五七万円の増差である。これは手がける価値がある。また、寒天を新産業にすることによって多くの朝鮮人が雇用される。

図7-3　三重県水産試験場時代の菖蒲治太郎。三重県水産研究所のホームページより

彼はまず寒天製造の適地選びから始めた。寒天製造の適地に関する彼の理論は次の通りである。

①温度　毎年一一月より翌年三月までの製造期

間中、零下四～一〇度の低温を持続する土地

②気象　イ：雨雪多量でなき土地

ロ：晴天多くして曇天少なき土地

ハ：空気乾燥して水分の蒸発急速なる土地

③地勢　西北方は山岳を以て遮蔽され、東南方は丘陵山岳なく気流を閉塞させる土地

④土地　幾分湿潤しているか、あるいは芝草が繁茂して土地の乾燥を防げる土地

⑤海洋　海洋のため気象の変化を及ぼすことのない高燥の土地

⑥用水　水質佳良清澄にして水量多く、著しい増減のない河川のある土地

以上の理論に基づいて彼は、慶尚北道および慶尚南道に数ヶ所の候補地を見つけた【図7-4】。そして、それらを見て回り、慶尚北道大邱府大邱面新岩洞と同道永川郡巨金面竹坊洞の二ヶ所に絞り込んだ。前者は琴湖江、後者は永川の流域に近く、共に西北に山を控えていた。しかも、両方ともに国道（慶州街道）に接して物資の運輸に便利だった。

彼は最終的に前者を選んだ。その理由は、「大邱府大邱面新岩洞は大邱停車場を距る僅（わずか）に一里余にして交通至便なるも永川郡巨金面竹坊洞は大邱停車場を距る九里余にして交通の便前者に及はさる」というものであった。

日本より製造器具購入

土地の選定を終えた彼は、面積二反歩（約六〇〇坪）、価格一四〇円の土地を購入した。工場は冬場の風向きを考えて東南の隅に建てた。工場内の釜場から出る煤煙が凍乾中のトコロテンを汚さないようにするためである。建坪は二五坪で主要な建物の内訳は次の通りである。

原藻倉庫　五坪

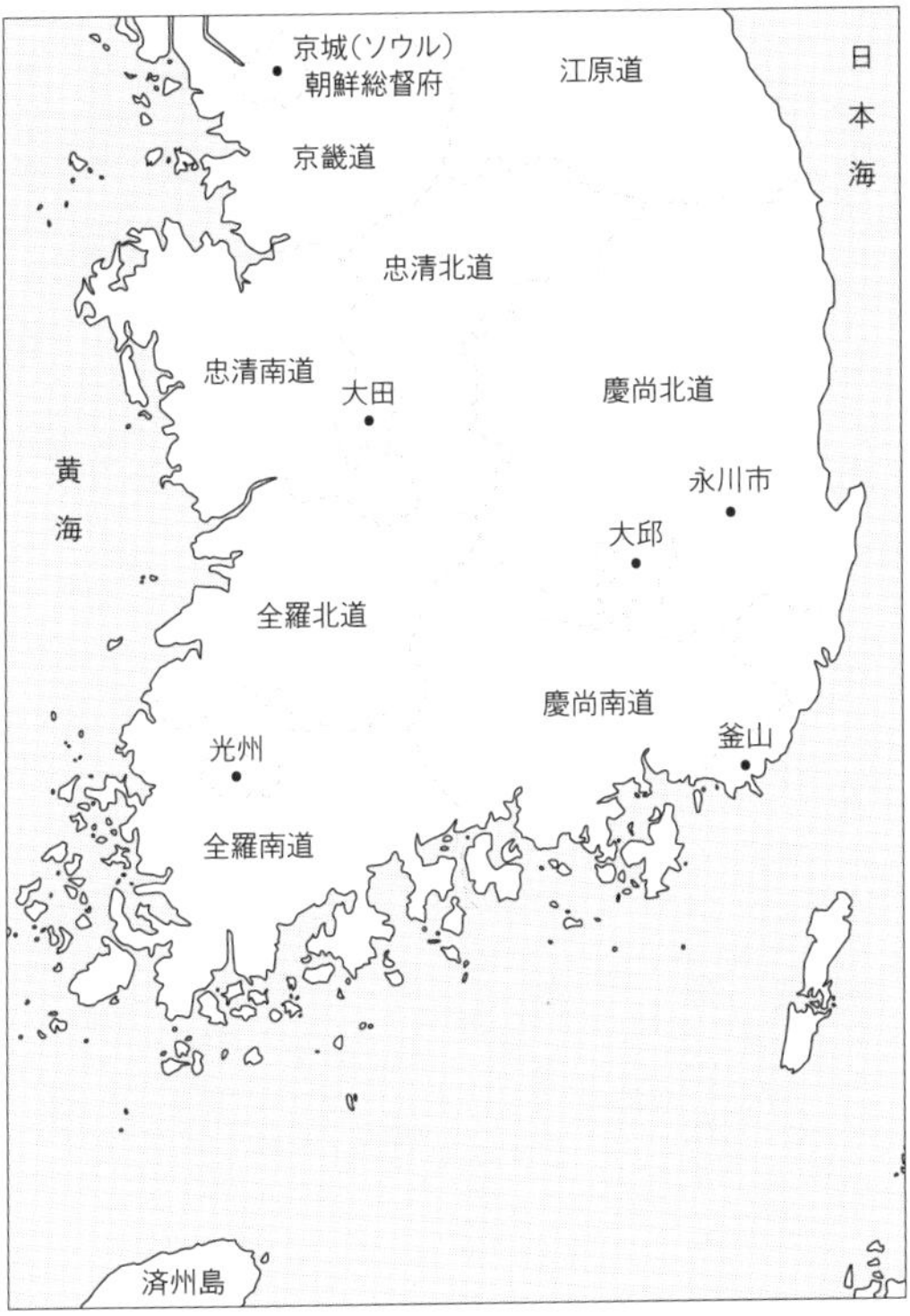

図7-4　朝鮮半島地図。山辺健太郎『日本統治下の朝鮮』をもとに作成

薪炭納屋　一坪
釜場　二坪
製造場　七坪
事務室（畳敷）　三坪
同（温突）　三坪

工事費は五一三円だった。また彼は、敷地内に井戸を掘った。工場から琴湖江まで三〇〇メートル余りあり、「煮熟用水として江水を使用するは其運搬に労力を費すこと少からさる」ためである。原藻は釜山の岩崎新平より慶尚南道の機張郡、突山郡、済州島や釜山沿岸で採れたテングサを購入した。合計三〇七四斤、金額で三〇万六〇〇〇円だった。製造器具についてはこう述べている。

「朝鮮における寒天製造は本府の試験製造を以て最初となすか故に製造器具の少しく複雑なるもの或は精確を要するに至りてはこれを朝鮮にて製造せしめること全く不可能に属せしを以て簡単なるもののみ之を大邱にて製造せしむることとし他は全部大阪府三島郡高槻町小山友次郎より購入したり」。

三島郡高槻町は明治二二年の町村制の施行で出来た町で、元の名は島上郡高槻村である（図3-11参照）。高槻町の小山友次郎から購入したものは、鉄釜、甑、かいこし、十能、出鍬、馬鍬、包丁、心太筒、大船、絞枠、押蓋、濾袋、簀、荷造用枠で、大邱で製造したものは、石臼、杵、洗い籠、柄杓、杭、板、運び籠、釜蓋、木櫂、小船、小柄杓、手水桶、定規、下駄であった。

試験製造と成果

準備を終えて試験製造に入ったのは、大正元年の一〇月である。製造助手に大阪府三島郡清水村のベテラン寒天製造人・中谷長太郎と岩手県立水産学校卒業生の久保栄助を招いた。三島郡清水村は、明治二二年の町村制の施行で出来た村で、宮田半兵衛の生まれた原村や萩谷村など四つの村が合わさった村である（図3－11参照）。雑務は近所の朝鮮人を雇用した。製造方法は、摂津・丹後の方法を主にして信州の方法も参考にした。一〇月九日に原藻の一番晒しを始め、一〇月三〇日に終了。二番晒しに一一月一日に着手したが、一二月に入って原藻の煮熟を始めたので、二番晒しの終了は一二月二九日となった。煮熟は三月八日まで四一回行なった。

試験製造の成果と評価については、「大日本水産会報」三七七号（大正三年二月一〇日）所収の内報「朝鮮の水産試験成績」が伝えている（読点は筆者による）。

「寒天製造試験は慶尚北道大邱府大邱管内同試験場にて着手せられ大正元年より引続き試験製造を継続し来りたり、本年に入りては更に全羅南道長城郡内に試験場一箇所を増加し目下其準備中なるが、前年度に於ける試験の結果、内地産に比して何等遜色なきものを製造したるを以て朝鮮に於ける寒天製造業は将来頗る有望なるものなる事を確むることを得たり、昨年度の製造実績は一等品百五斤にして、此百斤相場朝鮮は八十五円五十銭、内地は九十円に、二等品は二百四十斤の生産にして朝鮮相場七十八円、内地は八十五円、三等品は三百二十五斤の製造を見て朝鮮相場七十二円、内地は八十円の割合なり、尚釜二番と称するものにても五十斤を製したるが之れ又朝鮮相場四十三円にて内地相場五十三円のものと伯仲の間にあり、最も是等の価格は大阪市場に於て試売したる価格にして内地製品との比較は其当時内地産のものゝの取引価額なり」。

初年度の製品が内地産と比べ遜色ないものであること、全羅南道長城郡内に二番目の製造試験場を設立したことを伝えている。

3 大口鉄九郎

実地踏査

岐阜県は大正九年（一九二〇）、県立農業学校を卒業して岐阜県庁の職員として働いていた揖斐郡谷汲村出身の大口鉄九郎技師を農務課副業担当に任命した【図7-5】。そして翌年、国に対して寒天製造の専門家の派遣を要請した。着任したのが朝鮮から帰ったばかりの菖蒲治太郎である。

大口と菖蒲の二人は、東濃・飛騨地方を実地踏査した。その苦労を『岐阜寒天の五十年史』（以下、『五十年史』と記す）はこう書いている。

「二人は気候、地勢その他の必要条件について詳細に調査されたが、乗物も満足にない時代であったから、文字通りの踏査、踏破で大変なことであったろう。岩村から坂下、付知、加子母を経て飛騨路へ入ったが、岩村―大井間は岩村電気軌道（通称岩村電車）が走っており、中央線もあったからよいが、坂下からは乗物はなかった。〔中略〕大口技師の記憶では、坂下から付知を踏査するときは運悪く雨の日になり、ズボンに脛衣(はばき)、そして草鞋(わらじ)という服装であった。坂下、付知、加子母の役場へは全然知らせずに踏査したもので、舞台峠をこえて下呂町への道は嶮しく辛かったと思われる」。

信州の寒天工場の視察

調査結果は、東濃・飛驒地方は寒天製造に最適というものであった。県はこの結果をもとに、「副業として寒天製造を奨励する」旨の通達を東濃・飛驒地方の各町村農会へ発した。農会とは、明治三二年に公布された農会法に基づく農業団体で、会長は町村長が兼任していた。『五十年史』はこう書いている。

「副業としての寒天製造について、各町村農会長である町村長の反応は薄かった、薄いというより無関心であったともいえるのは、寒天そのものがよく分からなかったのであろう」。

のちに岐阜県の寒天発祥の地になる恵那郡岩村町の反応も同様だった。当時の長谷川町長は、「多くの研究の余地あり」として消極的だった。

図7-5　晩年の大口鉄九郎。『岐阜寒天の五十年史』より

大正一二年、岩村町長に新しく鷹見豊治郎が選ばれた。教育者出身の彼は岩村町で副業講習会を開催し、青年層を中心に多数の町民が出席した。講師に招かれたのは菖蒲と大口であった。二人は、岩村町の気候、地勢、用水が寒天製造に最適であることを

強調し、農家副業として有望であると力説した。青年たちは関心を抱き、有志による会合を重ね、大口を招いて詳細な質問をした。『五十年史』はこう書いている。

「大口技師も農村の素朴な青年の、時には幼稚な質問に対しても根気よく答え、資料をとり寄せたり、専門的、技術的なことは菖蒲技師の教示を得て答えたりした」。

徐々に機は熟して、先進地の視察というところまで進み、最初の視察は長野県の茅野になった。このときの一行は、大口技師、吉成重治、河合繁次郎ほかの青年と町役場の井口勧業主任であった。町は視察に援助金を出した。

大正一二年の八月、一行は信州を訪れた。そのころの信州寒天は茅野・諏訪を中心にして一五〇工場、労務者は一五〇〇〇人を超えていた。一工場平均一〇名の労務者がいて、出稼ぎ人も多く含まれていた。工場の建坪も四〇坪から五〇坪あり、大釜二基、粕釜一基を備え、ほかに原藻洗い場、倉庫が各一棟、原藻を晒すための芝生地が一〇〇坪以上という堂々たる陣容だった。『五十年史』はこう書いている。

「工場を二、三ヶ所見学したが信州寒天は歴史も古く技術も進んでいると同時に、工場も大規模になっていたので、家内工業的と小規模に考えていた一行のイメージと合わなかった。〔中略〕寒天製造が岩村に最適の事業ということは確かにわかったが、予想以上の工場規模のため多額の資金が必要となり各自が胸の中で試算してみても貧しい農村青年の力では、それだけの資金の都合は難しく、一行は辟易めいた感情から「駄目だ」という結論めいた観念に支配されはじめた」。

北摂の寒天工場の視察と寒天研究会

県庁に帰った大口は、菖蒲に連絡を取り信州寒天の視察は失敗だったと打ち明けた。菖蒲が訳を訊くと、「あまりに先進的で、当面の目標にならない」との答えが返ってきた。

菖蒲は朝鮮の大邱府大邱面新岩洞で一緒に寒天を製造した中谷長太郎を思い出した。中谷は、三島郡清水村の出身だった。すでに述べたように清水村は、原村と三つの村が合わさって出来た村である。芥川の上流に位置し、北摂の山々に囲まれ、岩村町とよく似ていた。

「北摂の小規模寒天工場を見学したらどうだろうか。朝鮮で一緒に寒天を作った知人もいる」

思いがけないアドバイスを得た大口は信州に視察に行った青年たちに会った。

「もう一度、もっと小規模な寒天工場を見に行こう。一度見ただけで駄目だと決めつけるのはもったいないよ」

その年の秋、一行は北摂の寒天工場を見学した。農繁期のため工場の主人も懇切丁寧には応対してくれなかったが、規模の小さい工場を見てこれならできるという考えが生まれた。

青年たちは再び寒天研究を始めた。大口も何回となく岩村町を訪れ相談に乗り助言を重ねた。

岩村町民の反応

青年たちは燃えていたが、岩村町民の反応は冷ややかだった。明治時代末期に刊行された千葉敬止・

川井甚平『農家之副業』は、「〔副業は〕一般には甚だ発達しない」として、その理由を三点挙げている。

①農民の性状は保守に傾き、進取の気風に欠ける。

②知識狭隘のため、農業の改良法や副業について理解する力がない。

③副業に着手しても流通、販路に暗く、販売の実行力に欠ける。

町民の中には、寒天研究会の青年たちに「海のものとも山のものともわからんものを」という言葉を浴びせかけた者がいた。原藻は海のもので、寒天は山で出来る。それにひっかけた揶揄で、一度耳にすると真似をしたくなる効果があった。揶揄は瞬く間に町中に広まり、寒天研究会から脱落する青年も現れた。

大正一二年と言えば、関東大震災があった年である。大正九年以降、日本は戦後恐慌に始まる長い不景気の中にあった。労働運動や反体制運動が高まった。が、同時に権力による弾圧も強化された。関東大震災直後の九月一六日に無政府主義者の大杉栄が虐殺された事件は民衆の中に、不満を権力にぶつければ殺されるという恐怖心を植えつけた。不満の声は心の中にしまい込まれ、そのはけ口は同じ民衆のうち、弱いもの、皆と違ったことをしようとする者へと向けられた。こういう背景があったと思われる。

4　三岩寒天製造所

三青年の意志固まる

大正一三年（一九二四）、吉成、河合、柴田の三青年が、寒天製造の意志を固めた。大口は国からの補助を受けるために動き、岐阜県知事もそれを支援した。

岩村町議会も、鷹見町長の提案を受けて三人への支援を決め、町有林の立木を無償提供することとした。同時に、農村を疲弊から救うために副業に挑戦する三人に、激励の言葉を贈った。

大正一四年、国庫補助金の交付が内定したのを受けて、三青年は正式に寒天製造を共同で始めることを公表した。

吉成重治　明治二九年生まれ　当時二九歳　世帯主　自小作
河合繁次郎　明治三〇年生まれ　当時二八歳　世帯主　自小作
柴田啓一　明治三〇年生まれ　当時二八歳　世帯主　自小作

『五十年史』はこう書いている。

「何事にも産みの苦しみがある。〔中略〕全く確とした見通しのつかない新事業であるが、県や国がすすめる副業であるから間違いないであろうが、もし失敗したら大変で再起不能になる。その時には土地・家屋・家財の一切を失うので、一家を引き連れてブラジルへ移民しようと、三青年は家族と相談し悲壮な決心を固めた」。

三岩寒天製造所と命名

大正一四年三月、農商務省は農林省と商工省に分かれ、寒天関連は農林省の所管となった。その農林省から農村副業指定寒天工場の通達と、国庫補助金五〇〇〇円の通知が来た。三青年も一〇〇〇円の資金を用意した。地元の信用組合からの融資も決定した。当時の町の年間総予算額が約五万円である。かなりの資金である。

夏から秋にかけて三青年は、町有林の立木無償提供を活用して、一色（いっしき）というところに桧皮（ひのき）葺き屋根の約三〇坪の工場を建設した【図7-6】。大釜は愛知県の大釜工場から一基を買い入れ、その他の製造道具は町内の大工や鍛冶屋に頼んで作った。工場近くの山を約一〇〇〇坪きれいに刈り取って原藻晒し場にした。原藻は大阪市の寒天問屋天豊商店と売買契約を結んだ。三人が挨拶に行くと、店主は当店を親と思って頑張りなさい、原藻の手配から買取までいっさいの面倒を見ましょうと励ましてくれた。原藻の配合も番頭に任せ、約一〇〇〇貫（約三・五トン）を仕入れた。

寒天研究会で研鑽は積んできたもののまだ実戦経験はなかったので、丹波からベテランの職人を呼び寄せ、設備・器具の点検をしてもらい、頭領（工場長）になってもらった。

工場の名は、三人が共同し岩のごとく固く団結するという意味を込めて、「三岩寒天製造所」とした。工場の前には、高さ一〇尺（約三メートル）の八寸角の桧の柱に墨痕も鮮やかに「農林省指定三岩寒天製造所」と書かれた標識柱が建てられた。『五十年史』にはその写真が掲載されている【図7-7】。同書はこう書いている。

「三人は農林省指定、県の奨励、町の後援事業ということに誇りを持ち、意気盛んなものがあった。大口技師は何回も岩村を訪問して激励したり指導するとともに、県知事に喜びをもって報告し、農林省嘱託の菖蒲技師へも知らせた」。

図7-6　現在の一色。岐阜県恵那市岩村町一色。中央を一色川が流れる。三岩寒天製造所はその水を使っていたとみられる。撮影＝筆者

図7-7　三岩寒天製造所。右端に「農林省指定三岩寒天製造所」と書かれた標識柱が見える。3人の青年が並んで立っている。左にはスノコの上に干されたトコロテンが見える。『岐阜寒天の五十年史』より

大正一四年一二月、工場長の指示によって操業を開始した。三青年の家と地元の農民も作業に従事し、一色地内の寒天干し場に次々と細寒天が並べられていった。寒天干し場は白く輝き、道行く人は足を止めた。「これが噂に聞く寒天か」となかには干し場まで見学に来る人も現れた。

大正一五年三月、岐阜寒天の最初の製品が完成した。約一五〇〇斤（約九〇〇キログラム）の細寒天である。しかし、丹波から来た頭領も岩村町の気象状況に慣れていないせいか、丹波と同じようには作れず、また作業に従事した者も初めての経験であったことから、製品は上質ではなかった。

大阪市の天豊商店に送り、買い上げ価格の交渉に行くと、手触りが柔らかく腰に力がないから品質の低い寒天と格付けされて、一〇〇斤が一六〇円という安値で買いたたかれた。このときになって初めて原藻を高く買わされ、製品を安く買いたたかれたと気づいた。店主から「うちだから、この価格で買うんでっせ、なんなら他の店に持って行きなはれ」と冷たくあしらわれ、返す言葉もなく呆然自失の態となった。一〇〇斤一六〇円、一五〇〇斤で二四〇〇円の価格にしかならず、支払った原藻代二八〇〇円に四〇〇円届かない。工場長、従業員の給料も出ないばかりか、手伝ってくれた家族の労働に報いるものは何もないという辛い結果となった。三人は暗い表情で村に帰ってきた。

喜んだのは「海のものとも山のものともわからんものを」と揶揄した連中だった。『五十年史』はこう書いている。

「町の暇な噂さ好きの雀達にとっていい話題ができた。とかく他人の不幸を喜ぶのが暇な町の雀で、若い奴のすることはやはり大失敗で借金が山程できた。そのうちに夜逃げするぞとか、嘲笑は三人の家族にまで及んできた」。

心を痛めたのは大口技師であった。三人から赤字報告を受けた彼は、三年前に見学で訪れた北摂の清水村に向かった。寒天経営に詳しい村長に会い、岐阜寒天の短い経験をすべて打ち明けた。村長の口からは、「あなたたちがやったのは売りの買いですな」という言葉が出てきた。

「売りの買いとは？」

「問屋から原藻をツケ買いして、完成したら問屋に納めて代金決済をすることです」

「何の問題が？」

「高く買わされて安く買いたたかれる。現にあなたたちがそうでしょう」

「では、どうすれば」

「手買いという方法があります。すべて自己資金で買う。ツケ買いではないから堂々と価格が交渉できる。これ以上安く売らないというなら他の店に行きますと言えばいいのですよ。なるべく安く仕入れて、なるべく高く売る。売るときも店を選ぶことです」

「問屋の言いなりにならないということですね」

「そうです。問屋に従属しては駄目です」

岐阜県に帰った大口は三青年にその話を伝えるとともに、農林省の菖蒲に電話で相談した。菖蒲は農林省副業課の資料の中から、三重県多気郡川添村（現大台町）栃原に西村藤五郎という土地の有力者が大正一四年から寒天製造を始め成功していることを見つけ出した【図7-8】。菖蒲は言った。ちょうど始めた年が同じである。こちらは失敗、向こうは成功。何の違いがあるのか、三人に現地を視察するよう勧めたらどうか。

大口の説得で三人は多気郡川添村栃原の西村藤五郎を訪ねた。西村の経営する寒天工場は広い山を切り拓いて芝生にし、五釜を整備した大工場と、倉庫、従業員の宿舎、事務所を完備した大規模なものであった。彼は三人の質問に対して懇切に答え、納得のいくまで説明してくれた。

ようやく三人に再び闘志が湧いてきた。今後は、原藻を西村から買うことを約束して栃原を後にした。

図7-8　多気郡川添村での寒天製造。三重県水産研究所のホームページより

再起

三人がやる気になって帰ってきたのを確認した大口は、県と交渉して三岩寒天製造所の赤字分を一時県が貸与するという方法で救済するという承認を取りつけた。それを聞いた三人は二度と嫌だと言っていた家族を説き伏せた。県の保証を取りつけたことで、町の信用組合も鷹見町長の口添えで再度資金の貸し付けをすることを約束した。三人は、「失敗は成功のもと」を合言葉に三重県の西村から原

藻を買い付けた。大阪市の天豊商店よりもかなり安く良質の原藻が手に入った。西村から教わった技術的な改善点も周到に実行していった。一二月二五日の大正天皇の崩御で、昭和元年と改まった。年が明けると、昭和二年（一九二七）になった。三月、二年目の操業が終わった。製品は、三〇〇〇斤と前年の倍になった。売り上げも四八〇〇円と倍額になった。二年目も赤字であったが、前年とは内容がまったく違った。人件費等の諸経費をすべて引いてわずかに赤字という希望の持てる赤字であった。製品の質も一年目とは比べ物にならないくらい向上した。

とはいえ、一年目の借金も残っていて、三年目に突入するには資金が足りなかった。大口は、夜明けは近いと判断し、再々度、県に一時貸し付けを交渉した。三年連続の救済措置に難色を示す県庁幹部もいたが、大口の強引な進言でようやく決済が下りた。三人は気を引き締めた。もう失敗は許されない。大口技師の進退がかかっている。

5　農家副業の火が灯る

三年目で成功

昭和二年（一九二七）一〇月、三岩寒天製造所は決意も新たに三年目の操業に入った。このころになると、「海のものとも山のものともわからんものを」と言う町民はいなくなった。三人の努力とそれを支援する県の姿勢がようやく町民全体に理解され始めた。『五十年史』はこう書いている。

「この頃より町内のみではなく他町村も寒天を注視しはじめた。これは大口技師の紹介で一部の日刊紙が報道したこともあり、農会を通じて飛騨・東濃の各町村へも副業としての寒天が奨励されたこともあった。三年目でようやく陽の目を見ようとし、他町村からの見学者や照会も増加した」。

昭和三年春、三年目の操業が終わった。三青年の顔に笑顔が戻ってきた。製品は上出来で、高収益をあげて借金返済の目途がついた。大口技師も肩の荷が下りて会心の笑みを浮かべた。この実績により、県も堂々と農村副業に寒天ありと県下に奨励し、国も補助金の総額を増やしたので、それまで二の足を踏んでいた者も創業の準備に取りかかった。

二号、三号が誕生

昭和三年夏、岩村町に二つの寒天工場が誕生した。岩村町一色に西尾義蔵、藤井熊次郎、宇野亮、今井貞吉の四人が共同で創業した水昌寒天製造所と、岩村町石畑に西尾順一郎、市岡永造、佐藤鉦蔵、若尾信、柴田啓一、杉本栄一の六人が創業した㊝寒天製造所である。彼らは、大正一二年の副業講習会で菖蒲と大口の話を聞いて強い関心を抱いた者たちだった。町民の噂や三青年の最初の失敗にたじろいでいたものの、三年目の実績を目の当たりにして前途有望と見極め寒天製造の輪の中に飛び込んできたのである。二工場とも農林省より補助金二五〇円を受け、設備資金は各人が一人一〇〇〇円を出し、回転資金は信用組合から借り入れた。それぞれ本釜二基、粕釜一基の規模の工場を建て、三岩寒天の頭領の世話により、丹波から頭領と釜脇（干し場の責任者）を雇った。

昭和恐慌のなかで

昭和四年（一九二九）一〇月二四日、ニューヨーク証券取引所で株価大暴落が起きたとき、これが史上未曽有の世界大恐慌に発展するとは誰も思っていなかった。当時のアメリカ大統領フーバーも、アメリカ経済は健全な基盤の上にあり、一部の投機師やいかさま師が消え失せれば元に戻ると予言していた。しかし、アメリカ経済は悪化し、経済不況は農村にまで及んだ。それは日本にも波及した。金解禁、緊縮政策と相まって株価・物価の暴落、生産低下、失業の増大、国際収支の悪化を招いた。この不景気は昭和一〇年（一九三五）まで六年間も続く。昭和大恐慌という。当時の有業人口の中で最大の割合を占めていたのは農民であるから、その影響は広く、そして深かった。農業恐慌は、生糸価格の暴落から始まった。次いで、米価の暴落が始まった。米と繭を二大支柱とする日本農村は「窮乏のむら」と化した。農家一戸あたりの負債額は年々増え続け、昭和七年（一九三二）には八四六円に達した。当時、農業所得と副業所得を加えた小作農家の一ヶ年の収入は五五二円であったから、負債は年間所得の一・五倍を超えていた。借金を返せない農家は、娘を芸妓や酌婦に出したり、娼妓屋のブローカーに身売りしたりした。小学校の昼食時間に弁当を持っていけない「欠食児童」は全国で二〇万人を超えた（中村政則『昭和恐慌』）。

こうしたなか、岐阜寒天は工場を増やし続けた。農林省の補助金は昭和五年の設置工場までで打ち

工場名	所在地	釜数
岐阜寒天（旧三岩寒天）	恵那郡岩村町	2
水昌寒天	同	2
岩村寒天	同	2
高松寒天	同	3
鶴岡寒天	恵那郡鶴岡村	1
旭寒天	同	1
恵南寒天	同	1
三矢寒天	同	1
串原寒天	恵那郡串原村	2
白鷹寒天	恵那郡明知町	1
東濃寒天	恵那郡阿木村	1
阿木寒天	同	1
万才寒天	恵那郡東野村	1
白山寒天	恵那郡蛭川村	1
田口早三郎寒天	同	1
三恵寒天	恵那郡長島町	1
三日月寒天	同	1
正家寒天	同	1
アルプス寒天	恵那郡加子母村	1
角領寒天	同	1
跡津寒天	益田郡川西村	1
加倉寒天	益田郡上原村	1
付知寒天	恵那郡付知町	1
小泉寒天	可児郡小泉村	2
小坂寒天	益田郡小坂町	2
計 25 工場		33 釜

表7-1　昭和6年岐阜県寒天工場一覧『岐阜寒天の五十年史』より作成

切りとなったが、県が低利資金の融資で支援し続けた。信じられないことだが、昭和六年には岐阜県の寒天工場は二五工場になった【表7-1】。

良心的問屋との出会い

昭和七年（一九三二）、岐阜寒天はついに良心的な問屋とめぐり合った。東京日本橋の辻本初太郎商店である。店主の辻本孝一は、明治二四年生まれ。慶応義塾の大学部理財科卒業後、家業の辻本初太郎商店に勤務し、寒天輸出貿易の仕事を担当した。昭和八年に店主となり、昭和一七年、五〇歳で亡くなった。辻本は、製造者を問屋に従属させるのではなく、製造者の育成を図り、製造者の発展とともに問屋も発展するという商いのスタンスをとった。支配人の太田芳一を岐阜県に派遣し、最初は買い付けだけであったが、のちには原藻を大量に供給し、製品をどこよりも高い値段で買い取り、製造者の育成を主眼とした誠意ある取引を展開した。これには製造者も誠意をもって応えた。

また辻本は、新設工場には経営指導をし、融資もし、親身になって協力をし、決して製造者を従属させようとはしなかった。昭和九年から一四年にかけて鶴岡・遠山（現山岡町）地区で工場が激増したのは、辻本初太郎商店の後押しがあったからである。

昭和八年、菖蒲は一冊の本を出版した。『冬期の副業・寒天の製造法』である。これから副業として寒天製造を始めようという農民のために書かれた本で、寒天製造の自然的条件、原料と鑑識法、寒天製造の設備、寒天の製造法、寒天の荷造法、収支決算、寒天の用途・競争品、寒天の需給状況、本邦市場における寒天の取引、生産者および地方商人に対する問屋側ならびに貿易業者の希望、取引上の弊害および取引上改善を要すべき事項などが平易に述べられている。目を引くのは巻頭の二枚の口絵写真である【図7－9】。いくつもの壁を乗り越えて成功に至った岩村町の寒天製造風景。官と民の協力の成果である。

朝鮮での経験を生かして農家副業としての寒天製造を成功へと導いた彼は、この風景を誇らしげに眺めたにちがいない。

図7-9　岐阜県恵那郡岩村町における寒天製造。菖蒲治太郎『冬期の副業・寒天の製造法』より

第8章　樺太の寒天（前編）

従来の研究では樺太の寒天とは樺太寒天合資会社の寒天を意味した。しかし実際には、遠淵湖（とおぶちこ）の周囲に暮らす遠淵村の人びとも、寒天製造をしていた【図8-1】。だがそれは、製造特許を口実に原料を独占した樺太寒天合資会社との壮絶な闘いだった。知られざる樺太の寒天製造について書く。

1　黒いトコロテン

伊谷草

伊谷草（いたにぐさ）（学名 Ahnfeltia plicata）の繁茂する遠淵湖は、亜庭湾（あにわ）に通じる周囲二八キロの汽水湖である。明治二三年（一八九〇）、サハリンを旅したチェーホフはこの湖を「ブッセ湾（別名、一二呎（フイト）湾）」と呼び、こう紹介している。「一二呎（フイト）湾とは、天然水路によつて海に連なる浅い湖水を言ふので、吃水の浅い船だけが入港出来る所である」（『サハリン島』中村融訳）。

遠淵湖での鰊（にしん）漁は壮観であった。春の遅い雪融けとともに鰊は押し寄せてくる。ゴメ（カモメ）が鳴き、産卵期に入った鰊が亜庭湾から群れをなして遠淵湖に突入してくる。雌が産卵し、雄が放精する。そのため湖面は真っ白になった。漁民は刺網や巻網で鰊を一網打尽にした。鰊を満載した船が大漁旗をなびかせて港に帰ると、浜には景気のいい祝い唄が巻き起こった。

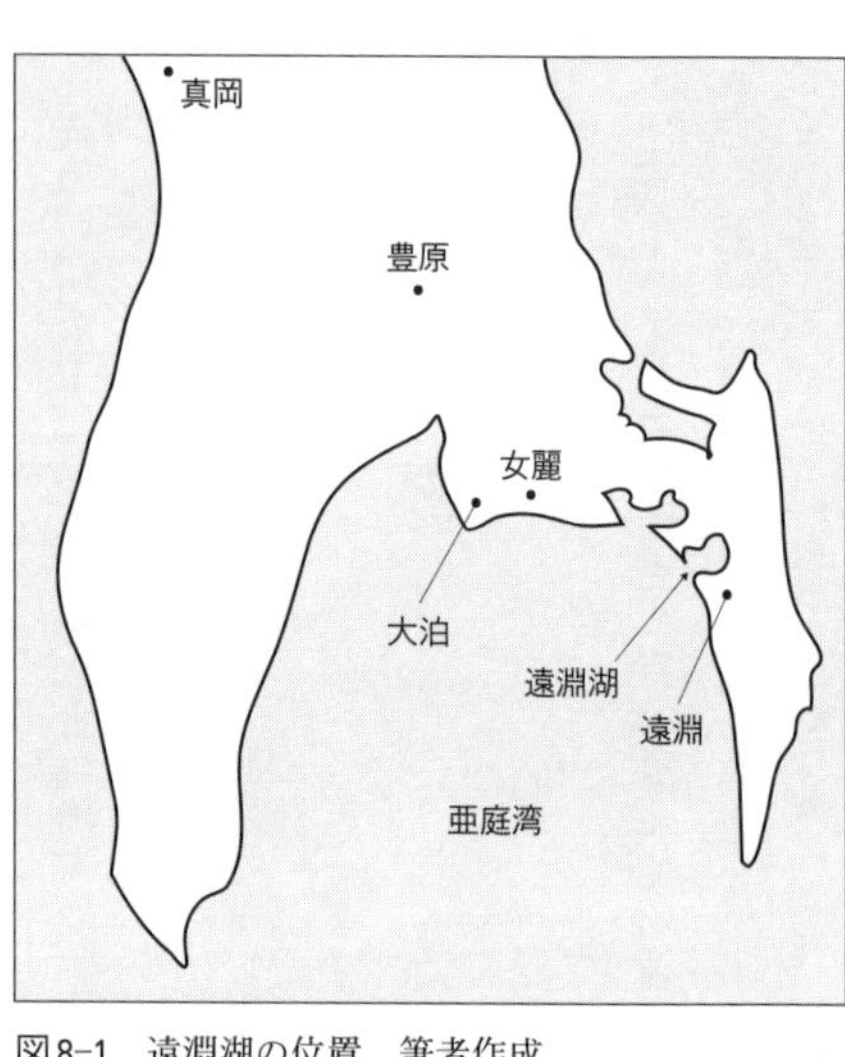

図8-1　遠淵湖の位置。筆者作成

伊谷草の特色は次の四点である。

①根がなく塊状で、水深二〜三メートルの陽の光が届く所に幾重にも重なるように漂っている。
②浅い部分での繁殖は深い部分の数倍にあたり、増えすぎの場合は自浄作用で水面に浮き流れ、風・波の影響で湖岸に打ち上げられ寄り草（岸辺に打ち上げられた伊谷草で漂着草とも言う）になりやすい。
③寄り草は一メートル近く堆積し、交通を妨げた。
④遠淵湖にしか繁茂しない。

寒天の原料となる前の伊谷草はワカメや昆布のような食用にもならず、出航する漁船のスクリューに巻きつくだけの厄介な海藻だった。

遠淵村

遠淵湖の周囲に約二〇〇〇人の日本人が住み村を作った。当初は長浜村遠淵という村名であったが、昭和五年（一九三〇）、長浜村より独立して遠淵村となった。主たる産業は漁業である。村民の多くは、鰊を追い求めて東北や北海道から移住してきた漁民とその家族だった。鰊は、大正初期までは青森や秋田の日本海側沿岸で獲れたが、海水温の上昇とともに次第に姿を消し、北海道、そして樺太の沿岸へと移った。それを追ってやってきたのである。

遠淵小学校を卒業した武立（たけたち）豊氏（昭和五年秋田県生まれ）によると、遠淵湖の特色は、引き潮のときに中州がいくつも浮かんでくることである。それは魚の宝庫だった。足元を子カレイが逃げまどう。岩かげに逃げる習性があるので、両足のかかとをつけて三角形を作ると面白いほど飛び込んでくる。一時間も遊んでいると、石油缶いっぱいに獲れる。

中州はいくつもあり、その広さはすべて合わせると小学校の校庭くらいだった。その中に一つだけ村人が名をつけた中州があった。大小無数の牡蛎（かき）が珊瑚礁のように重なり抱き合ってできた牡蛎島である。貝の中の海水と一緒に牡蛎を飲み込むと天下一品の美味しさである。貝類はほかに、ツブ貝、ミル貝、ホッキ貝、ホタテ貝が獲れた。特にホタテ貝は団扇ほどの大きさであった。毛ガニやウニやナマコも浅瀬を我が物顔で歩き回った。冬場の遠淵湖ではカンカイ（氷下魚）が有名だ。分厚い氷に二ヶ所穴を空けて網をしかけて数日後、数え切れないほどのカンカイが獲れる。それを氷の上にばらまくとすぐに冷凍魚になる。手でむしって食べるととても美味しいとのことである。

遠淵村を構成する字（あざ）は、遠淵、野月、六軒屋、遠淵沢、胡蝶別、内音、茂志利である。小学校（昭和十六年からは国民学校）は、遠淵、遠淵沢、胡蝶別、内音の四ヶ所にあった。村の中心は遠淵で、その市街地には役場、病院、旅館、劇場、回漕店、バター工場などがあった。

武立氏の家は野月にあり、父親は鰊漁に従事し、母親は浜辺にある番屋でヤン衆（出稼ぎ漁民）の食事作りを担当した。ヤン衆は多いときには、二〇〇人に達したという。村には川が五つあり、一号川、二号川……と名づけられていた。

武立氏の親友は同学年の白系ロシア人ワシインカだった。ワシインカの父親ミケタ・エヒモフは野月でミケタ牧場を経営していた。兄のキルハ・エヒモフも遠淵で牧場を経営していた。兄弟は牧場で乳牛を飼い、牛乳やバターに加工して日本人に販売していた。白系ロシア人とは、旧帝政ロシア時代から樺太に住み続けたロシア人のことである。

遠淵沢には、大泊（おおどまり）に本社がある樺太寒天合資会社の伊谷草採取場があり、ある時期まで北海道から出稼ぎにきた採取労働者が寝泊まりしていた。大泊は大きな港を擁する樺太の玄関口である。遠淵湖が氷結する冬季を除いて大泊〜遠淵間の船便が行き来していた。また、同じ区間をバスも通っていた。

錦糸町の焼き肉屋で、私が武立氏から聞いた話はそんなところだ。彼から聞いた話と村史誌『異国になった遠淵村』に書かれた遠淵湖関連の事実をもとに、私は遠淵村の地図を作成した。作成した地

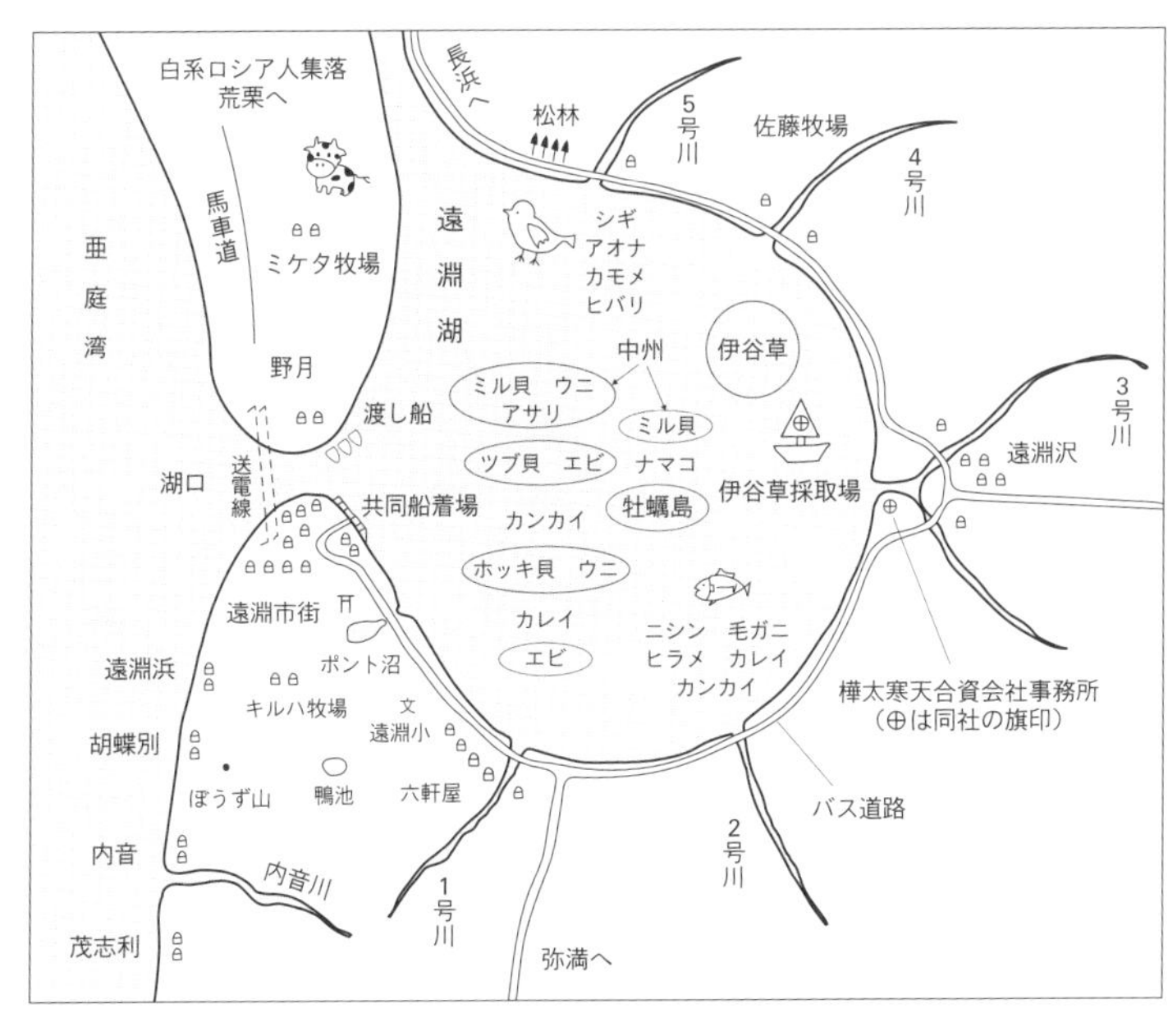

図8-2　遠淵村。筆者作成

図は武立氏に見てもらい、若干の修正を加えて完成させた【図8-2】。

伊谷草の加工研究

最初に伊谷草【図8-3】に注目したのは、北海道北見の漁民・小笠原九郎太であった。日露戦争中に遠淵湖の伊谷草（当時は無名の海藻）に興味を持った彼は、戦後、樺太に渡って大泊支庁長の池上安正に無名の海藻を加工実験することの許可を要請した。

池上は、安政五年（一八五八）、福島県会津藩士の家に生まれた。官僚生活の始まりは、明治一五年の千葉県であった。以後、栃木県、奈良県、福島県と歴任し、明治四二年樺太庁大泊支庁長に就任した。池上も伊谷草に注目し

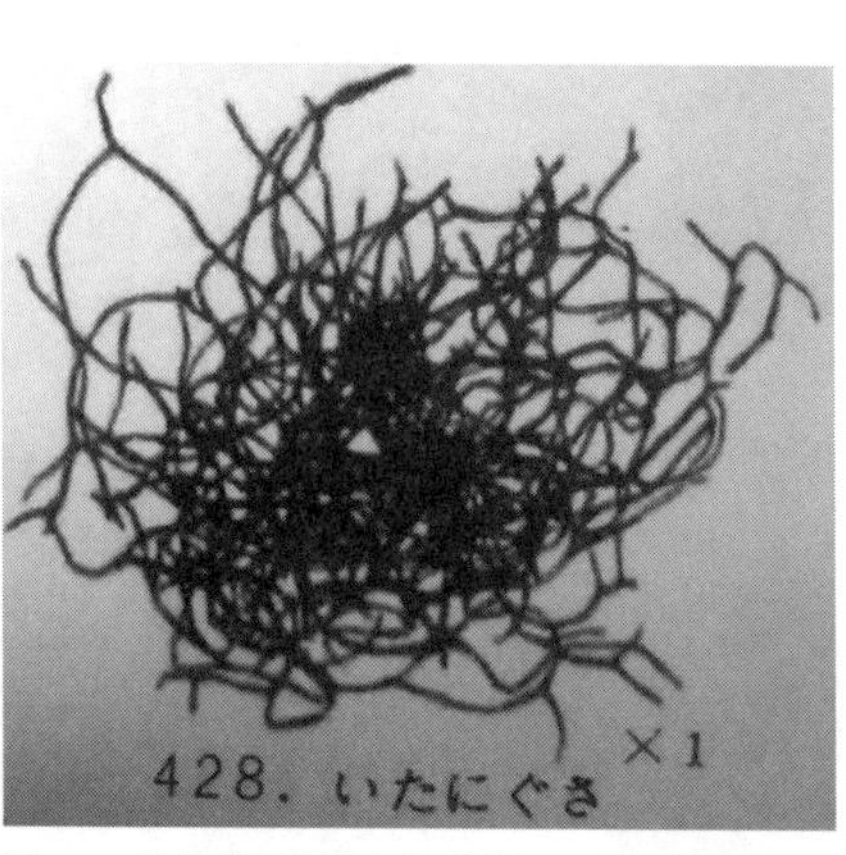

図8-3　伊谷草。瀬川宗吉『原色日本海藻図鑑』より

ていたので九郎太に許可を与えた。しかし、彼は功を焦るあまり、加工実験に北海道のテングサを混入した。そのことが発覚して彼の加工実験の成果は認められなかったが、池上は無名の海藻に何らかの寒天成分が含まれていることを確信した（岡田耕平『樺太』）。

次に着手したのは、遠淵村漁民の西川又三郎である。明治四三年（一九一〇）、彼はトコロテンの試製に成功し、大泊支庁長の池上に見せた。池上支庁長は大いに喜び、こう言った。「無尽蔵の伊谷草から寒天を製造すれば生活は安定し村の発展も期待できる。ただ残念なのは、このところてんが黒色を帯びていることだ。これだと製品として販売することはできない。よって、脱色の研究をしていっそうの製品の向上をはかってもらいたい。官庁としては決して君たち以外の第三者に伊谷草の採取権を与えないから、ぜひ脱色を完成させてほしい」（香曽我部穎良『世界の珍草伊谷草』）。

西川の成功を喜んだ池上は、自身でも東京の水産講習所教授の岡村金太郎に研究を依頼したり、京都や信州諏訪の寒天工場を視察したり、さらに、北星製薬所の沃土製造工場を研究所にしてトコロテンの試製をしたりした（「大泊の心太製造業　大泊支庁長池上安正談」『樺太日日新聞』大正五年二月五日）。

杉浦六弥

伊谷草の研究で成果を上げたのは、東京深川の木場で材木商をしていた杉浦六弥である。

杉浦は、明治一一年（一八七八）、愛知県碧海郡旭村字鷲塚の木綿商・杉浦太一の家に生まれた（碧南事典編纂会編『碧南事典』）。

七歳年上の次男・虎治郎は、木場の材木店で働いたのち、渋谷町の朝倉米店店主・朝倉徳次郎の次女・タキの婿養子となり、精米商から渋谷町会議員、東京府会議員、同議長にまでなった朝倉虎治郎である。彼は、政治家というよりも街づくり・都市計画のリーダーとして知られる。道路改良、学校建設、ゴミ処理施設整備、河川改修、上下水道敷設などを積極的に行い、渋谷区の街づくりに貢献した。彼の精神は子孫に受け継がれた。虎治郎の孫にあたる朝倉徳道・健吾の兄弟は、昭和四四年（一九六九）、代官山ヒルサイドテラスを建設し、東京の街づくりに斬新な問題提起を行なった（前田礼『ヒルサイドテラス物語』）。

杉浦家と朝倉家とは縁が深く、杉浦の七歳年下の末弟・八郎も朝倉徳次郎の末子・スエの婿養子になっている。杉浦自身も、木場の材木商時代に、朝倉徳次郎の長女・スズの長女を嫁に迎えた。

明治四三年の冬、木場の杉浦に樺太工場の番頭から無名の海藻が送られてきた。添えられた手紙には「遠淵湖に大量に繁茂するこの海藻の利用方法はないものか」と書かれていた。彼はその海藻に特に興味を覚えることはなく、机の引き出しにしまいこんだ。その後、彼は樺太木材の伐採権を他人に譲り、樺太から手を引いた。ところが、翌年の春、小林法運という日蓮宗の行者が木場の杉浦を訪れ、いきなり「この意気地なし奴！」と叫んだ。それは、彼が無名の海藻を引き出しに入れたままにしていることへの強い叱責であった。それ以来彼は、その海藻の研究に没頭するようになった。

彼はある日、越中島にある水産講習所に伊谷以知二郎を訪れた。伊谷は、大日本水産会水産伝習所の一期生であったことは前章で書いた。明治二三年（一八九〇）、水産伝習所を卒業した彼は、大日本水産会に記録・編集係として採用される。明治二七年、水産伝習所の講師となった彼は、日清戦争で軍用糧食として注目された軍用缶詰製造に乗り出し注目を浴びる。明治三〇年、水産伝習所が官立（農商務省主管）の水産講習所になると技手となった。明治三七年、日露戦争が始まると彼は軍用食料製造の監督指導にあたった。

その伊谷に杉浦は言った。

「実は、樺太の遠淵湖畔に繁茂するこの海藻について、先生のご指導をいただきにまいりました。もしや寒天の原料になりはせぬかと岡村金太郎先生に見ていただきましたが、先生のご意見では、自分もよく知っている、あまり価値のない藻だ、ソロバンのとれるような利用の途はあるまいとのことでした。しかし、あれほど湖一面に繁茂しているものを、むざむざ放っておくのは惜しいような気がいたしまして」。

杉浦の話を聞いた伊谷は、その無名の海藻の研究を行い、「寒天製造の配合草として大に価値ある」と杉浦に回答した（鈴木善幸『伊谷以知二郎伝』）。

ちなみに、鈴木善幸（岩手県出身、第七〇代内閣総理大臣）は伊谷の後輩にあたる。昭和一〇年に水産講習所を卒業、すぐに伊谷以知二郎の秘書となり、伊谷が亡くなるまでの三年間秘書を務めた。鈴木はその二年後に『伊谷以知二郎伝』を出版した。

特許取得

明治四五年、杉浦は研究に打ち込むために樺太に移住し、大泊町の富士に寒天製造試験所を建て、山崎友次郎とともに研究を開始した。山崎友次郎は三井物産の樺太進出のもとで樺太木材の島外移出にかかわり、樺太木材界の草分けと言われる。樺太の大泊町に木工所・営業所を、東京の深川に別宅・店舗を持っていた。池上支庁長は杉浦らに対し、同年七月、伊谷草の採取許可を与えた。しかしこれは遠淵漁民の大きな反発を買った。が、そのことは後述する。

大正二年（一九一三）、杉浦らは、樺太庁に対して海藻採取のための専用漁業権の申請をした。その際、樺太庁の担当官は杉浦に、その無名の海藻に「杉浦草」と名づけるように勧めたが、彼は水産講習所の伊谷への感謝の意を込めて「伊谷草」と命名した。彼は、伊谷の助言を受けながら研究を進めた。そして、大正四年、彼らは、杉浦式寒天製造法の特許申請を行い、特許権第二八〇六六号として承認された。「杉浦式寒天製造法」（杉浦ほか一名、大正四年七月一五日）の概要は次の通りである（文中の読点は筆者）。

「本発明は樺太特産イタニ草に石灰を加へ煮沸しのち凍結乾燥せしむる際、自ら脱色せしむる方法にして、たとへば原藻に対して約二〇分の一量に相当する石灰を加へて約五時間煮沸し、更に約一〇時間加熱状態に放置し生じた膠状液を濾過し、任意の器物に静置し上澄液を分離してこれより普通の凍乾法をもつて寒天を製造するものである。その目的とするところは、廉価なる原料より優良なる製品を得るにある」（柳川鉄之助『寒天』）。

漁民の反発と池上支庁長の自殺

明治四五年に時計を巻き戻す。池上支庁長が杉浦らに伊谷草の採取許可を与えたことに対し、漁民は猛反発をした。というのは、遠淵村漁民の西川又三郎が明治四三年に黒いトコロテンを池上に見せたとき、彼は「脱色の研究をして一層の製品の向上をはかってもらいたい。官庁としては決して君たち以外の第三者に伊谷草の採取権を与えない」と明言したからである。漁民は池上支庁長を追及した。すると池上は、「研究のために許可したにすぎず、研究が完成したら諸君にも伊谷草採取を許可する」と約束した。

大正五年、杉浦らは、大泊町富士の寒天製造試験所を整備拡張して杉浦寒天製造所を建設した。これはのちに第一工場と呼ばれた。同年二月五日付の『樺太日日新聞』は、「大泊の心太製造業」という見出しのもと、大泊支庁長池上の談話を載せている。池上は、「大泊に於ては杉浦山崎両氏共同経営のもとに原料を湾内遠淵湖に取り中学校付近に製造所を設けて心太を製造し居り」と述べ、伊谷草の特殊性、開発努力の経過、樺太の寒気を利用した特別な製造法、特許取得に順次触れ、最後に、樺太の

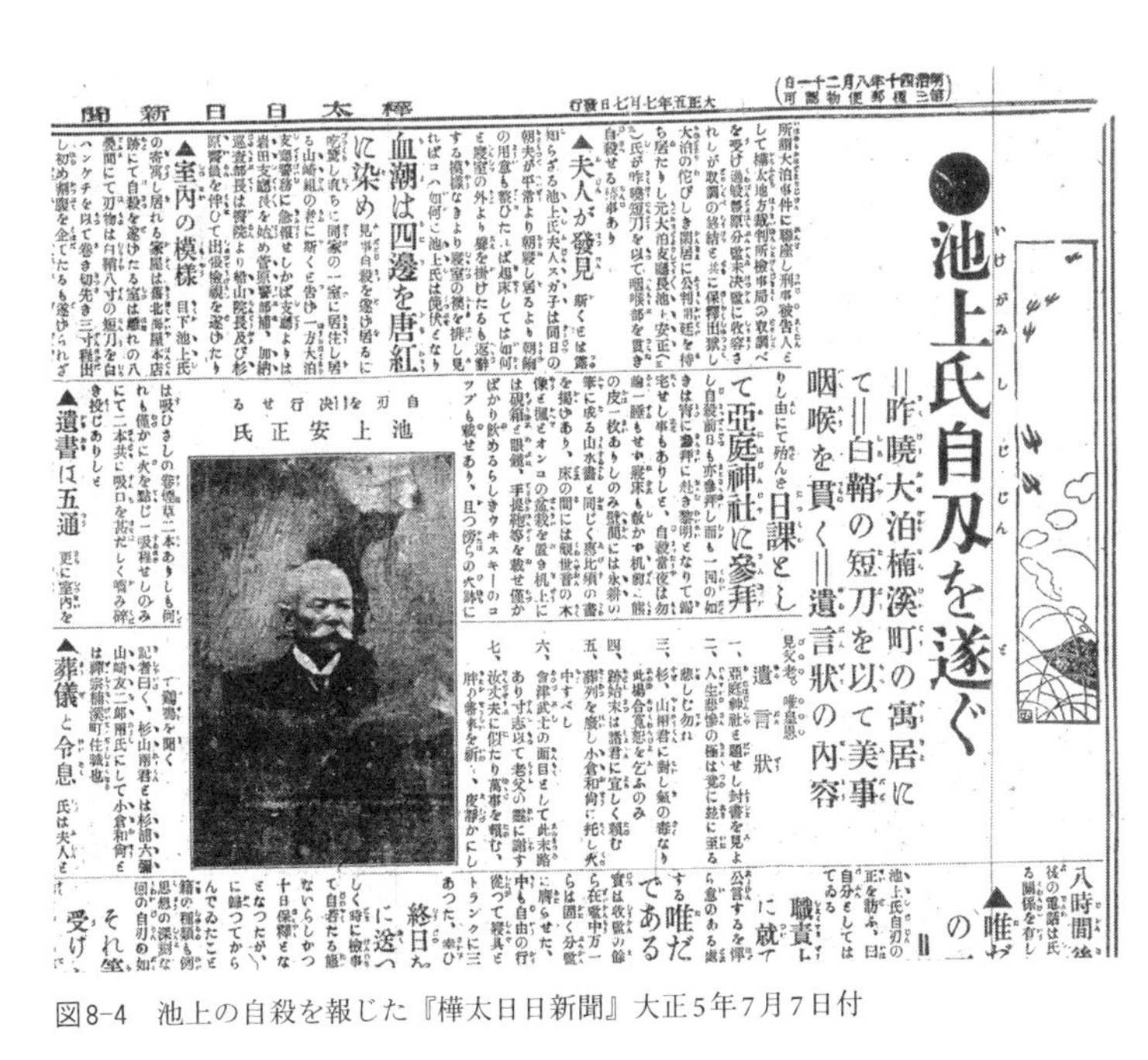

明治四十一年八月二十一日
第三種郵便物認可

大正五年七月七日發行

樺太日日新聞

池上氏自刃を遂ぐ

＝昨曉大泊楠溪町の寓居にて＝白鞘の短刀を以て美事咽喉を貫く＝遺言狀の內容

所謂大泊事件に聯座し刑事被告人として樺太地方裁判所檢事局の取調べを受け豊原分監未決監に收容されしが取調の終結と共に保釋出獄し大泊の侘びしき閑居に公判開廷を待ち居たりし元大泊支廳長池上安正（五七）氏が昨曉短刀を以て咽喉部を貫き自殺せる珍事あり

▲夫人が發見　斯くとは露知らざる池上氏夫人スガ子は同日の朝夫が平常より朝寢し居るより朝餉の用意も整ひたれば起床しては如何と寢室の外より聲を掛けたるも返辭する模樣なきより寢室の襖を排し見ればコハ如何に池上氏は俛伏となり

血潮は四邊を唐紅に染め

▲室內の模樣

て亞庭神社に參拜

日課とし

自刃を決行せる
池上安正氏

遺言狀

見父老。唯慈悲

一、亞庭神社を詣せし封書を見よ

二、人生悲慘の極は覺に玆に至る　悲しむ勿れ

三、杉、山兩君に對し氣の毒なり　此場合寬恕を乞ふのみ

四、跡始末は諸君に宜しく賴む

五、葬列を廢し小倉和尙に托し火

六、會津武士の面目として此末路中すべし

七、あり寸志以て老父の靈に謝す　汝丈夫に似たり萬事を賴む

▲遺書は五通

▲葬儀と令息

▲唯だ

職責上に就て

唯だである

終日

図8-4　池上の自殺を報じた『樺太日日新聞』大正5年7月7日付

重要産物にしていくためにさらなる研究が必要であると締めくくっている。

池上はこの談話のあと、突然休職した。背景には大泊事件があった。大泊事件とは、大泊支庁の二人の官吏が官金を横領した疑獄事件である。この事件に彼の関与が疑われ、彼は刑事被告人として樺太地方裁判所検事局の取り調べを受け、豊原分監未決監に収容された。取り調べが終わって保釈出獄し、公判を待っていた七月六日の早朝、自宅にて短刀を喉に突き刺して自殺した。遺書が五通あり四通が『樺太日日新聞』紙上で公開された【図8-4】。彼は、その一通のなかで「杉、山両君に対し気の毒なり　此場合寛恕を乞ふのみ」と記している。同紙の解説によると「杉、山両君」とは「杉浦六弥、山崎友二郎両氏」のことである。もう一通にも、「不幸にして世を辞する事あれば宜しく知己諸彦に後事を嘱す山崎、杉浦両家の同情永く霊に化すと雖も忘るゝ事なく幸福を祈るや切なり」と記している。いずれも、自分が支庁長として深くかかわった杉浦寒天製造所の将来を見届けられない無念を表明するのみで、漁民への陳謝は一言もなかった。

彼の死によって、漁民との約束は永遠に葬られてしまった。

2 杉浦六弥の栄光と没落

樺太の紀伊国屋文左衛門

大正五年一二月、北海道帝国大学出身で大泊支庁水産係長の職にあった坂井久二がそのポストを捨てて杉浦寒天製造所【図8-5】に加わり、製法に改良を加へ樺太寒天の品質を向上させた。

大正八年（一九一九）、杉浦は女麗に第二工場【図8-6】を建設した。女麗に二つ目の工場を建てたのは、女麗が遠淵湖により近いことに加えて、樺太木材の造材中心地であったからである。杉浦は女麗に材木工場を建て、そこから出る屑材を、伊谷草を煮るための燃料として活用した。

大正九年、第一工場（杉浦寒天製造所）を合資組織に改組して樺太寒天合資会社を設立した。資本金八万三五〇〇円、積立金五万四五五〇円、杉浦六弥、坂井久二、鈴木長作を無限責任社員とする合資会社である。鈴木長作は、杉浦の有能な部下である。幼少のころ、家が没落して深川にあった杉浦の材木店に拾われ小僧として働いた。樺太から杉浦に伊谷草を送った番頭は鈴木であり、杉浦が伊谷草に興味を示さず引き出しにしまい込んだままにしていることを小林法運に告げたのも鈴木と推察される（『樺太日日新聞』昭和一〇年九月一日付）。

大正一一年、杉浦は留多加郡に敷地面積五〇〇〇に上る樺太最大の材木工場を設立した。大正一二年九月一日、関東大震災が起きた。死者・行方不明者一〇万五〇〇〇人。木場をはじめ東京市内の材

図8-5　杉浦寒天製造所（第一工場）。のちの樺太寒天合資会社。『樺太日日新聞』昭和10年9月1日付

図8-6　女麗の寒天工場（第二工場）。世良泰一『樺太郷土写真帖』より

木商店がほとんど焼失したため、彼に未曾有のチャンスが訪れた。復興のための木材需要である。同年九月二二日付の『樺太日日新聞』は、「一挙数万円余を儲けた木材界の幸運児　杉浦六弥氏而かも人為的で無く天為的」の見出しのもと、彼が三艘の船で芝浦に木材を移出し大きな利益をあげたことを報じている。同年一〇月三日付同紙は、「今紀文の杉浦氏　再び積出した木材船　自ら宰領となり上京」の見出しのもと、製材を満載して再び東京に向かった彼の様子を報じている。「今紀文」とは「現在の紀伊国屋文左衛門」という意味である。

大正一三年に出版された坂本孝信『最近之樺太』は、彼について、「樺太製材造材界の立物として大泊商業会議所副会頭及評議員として更らに有名なる寒天工場主として将た公共熱心家としてその名を知らるゝ人なり現に留多加、女麗に木工場を設置し寒天工場を大泊及び女麗に有し一意積極的経営に任じ南樺太の関門大泊の重鎮として名声嘖々(さくさく)たり」とその絶頂ぶりを伝えている。

寒天製造も順調で、製品は国内だけではなく、アメリカへ輸出されるまでになった。大正一五年七月二一日付の『樺太日日新聞』は「本年の寒天製造十一万五千斤に達す　海外輸出年々増加す」という見出しのもと、大泊・女麗の両工場の寒天の品質は「今や遙かに内地製品を凌駕して」おり、「大部分は内地の製菓原料又は料理原料に需要されるが横浜に移出するものゝの中には米国へ輸出されるものあり次第に其量を加ふる傾向あり」と伝えている。

しかし、材木業界に不況が訪れる。東京市に国内各地から木材が集中し、しかもアメリカから関税率の低い木材が大量に入ったため供給過剰となり、材価は暴落、加えて船賃が値上がり、樺太木材界は苦境に追い込まれた。杉浦木材は、大正一五年までは持ちこたえていたが、材価の値下がりと運賃の値上がりは止まらず、次第に経営に行き詰まり、ついに昭和二年（一九二七）に倒産。同年八月五日付の『樺太日日新聞』は「杉浦氏の財政漸く左まへ　後事をまかせて杉浦氏身延山へ修養に」という見出しのもと、杉浦が債務処理を第三者にまかせ、樺太を去ったことを伝えている。

昭和六年に出版された藤井尚治『樺太人物大観』は、杉浦についてこう記している。

「一時樺太の「紀文」と称せられ、木材商として其名を島の内外に知られた君も、運拙くして一敗地に塗(まみ)れ、気の毒な状況の下に退島の已むなきに至つた〔中略〕寒天製造に成功し、漸次資材をつくつた君は、木材事業に手を伸ばし、東京の大震火災直後の如き、大胆機敏な活動をなし、忽(たちまち)にして暴富をつくり天下の杉浦とまで称せられた豪勢ぶりを示したが、軈(やが)て襲来した斯界(しかい)の反動的不況には、手広くやつて居ただけに蒙つた打撃も大きく、遂に一とたまりもなく没落、他日の再興を期し乍ら、孤影粛然として一旦樺太を引揚げた」。

彼が向かった先は、日蓮宗総本山の身延山久遠寺である。法運の一喝で伊谷草の研究を始めた彼は、その後も法運および日蓮宗を心の支えにして生きた。身延山で精神修養ののち、東京市代々木初台に居を構えた彼は、兄の朝倉虎治郎を法運に引き合わせた。虎治郎も法運に傾倒し、熱海長畑山の草庵報恩閣を訪れ講話を聞いた。

法運は昭和一三年（一九八三）に亡くなった。虎治郎は法運の墓を建て、墓誌を書いた。それには「嘗テ樺太遠淵湖特産ノ海草カ寒天ノ原料タルコトヲ指示シ樺太寒天ヲシテ今日ノ声価ヲ揚ケ海外輸出ニ成功セシメ大ニ国益ヲ増進セリ凡ソ此等業蹟ハ先生カ事ヲ為スニ当リテ正法ノ命スル所ニ従ヒ誠心誠意法華経行者ノ本分ヲ守ルカ為ナリ」と書かれている（東京都葛飾区連昌寺「法運先生小林幸太郎翁之墓」）。

杉浦の後を継いで、寒天会社の社長になったのは、坂井久二であった。

3　漁民、反撃開始

「作れないのだから採るな」

昭和三年（一九二八）の夏、長浜村遠淵の四人の男が青森県小泊村に住む一人の医師を訪ねた。四人の男とは、大正時代末期に鰊を求めて小泊から遠淵へ移住した三人の漁師と遠淵区長の田中三松であった。一人の医師とは、かつて遠淵で村医を務めたことのある香曽我部穎良（こうそかべえいりょう）である。

彼らの用件は二つあった。一つは、穎良に再び村医として戻ってきてほしいということである。遠淵は来年より長浜村から遠淵村として分村独立することになったが、今まで村医であった医師が病気のため離村する。無医村になるのは困るので、向こう一〇年間毎年一五〇〇円の補助金を支給するから再び村医になってほしいというのであった。もう一つは、寒天草問題を解決してほしいという頼みであった。

穎良は「寒天草問題とは何か」と問うた。

「先生が昔遠淵で開業していた大正九年ごろは、漁民の間でしか問題になっていなかったと思いますが、遠淵湖の伊谷草のことです。漁業組合は明治のころから支庁の指示で伊谷草を用いた寒天作りの研究をしてきました。支庁も応援し第三者に伊谷草を採らせないと言っていました。ところが、杉浦六弥が製造特許を取り寒天会社を作ると、私たちは伊谷草を採ることも寒天を作ることもできなくなったのです」

「特許というのはあくまで寒天の製法に関する権利だ。だから、いくら寒天会社が特許を持っていても、君たちにも伊谷草を採る権利はあるはずだよ。考えてごらん、特許を無断使用して寒天を作ったらそれは違法だ。しかし、伊谷草を採って寒天会社に買い取ってもらうのなら何の問題もないはずだ」

「それが先生、寒天会社の坂井社長に伊谷草を採らせてほしいと頼むと漁業組合からは買わないと言うのです。坂井社長は北海道から採取労働者を雇って、驚くほどの低賃金で採らせています」

「坂井社長？　杉浦氏はどうした」

「材木業で失敗して内地に引き揚げました」

「この件について大泊支庁は何と？」

「支庁は、寒天を作れない漁民には採る権利はないと言うのです。作れないのだから採るな、オレたちはずっとそう言われ続けています。先生、何とかしてください」

香曽我部穎良

穎良は、明治一八年（一八八五）、山形県大郷村の農家に生まれた。先祖は、高知の香宗我部である。香宗我部家は関ヶ原の戦いで石田三成側について徳川家康に敗れたが、伊達政宗に数人の者が助けられ仙台に移住した。穎良の先祖は武の道を嫌い、山形県大郷村字今塚で農家となった。そのとき、姓を香曽我部に改めたらしい。穎良という名前は親がつけた名前ではない。もともとの名前は、仙蔵である。学業優秀であったため山形県の上山（かみのやま）の寺から望まれて養子になり、その寺の僧から「優れている」という意味の「穎」という漢字を入れた「穎良」という僧名をもらった。しかし彼は、僧にはならず、学問の道に進んだ。仙台の中学に進学させてもらったことに恩義を感じ、長期休暇の度に歩いて上山まで帰り、寺の農作業を手伝ったという。その後、お茶の水の病院で働きながら東京の済生学舎（のちの日本医専、現日本医科大学）で医学を学んだ。卒業後、東京駿河台の産婦人科医院で研修し、朝鮮に渡った。朝鮮総督府に勤めていたとき、宮城県涌谷（わくや）出身のちよみと見合いをして結婚した。朝鮮半島の北の日本海に面した村で開業したが、日本政府の政策に義憤を覚え、樺太に移住。大正八年（一九一九）、無医村であった長浜村遠淵区の村医になった。三四歳であった。大正九年、彼にはすでに昇と宏という二人の男子がいたが、この年初めての女子を授かり、美知と命名した。大正一一年、大泊の樺太庁立病院副院長兼助産婦養成所長として招聘され、遠淵を離れ大泊町に住んだ。しかし、内部対立に嫌気がさして退職し、東京に移り住んだ。大正一二年、青森県庁の要請を受けて、無医村であった青森県北津軽郡小泊村の村医となった。小泊村は津軽半島の北端に位置する日本海に面した小さな村で、イカ漁などの漁業が主たる産業である。月給一〇〇円の村医手当を支給され、温和な村人と交わりを深め、医者としてだけではなく、村の産業開発や村民の生活向上に協力し、充実した日々を送っていた（遠山美知『樺太を忘れ得ぬ人生』）。

穎良、遠淵村の医師に

小泊村の香曽我部医院の院長であった穎良は、当時四三歳。五年前、小泊村で開業し、妻のちよみとの間に、長男の昇（小六）、次男の宏（小四）、長女の美知（小三）、生まれたばかりの裕の四人の子どもがいた。白いカンカン帽と口ひげが似合う精悍な顔立ち。蝶ネクタイのスーツ姿で往診する姿が村人の目を引いた【図8-7】。

図8-7　昭和3年ごろの穎良。写真提供＝千葉ゆつき氏（穎良の孫）

彼は、手記「世界の珍草伊谷草」に樺太から四人の男が来訪したときのことをこう書いている。

「昭和三年ノ夏、遠淵部落住民ヨリ再三再四総会ノ決議ヲナシ再ビ小生ニ開業スル様依頼アリシモ、当時青森ニテ盛業中ノ事トテ、意頗ル進マズ然ルニ部落ノ決議ニヨリ当時ノ区長田中三松氏ノ遠路態々来訪セラレ、切ナル依頼アリ、依而兎ニ角一応遠淵ニ渡リ再調査ノ上ニ諾否ヲ決スルコトトシ同年九月末遠淵ニ来リ」。

彼は遠淵に赴いた。村人は遠淵小学校に集まり口々に「先生、帰ってきてください、先生の力が必要です」と言った。彼は遠淵に戻るとすれば、と前置きをしてこう述べた。

「当地のように漁業を生活基盤とするところで、鰊のような回遊魚類を頼みとするやり方は大変不安定なことです。海馬島では鰊が来なくなると出稼ぎ漁民があっという間にいなくなりました。ただし、ここ遠淵は鰊漁にのみ頼る漁村とは異なり、天恵とも言える伊谷草があります。遠淵湖は本来、遠淵漁業組合の漁場です。その漁場の伊谷草を採って永久的な生活の安定を得ることができるはずです。漁民に伊谷草をいっさい採らせない支庁の方針は間違っています。よく話し合えば道は開けます。みんなが一致団結して伊谷草の採取権を獲得するというのであれば来村を考えましょう」。

昭和四年三月下旬、彼は小泊村の医院を閉鎖し村人と別れの涙を流し、しばらくは会えないだろうからと東北地方にいる親戚を訪ね歩き、最後に長浜村から分村独立したばかりの遠淵村に着いた。

厚い壁

昭和四年四月、穎良は再び遠淵村の村医となり、新築した医院で診療を開始した【図8-8】。この年は、ニューヨークウォール街の株式市場大暴落に端を発した世界大恐慌の始まりの年であり、小林多喜二が『蟹工船』を出版した年でもある。

聞いていた年額一五〇〇円の補助金は支給されなかった。そのことについて熊瀬直吉村長にたずねると、補助金の話は樺太庁から聞いていないという返事であった。当の四人を問い詰めると、顔から脂汗を流すだけで埒があかない。彼は憤然として退村も考えたが、患者のこともあり、また漁民の生活安定のために遠淵村に来たことを思い出して、思いとどまった。そればかりではなく、村長からは村の発展のために村会議員になって力を貸してほしいと頼まれ引き受けた。村会議員になっても医師としての仕事は手を抜くことなく、彼は毎日患者に接した。往診も行なった。夏は馬に乗って、冬は雪の中を馬橇で往診する姿は、長く村人の記憶にとどめられた。

　吉村外茂二（ともじ）の戯曲「盆しぐれ」（『戯曲集』所収）には、軍治という五〇歳の馬丁が登場し、

図8-8　穎良一家が暮らした遠淵病院。写真提供＝千葉ゆつき氏

妻ミツとの会話で穎良の人となり、働きぶり、村人の期待を表現している。

ミツ　なぁ、じいちゃん。今日も寄り合いだと。まあまあ、忙しいもんだ。
軍治　仕方なかべ。この村にゃ先生しか頼る人はいねえんだから。
ミツ　したってなぁ、じいちゃん。先生は、まんず仕方ねぇとしても、奥さんが大変だ。
軍治　そったな事なかべ。先生だって朝から晩まで大変だ。患者、患者でお茶飲む暇もねぇ。何時だり起こされてハァ眠る間もねぇんだ。往診だって遊びに行ってるんじゃねぇよ。ションベンつまったたって、そ云われれば、じいさんでもばあさんでも管入れて通さねぇばねぇ。お産でなかなか出て来ねぇ。難産だってそ云われれば、婦長さんと三時間も、五時間も枕元に付きっきりだ。〔以下略〕
ミツ　そだな、先生もてえしたもんだ、偉いお医者さんだもん。その上役場だ、村会議だ、青年会だもん。だども少しやり過ぎだ。あれじゃ先生今に身体壊してしまうべえ。したども、奥さんも大変だ。先生は勝手に飛び回ってるから気ままだども、家の始末はみんな奥さんだ。毎日毎晩、お客が来るんだか来ないんだか。来るなら来るで、何人来るんだか。酒の支度も要るんだか、要らねぇんだか、奥さんだから辛抱出来るんで、オレが奥さんなら先生ケッ飛ばしておん出てしまうべもの。
軍治　そんだ、そんだ。ばっちゃんは俺みたいので丁度エんだ。したども、内地で安穏に暮らしてたものを、助役さん等が遮二無二、遠淵に引張り出した上に約束の手当は払わねぇべし、村会議員までおっつけるべし、先生らは人が良過ぎるんだ。それに、さっき内山の豊さんが云ってだども、漁業組合もなんだか先生をアテにしてるッて話だ。

昭和四年九月、樺太寒天合資会社が伊谷草採取免許を受けている専用区画漁業の更新日が一一月末であることを知った村長たちは、伊谷草採取権を獲得するためにその更新を阻止しようと樺太庁に陳情することになり、彼もそれに加わった。しかし、樺太庁水産課の技師は、樺太庁としては遠淵湖の伊谷草が寒天の材料となることを発見し製法を開発した人たちが得た特許を保護しなければならない、したがって寒天を製造している企業に必要な区域を専用させ、採取させるのは当然のことである、と寒天会社を擁護した。そのうえで、村長たちの要求は寒天会社の既得権の侵害であると弾劾した。陳情は失敗に終わった。彼は、予備知識がなかったために何ら得るところなく空しく帰村し、第一回の運動は効を奏しないままに終わったという主旨のことを記している（手記「世界の珍草伊谷草」）。

4 医師が漁業組合長に

漁業組合内の路線対立

やがて漁業組合内に対立が生じた。対立の根源は仕組まれた風説だった。樺太寒天合資会社と通じている者がいて、伊谷草採取権獲得闘争はまったく展望のない無謀な闘争だ、なぜなら漁民には絶対に伊谷草の採取許可を与えないと官庁の責任者が言い切っている、と宣伝したのだった。組合長はじめ多くの組合員がおじけづき、伊谷草採取権獲得闘争の旗を下ろし、寒天会社の原料採取を請け負って採取賃金を得る交渉に切り替えようとした。そして実際、気脈を通じる組合幹部のお膳立てで、組合長がある料亭で樺太寒天合資会社の坂井社長らと密談を行い、採取請負契約の交渉を開始したのである。しかし、組合長は交渉の中で採取賃金のあまりの安さに驚くと同時に、もしここで契約を進めたら漁民の伊谷草への夢が完全に断ち切られると気がつき、自分にはもはや組合長は務まらないと決意して村に帰った。

これに対して、外部の者が製造特許を取得したからといって、遠淵湖は漁民の漁場であるわけだから漁民にも採取権はあるはずだ、と考える採取権獲得派がいた。彼らはこう考えた。明治の末、漁民の西川又三郎が伊谷草を原料にした黒いトコロテンを作って支庁に報告したところ、役人は漁民が脱色研究のあいだ第三者に伊谷草の採取権を与えないと言った。それを守らずに裏切ったのは支庁だ。そのことを棚に上げて製造特許を振り回すのはおかしい。

両者は対立し相争った。請負推進派の運動員に樺太寒天合資会社から金が動いているという風説もまことしやかに流れたため、漁民のあいだで疑心暗鬼、醜い争いになり、暴力騒ぎにまで発展した。議論は村を二分し、ついに漁業組合の役員の総改選にまで発展し、次の組合長をめぐっても意見の調整がつかなくなった。そこで双方から妥協案として、員外理事に穎良を迎え、組合長に推薦するという提案が出された。

彼はもちろん断った。自分は医師として多忙である、また自分は漁民ではなく、門外漢だ、漁業組合の仕組みも慣習もわからない、したがって、まったくもって私の任ではない、と。しかし、対立する両派から是非就任して組合内部の混乱を鎮め、伊谷草問題を解決してほしいと強く要望され、断り切れなくなった彼は、臨時の組合総会の開催を要求した。そして彼の三つの提案に組合員全員が賛成するなら前向きに考えようと言った。

一、組合の目的は組合員の経済の向上にあるのだから、共同購買事業によって安価に物資の供給をなすなどの仕事により従来の経済難から脱却すること。

二、将来の生活安定の基礎の一番の近道は、遠淵湖特産である天恵の伊谷草の利用にあり、よってこれに邁進すること。

三、将来は将来として現在は鰊漁を主とするしかない。よって、専用漁場の拡張をはかること。

異議を唱える者はなく、満場一致で承認された。あとでわかったことだが、請負賛成派が彼の就任要請に回ったのは彼が医者であり漁業者ではないから、最終的には伊谷草がどうなろうと自分自身の利害に関係がなく、万が一にも命を張ってまで採取権獲得闘争に邁進することはありえないだろうと高をくくったからであった。彼はうすうすそのことに気づいていたが、臨時総会に集まった組合員全員が自分の組合長就任を支持して挙手する姿を見て、組合員はみな表向き伊谷草の権利を諦めてはいても、本心では採取権の獲得を願っているのだと自分に言い聞かせ、闘志を燃やした。こうして彼は、第五代遠淵漁業組合長に就任した。昭和五年一月のことであった（石原二三朗『続幻影の郷』）。

漁業組合長就任

潁良を突き動かしたものは何であったか。一つは、済生学舎の教えであった。長谷川泰校長はつねづね学生たちに、医師には上医、中医、下医があって上医は国を癒し、中医は人を癒し、下医は病を癒すのみ、医師になる前にまず人間形成を心がけよ、と説いた。上医は潁良の目指すところであったと思われる。なぜなら彼は、医師免許取得後、自ら望んで無医村を渡り歩き、任地において診療に加え、産業振興、生活向上、若者教育などに積極的にかかわった。社会貢献は彼の人格形成の核になっていた。もう一つは、官庁のあり方の問題である。当時の日本人にとって樺太は、豊かな資源を秘めた新天地であった【図8－9】。そこにおける官庁の役割は、夢を求めて移住してきた日本人に対して、豊かな資源を公平に分配することであるはずだった。しかし官庁は、特許を取得した杉浦六弥にのみ採取権を与え、漁民には「お前たちは寒天を作れないのだから伊谷草は採るな」と採取を禁じた。官庁のこうした偏った姿勢は、

図8-9　遠淵村市街。遠淵村紀元2600年記念葉書より

官庁本来のあり方と相反するばかりか、人びとの樺太への期待を裏切るものであった。彼は、それを許せなかった。彼こそ、優れた公民であった。

漁業組合長となった彼は、二つの行動に出た。一つは、国政に訴えた。彼は、衆議院議員の河上丈太郎に手紙を書いた。河上は、昭和三年（一九二八）の第一回普通選挙に日本労農党候補として兵庫一区より立候補して当選した。元日本社会党の書記・瀬尾忠博は穎良についてこう回想している。「河上家の応接間に、熊の毛皮の敷物がある。ある時「豪勢なものがありますネ」とうかがうと、その由来を話された。昭和はじめごろ、大学教授から労働運動へ飛びこみ、普選第一回に当選され政界に入られた委員長のところへ、カラフトの遠淵村に住む香曽我部穎良氏から依頼状が届いた。それによると、遠淵村には外海につながる湖があり、当時寒天の原料になる伊谷草という海草を採取してこの村の漁民は生活していたが、カラフト庁は、この採取権を一会社だけに与え、漁民は湖の岸に流れついたものを拾っても罰せられることになったという次第」（日本社会党編『河上丈太郎』）。

河上は明治二二年（一八八九）生まれ、穎良より四歳年下である。昭和二年に一〇年間奉職した関西学院大学を退職し、翌昭和三年、第一回普通選挙で日本労農党候補として兵庫一区より立候補して当選した。翌年三月、労農党の山本宣治が右翼に刺殺された翌日の帝国議会で「屍を越えて」という追悼演説をしたことはよく知られている。昭和五年の衆議院選挙には日本大衆党から立候補し落選。昭和七年の衆議院選挙には日本労農大衆党から立候補して再び落選。昭和一一年の衆議院選挙で社会大衆党から立候補して六年ぶりに当選した。以後、追放期間（昭和一六―二六年）を除いてその死に至るまで議席を有した。昭和二七年、社会党（右派）の中央執行委員長に就任したとき、「委員長は私にとって十字架であります。しかしながら十字架を負うて死に至るまでの闘うべきことを私は決意したのであります」と演説して十字架委員長と呼ばれた。

潁良は新聞を読み、ラジオを聴いて、日本社会に現れた新たな潮流に注目した。単なる物知りではなく、行動するインテリゲンツィアであった。河上との連携はやがて大きな成果を生み出すが、それについては後述する。

もう一つは、支庁との交渉である。組合幹部との話し合いのなかで、数年前に支庁が栗岩という男に寄り草の採取権を与えたという事実を知った潁良は、支庁の役人に、なぜ栗岩に採取権を与えたのかと問いただした。役人は、栗岩には寒天会社の特許の製法に抵触しない寒天製造法を研究するというので許可を出したと答えたため、彼は、ならば組合にも同様の許可を出してほしいと要求し、研究のための採取権を獲得した。彼はさっそく、長野県茅野の地紙世（じがみせ）商店に依頼して、寒天会社の特許に触れない製造法の研究を引き受けてもらった。そして、その研究成果を支庁に提出した。しかし、それは失敗に終わった。彼は手記「世界の珍草伊谷草」にこう書いている。

「此処ニ於テ現日本ニ於テ寒天製造ノ権威タル長野県茅野、地紙世商店ニ交渉シ、幸ヒ樺太寒天会社ノ特許権ニ触レザル製造方法ヲ請ヒ受ケ早速支庁ニ提出シ目的ノ貫徹近キニアリト喜ビタリ、併（しか）ルニ以上ノ喜ビハ糠喜ビニ終レリ、吾人ハ日本ニ於ケル寒天製造界ノ権威者タル地紙世商店ノ製造方法ハ樺太寒天会社ノ特許権に触レザル最良ノモノト確信シテ提出シタルニ、支庁ニ於テハ右製造方法ハ信ヲ置クニ足ラズ、且ツ右地紙世商店ハボロ会社ニシテ信用シ得ザルガ如キ頗ル面白カラザル場面ニ依リ終結ヲ告ゲタリ」。

地紙世商店は、信州寒天の老舗中の老舗である。支庁はその老舗が研究した特許に触れない製造法を「信ヲ置クニ足ラズ」と却下し、地紙世商店を「ボロ会社ニシテ信用シ得ザル」と一蹴した。

覚悟を決めた彼は自身でも杉浦の特許権に触れない製造法を研究した。娘の美知（当時小学五年生）はこう回顧している。

「作り方は特許だったので、父は違う特許を考えたのですが、なかなか……。家で一冬、理学士という若い学生が、一生懸命に実験していた姿を思い出します。でもやっぱり、いちばん簡単な方法にはかなわないんです」（遠山美知『樺太を忘れ得ぬ人生』）。

臨時採取

穎良が組合長に就任した昭和五年（一九三〇）は、前年にアメリカで始まった世界大恐慌が日本にも波及した昭和恐慌の年であった。銀行、企業の倒産が相次ぎ、失業、労働争議が急激に増大した。不況の樺太に鰊景気が戻る気配はなく、花街は灯りを落とし廃業する店も出始めた。新しく独立した村となった遠淵村の役場は、予算がないため廃業した花街の空き家を借りたものだった。村会議員でもあった彼は、村が村医に毎年一五〇〇円の手当を出す余裕のない実情を理解し、だました四人を許すことにし、彼らと一晩飲み明かした（『続幻影の郷』）。

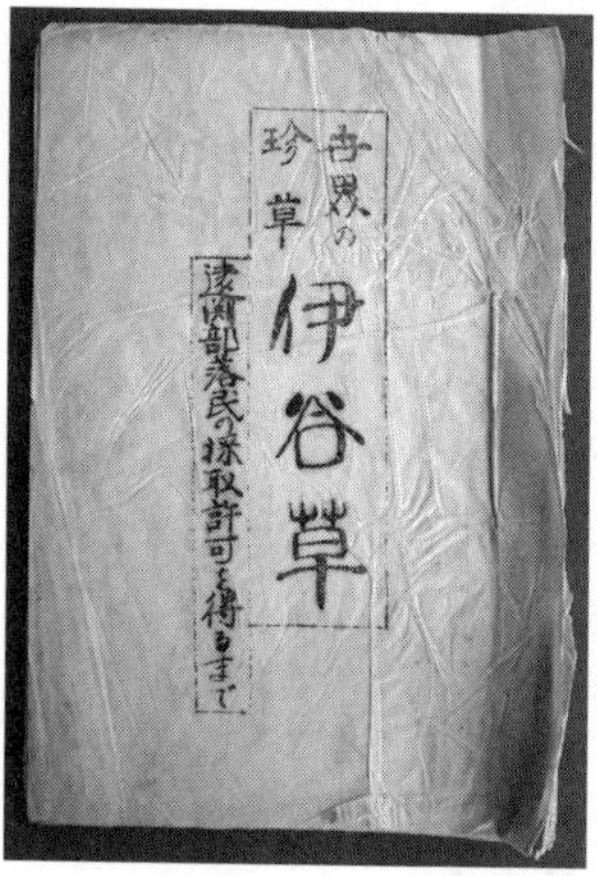

図8-10　穎良の手記「世界の珍草伊谷草」昭和6年（1931）。ガリ版刷り。千葉ゆつき氏所有

こうした不況下、漁業組合の九月臨時総会に支庁の高橋殖産係長が出席し、年の瀬に向けての生活救済策として漁民に対して臨時的に伊谷草の採取許可を与えるという説明をした。その内容は、伊谷草一貫目（三・七五キログラム）二〇銭にして三万貫、採取場所は漁業組合の専用漁場内の寄り草（漂着草）、寒天会社に買い上げてもらうため乾燥の程度、荷造り方法等については会社と協議すること、というものであった。これに対して、組合員から寄り草の範囲について質問が出たが、明快な回答はなかった。高橋殖産係長は、救済としての臨時採取であるからなるべく早く会社と協議して採取作業に入り越年資金とするようにと言った。背景には、右に述べたような昭和恐慌の実態があった。

翌々日、穎良は組合幹部とともに遠淵沢の寒天会社事務所に行き、採取主任と乾燥の程度、荷造り方法等について協定契約を結んだ。しかし、採取作業が始まると問題が起きた。会社から、組合員が漁業組合の専用漁場内で採取しているのは寄り草ではないとの抗議がきた。たとえ湖岸でも船を出して採取するのは沖草だから違反だと言うのである。支庁からも彼に、沖草採取について会社の採取主任と協定のうえ採取するようにとの電報が再三きた。

彼はこのときの心境を手記「世界の珍草伊谷草」【図8-10】にこう書いている。

「採取場所及寄リ草ノ見解ニ就イテ寒天会社ト協定スベシトノ当局ノ命令ハ会社ノ免許地又ハ許可地ニ於テ採取スルナラバ当然会社ト協定ノ上、会社ノ指示ニ従フベキモノナルモ其ノ以外ノ地域殊ニ組合専用漁場内ニ於テ先ニ当局ノ了承ヲ受ケシモノナレバ敢ヘテ会社ト寄リ草ノ解釈協定等セザルベカラザル性質ノモノトハ認メズ又寄リ草ト沖草ノ見解ノ相違ナラバ当局ニ於テ御出張ノ上親シク直接実地ニ就イテ御指導アラレタシト思ヒタリ。是レヨリ先キ樺太寒天会社ノ製造特許法ニツキ頗ル不審ヲ抱キタリ」。

越年のための組合漁場内での寄り草の臨時採取であるにもかかわらず、あれこれ文句をつけてくる態度に彼は心の底から怒りを覚えた。その怒りが、「樺太寒天会社ノ製造特許法ニツキ頗ル不審ヲ抱キタリ」へと発展したのである。

特許権消滅

穎良は組合幹部と上京した。樺太からの上京、それは想像を絶する長旅である。まず初日、遠淵村からバスで大泊へ、所要時間は約三時間。大泊で稚泊連絡船「対馬丸」に乗船し、宗谷(そうや)海峡を渡って稚内へ。所要時間は約八時間。稚内泊。二日目、稚内から宗谷本線で旭川へ。旭川で函館本線に乗り換えて函館へ。所要時間合計約一五時間。函館泊。三日目、函館で青函連絡船に乗り、青森へ。所要時間約四時間。青森から東北本線に乗り上野までは約一五時間。車中泊。上野に着いたのは四日目のことである。

彼は、河上丈太郎に会い、ずっと考え続けてきたことを口にした。

「先生、樺太寒天合資会社の社長は坂井久二です。しかし、特許を取得したのは先代の杉浦六弥です。その杉浦は関東大震災後の不況で材木業をたたんで樺太を去りました。その杉浦の特許は今、どうなっているのでしょうか」。

特許権消滅には四つのケースがある。

①特許の有効期間二〇年を超えた場合、無効となる。

②特許自体に瑕疵（かし）がある場合、審査を経て無効となる。

③権利の放棄の場合、自ら特許を取り下げることで無効となる。

④特許料の不納の場合、追納期間を過ぎると無効となる。

特許料は三年目までは一括払いである。しかし、四年目以降は前年中納付が原則。追納期間は六ヶ月、これを過ぎると無効となる。杉浦が特許を取得したのが大正四年。それからまだ一六年しか経過していないため、①は当てはまらない。しかし、④は考えられる。杉浦は関東大震災のあと、材木業で破産し、昭和二年に樺太を去った。彼は「杉浦に特許料不納の可能性があるのでは」と率直に言った。河上は、「調査の価値あり」と助言した。

彼は、河上が紹介した特許弁理士に杉浦式寒天製造法の調査を依頼した。やがて宿舎に調査結果が届いた。それには、杉浦の特許は大正一四年七月一五日に権利が消滅し実在していないと書かれていた。彼らはさっそく特許局に行き、杉浦の特許権消滅が書かれた謄本の写しを発行してもらい、樺太に向かった。大泊に着くと、彼らはまっすぐ大泊支庁に向かった。彼は、手記「世界の珍草伊谷草」にこう書いている。

「特許局ヨリ樺太寒天会社ノ特許消滅ニ関スル謄本ヲ取リ寄セ直チニ、大泊支庁ニ至リ従来再三再四特許法ニサヘ触レザレバ、喜ンデ伊谷草ノ許可スベシトノ言質ニ就イテ更ニ陳ブルヤ支庁長及殖産課長ヨリ必ズ許可スベシトノ言明ヲ得タリ、是レ実ニ九月二十五日ナリ」。

特許権という金城鉄壁は崩れ、支庁は漁業組合に伊谷草採取許可を与えると明言した。

ただし彼は、特許権の消滅という寒天会社の不手際について、手記「世界の珍草伊谷草」にこう書いている。

「然カシ翻ッテ考フル時実ニ樺太寒天会社ニモ同情、気ノ毒ニ耐ヘズ、殊ニ該特許権ノ消滅ハ、千慮ノ一失、自然ノ消滅ニ非ラズシテ些細ナル手違ヒニ依リ中途消滅タルヲ思ヘバ気ノ毒ノ感更ニ更ニ深フセザルヲ得ズ」。

そして、組合員に対してはこう書いている。

「徒ラニ感情ニノミ囚ハルルコトナク又乱獲等ノ事ナク、会社ノ既得権若シクバ利益ヲ殊更ニ傷ケントスルガ如キコトナク、飽ク迄モ冷静ニ、共存共栄ノ実ヲ挙グ可ク、宜敷ク会社ト提携シ共ニ共ニ此ノ恵レタル遠淵湖ノ天産ヲシテ枯渇セシメザル様更ニ更ニ最善ノ努力ヲ尽サレ度ク切望ニ耐ヘザル所ナリ」。

もともと彼が望んでいたのは、会社との共存共栄であった。彼が小泊の生活を捨てて遠淵に来たのは、樺太寒天合資会社の特許を口実にした伊谷草独占への疑問であり、それを擁護する支庁への怒りであった。彼が杉浦の特許権消滅を発見したことで、ようやくこの問題が解決しようとしていた。昭和五年の秋のことであった。

第9章　樺太の寒天（後編）

1　協定締結

再びの内部対立

昭和五年一二月一四日付『樺太日日新聞』は「遠淵漁業組合でイタニ草を移出　信州へ約一万円の取引」と報じている。漁業組合は、越年のために臨時採取した伊谷草を一貫目三五銭の高値で長野県茅野の地紙世商店にすべて売却した。支庁が容認したのである。

しかし、これが原因で漁業組合は再び二つに割れ、流血事件にまで発展する。原因は、地紙世商店の動きであった。地紙世商店は漁業組合と伊谷草の一〇年間売買契約を締結しようと企んだ。それは遠淵漁業組合総代会の議題となった。長期契約賛成派と慎重派との大激論となり、採決の結果、二三対二二で賛成派が勝つには勝ったが、最終的には組合長一任となった。寒天製造を村の産業にするのが約締結は見送りとなった。すると賛成派は激昂し、総代会終了後、彼を木棒や日本刀で襲ったが、巡査の説諭で事なきをえた。当時小学五年生の美知は、こう回顧する。

「組合員が二派に分かれたり、襲撃事件などいろんな暴力事件が起きたりしましたけど、そういうとき父はたいへん冷静でした。どんなに漁民が騒いでも、私たち家族の者に「何も言うな。ここは黙っていろ。決着するまでは何も言うな」と。父は普段は短気なのに、冷静な人なのかな、と思って見ていました。それは記憶にあります」（遠山美知『樺太を忘れ得ぬ人生』）。

翌昭和六年（一九三一）一月、樺太寒天合資会社とその背後にいる官庁の役人は、潁良が組合の金を使い込んだという噂を流し失脚させようと企んだ。彼は、手記「世界の珍草伊谷草」にこう書いている。

「小生上京不在中漁業組合ニ不正事件アルモノノ如ク宣伝シ、善良ナル組合員ヲ欺瞞シ、其ノ不正事件ニ就イテ小生モ亦関係アルモノノ如キ風評ヲ耳ニシタリ、今日迄漁業組合及村ノ利益ノ為メ私財ヲ投ジテ尽クシタルコソアレ、組合ヲ利用シテ私腹ヲ肥スガ如キ断ジテ非ラザル所ナリ、従来樺太ニ於ケル産業組合ノ幹部中ニハ其ノ地位ヲ利用シテ往々幾多ノ私腹ヲ肥スガ如キ不正事件ヲ行フトハ屢々世評ニ上ル所ニシテ如何ニモ苦々シク感ジツツアル小生ノ焉ゾ不正ニ関係センヤ」。

彼は監事に調査をさせた。監事は、潁良の度重なる東京や樺太庁への出張にもかかわらず、いっさい組合費を使っていないことに驚いた。しかも、組合長の報酬も凍結されていて一回も受給していなかった。噂は、根も葉もないデマであった。しかしこれを機に、彼は組合長を辞した。三月のことである。新しい組合長には、佐藤北助がなった。佐藤は、一貫して伊谷草採取権獲得を主張してきた組合員であった。

協定締結

昭和六年一二月一二日付『樺太日日新聞』は、「本年の伊谷草四十六万貫採取　内二十七万貫は寒天会社」の見出しでその内訳を報じている。それによると、「樺太寒天会社の採取に係るもの二十七万貫、遠淵部落十八万貫及荒栗部落一万六千貫等」となっている。そして、遠淵部落で採取した一八万貫のうち、一〇万貫は長野や岐阜に移出したが、八万貫は寒天会社に売り渡したと報じている。

一二月二〇日付同紙は、「遠淵漁業組合と寒天会社協定成る　大泊支庁当局の斡旋で円満に解決」の見出しで、協定内容を報じている。

協定内容はこうだ。

一、寒天会社は免許区域内の伊谷草を遠淵漁業協同組合が採取することを承認する。
一、伊谷草の繁殖・保護については寒天会社と漁業組合が協力して行なう。
一、伊谷草の採取高、引き取り単価、引き渡し方法などについては、毎年採取前に協議の上決定する。
一、伊谷草の採取については、漁業組合は寒天会社の指揮を受けて行なう。

一、漁業組合は採取し乾燥荷造りした伊谷草を検査の上等級を付して寒天会社に引き渡す。
一、漁業組合員はその採取を家族的に行うものとし、出稼ぎ漁夫を使役しない。
一、漁業組合は採取した伊谷草を寒天会社以外には売らない。

また、一二月一二日付同紙が報じた「〔寒天会社に売り渡した〕八万貫」についてこう書いている（読点は筆者による）。

「遠淵漁業組合に於て本夏採取した伊谷草約八満貫は之を一貫目十六銭の割を以て会社が買取る外、尚（なお）会社より同組合に対し金二千円を贈与し会社は地元部落との協調に対する充分な誠意を披歴した」。

穎良の献身的努力で、漁業組合は伊谷草採取権を得た。寒天会社はそれまでの態度を改め、地元の村に対して誠意をもって接するようになったのである。

しかし、闘いはこれで終わったわけではなかった。伊谷草採取権を得たとはいっても、それは、組合が自由に採取してもよいということではなく、官庁の許可を得、寒天会社の指揮のもとに採取し、すべて寒天会社に売り渡すという制限付きであった。自由採取も寒天製造もまだ実現できてはいなかった。

2 自由採取闘争と自家製造

禁を破る

昭和六年（一九三一）、世界恐慌の影響で日本経済は深刻な不景気に見舞われ、軍部らのあいだに満州を植民地化して事態を打開しようとする動きが強まった。一方、中国では排日運動が高まっていた。九月、関東軍は奉天郊外で鉄道爆破事件（柳条湖事件）を起こし、これを中国軍の仕業だとして強引に開戦し、翌年、傀儡国家「満州国」を建国した。

こうした国際情勢を背景に、昭和六年から翌年にかけての『樺太日日新聞』は漁業組合員による相次ぐ密採取事件の裁判の結果を報じている。一つは、昭和六年一二月の豊原区裁判決である。事件は、同年八月に起きた。舟に乗って沖草を密採取した漁業組合員を大泊署の巡査四名がモーターボートで追いかけ検挙した。これを知ったほかの組合員が激高し、凶器を手に発動機船に乗り巡査たちを襲おうとしたが、逆に検挙された。裁判は被告二九名で行われ、全員に罰金、科料が課された。

もう一つは、昭和七年五月の樺太地裁控訴審判決である。事件は、前年の五月、六軒屋で起きた。組合員一七名が六軒屋の湖岸と湖内で伊谷草を密採取した。彼らのうち、一〇名は湖内ではなく、もっぱら湖岸にて時化（しけ）によって漂着した伊谷草を密採取した。彼らは豊原区裁にて罰金刑を言い渡されたが、すぐに樺太地裁に控訴した。その控訴審判決である。それが画期的な判決であった。昭和七年六月四日付『樺太日日新聞』の当該記事の見出しはこうだ。

「漂着した伊谷草採取に官庁の許可は要しない　密採取者の控訴公判廷において地裁の新判決に衝動を起す」。

記事は、罰金刑一六名と無罪一名の名前を記したあとにこう書いている。

「尚被告等一同は右判決に対して直ちに服罪の意を表したがあれだけ揉めに揉め抜いた伊谷草事件が

僅に一名の無罪者を出したのみに拘らず此の判決に対して一言の不服も無く服罪するに及んだ裏面には最も重大な意義が含まれてゐる　即ち遠淵湖に於ける今回の伊谷草密採取者の内十名は時化の為め湖岸に打ち上げられて捨てゝ於けば枯死腐敗するの外途の無い漂着伊谷草を採取したもので、従来樺太庁漁業取締規則の解釈に依れば此の漂着伊谷草も尚当局の許可を受けねば採取できぬと云ふ事になって居たものであるがそれに対し樺太地裁では、数回の実地検証を行った結果遂ひに右漂着伊谷草採取は官庁の許可を必要としないものであるとの解釈を下したもので、同方面漁業者にとっては天来の福音とも云ふべき判決が降されたのである」。

驚くべき判決内容であった。罰金刑が科されても誰一人控訴せず判決にしたがったのは、従来は官庁の許可を必要とした漂着草採取について、今後官庁の許可は必要ないという裁判所の新見解が示されたからである。

官庁は黙ってはいない。六月五日付同紙は、「判決に不服は無いが陸と水面の区別至難　若し一寸でも犯したら処罰する」という見出しで、大泊支庁岡本水産課長の談話を掲載している。以下がその談話内容である。

「判決に対しては不服を唱へるものではないが、然し実際問題として考へて見ると何処までが打あげられたものか何処までが水面に属するものか判断がつかない、従来樺太庁としても陸岸だけのものを採取するなら文句はないが、然しそれだけ止まらぬ陸と水との境がつかぬ一面打ち上げられた伊谷草を表面から見てさて何処までが陸かといふ事は事実上至難のことである、それで樺太庁としてもこれが判断に悩む為許可制度としたが、若し樺太庁としては今後一寸一部たりとも水面のものを採取した場合には容捨なく処罰する」。

陸の伊谷草と水面の伊谷草とは区別が困難としながらも処罰の対象を「水面のもの」と言っていることから、樺太地裁の判決同様、陸の伊谷草（漂着草）を認めたかたちになっている【図9―1】。

図9-1　樺太地方裁判所。世良泰一『樺太郷土写真帖』より

その後、漂着草の自由採取獲得が決定的になる出来事が起こった。翌昭和八年一一月一五日付同紙にその記事が掲載されている。記事は、「ゾクリと四万円　時化で転がり込む　有卦（うけ）に入つた遠淵村」という見出しで、次のように伝えている（「有卦に入る」とは幸運が舞い込むという意味である）。

「遠淵湖には例の有名な寒天原料となる伊谷草が繁茂してゐる。それがあの時化にもまれ山の如く湖岸へ打ち寄せられた。湖底に繁茂してゐるものゝ採取はこれを禁止してゐるが、寄り草は無主物と見做し拾ひ上げても差支えないことになつてゐるので、同組合の人人は総出で黄金の草、その寄り草を争つて拾ひ上げる有様は恰も戦場の如くであつたと。かくて収獲された草は合して約三十万貫と称せられ乾燥せるもの一貫目が十二銭五厘であるから三万七千五百円となる。大泊にある樺太寒天会社との間に売買の契約が成立したと言ふから年内には現なまでぞろりと組合に転げ込むわけである」。

こうして漂着草（寄り草）は自由採取となった。二年後の昭和一〇年九月一日付同紙は「遠淵村民の生活の糧　紛争事件一掃」の見出しでこう報じている。

「寒天工業の発展から伊谷草採取地である遠淵村は之が採取業に転向するもの多く一時事件まで惹起した程であつたが今では平和に帰り許可を得て着業する者百三十三戸を数へるに到つた。同村の年産額は寒天会社直営分を合せて三万余円であるが今後は更に増加するものと観られてゐる。村民の採取伊谷草は会社との売買契約が完全に出来てゐる為め何等の心配もなく極めて紳士的に取引されてゐる」。

村の全戸数は、約四〇〇戸（終戦時）であった。およそ三軒に一軒が伊谷草の採取を生業にしていたことがわかる。

自家製造へ

昭和六年の暮、穎良はすでに組合長を辞めていたが、率先して寒天製造を始めた。官庁の「作れないのだから採るな」の論理が破綻した今、寒天の自家製造は黙認されるだろうと踏んだのである。彼は自宅敷地内に製造工場を建設した。しかし、医師が本業であるため人を雇って工場を動かした。遠淵病院から伊谷草を煮る煙が上がるのを見て、組合員たちは「先生が寒天を作り始めたぞ。俺たちもやろう」と後に続いた。彼らは、寒天製造に鰊釜を使用した。鰊釜は鰊がよく獲れたころに鰊粕（肥料）を作るために使用したもので、その後は組合事務所に眠っていた。穎良は漁業組合長であったころ、寒天製造を見越して、組合幹部と長野県茅野の寒天製造工場を見学した。そこで得たヒントを手記にこう書いている。

「昭和五年十月中旬寒天製造地タル長野県茅野ニ趣キ設備方法等ヲ視察シ小資本且ツ場合ニヨリテハ鰊釜ノ利用ニヨリ製造モ可」（「遠淵ニ於ケル寒天製造起源」）。

彼は利益をあげることよりも、村の特産品にするという目標にこだわった。良質の伊谷草を選んで使ったためよい製品ができたが、工場の経理を担当した妻のちよみは赤字に悩まされた。美知は当時、小学六年生であった。

「うちは全部、従業員を使ってやるわけでしょう。最初の年は赤字でしたよ。でも赤字だというと作る人がいなくなるから、父は「もうけた」と言ってみんなを呼んで、一晩宴会をしましたね」（遠山美知『樺太を忘れ得ぬ人生』）。

寒天製造を始める組合員は着実に増えていた。組合員以外にも寒天製造を始める者が出てきた。誰かが、鰊釜の上に大きな桶状の木の枠を設置して煮熟の効率を上げると皆がそれに続いた。販売も最初は寒天会社に安く買い上げられるしかなかったが、のちに東京日本橋の辻本初太郎商店を見つけて販路の拡大を図った。同商店は、岐阜寒天だけではなく、樺太遠淵村の寒天にも温かい手を差し伸べていたのである（本書第7章参照）。

村史誌『異国となった遠淵村』には、漁民の寒天製造が軌道に乗ったころの様子が書かれている。要約して紹介する。

・採取と陸揚げ

七月、遠淵沢にある寒天会社の伊谷草採取が始まると、漁民もいっせいに採取作業に参加する。この時期の採取はすべて寒天会社に買い上げてもらうものだ。採取期間は約二週間。二軒共同で一隻の舟に三人乗り、チャーターした二隻の発動機船に一五軒分三〇隻の舟が曳航され夜明け早々現場に向かう。八尺（熊手に似たホタテ漁の漁具）を海に投げ入れ、ロクロで細引き綱を巻き上げ、伊谷草を一網打尽にさらう。水深の深いところでは三〇メートルの細引き綱を巻き上げると八尺一杯になることもある。これを何十回と繰り返す。舟に取り込んだ伊谷草は舟の縁沿いに板を立て、足で踏みつけては積み、踏みつけては積みを繰りかえして溜めていく。午後二時ごろ、満杯になった舟は発動機船に曳航されて帰る。遠浅なので寒天草を満載した舟は沈み込み、岸まで入ることができず、馬車を海の中まで入れて家族総出で陸揚げ作業をする。

・乾燥

採取が続くにつれ、空き地や広場は乾場となる。道路の一部や遠淵小学校の運動場まで伊谷草でいっぱいになることがある。白い日除け帽子をかぶったもんぺ姿の娘がフォークを使って伊谷草を一日に二、三回手返しする。

・養殖

採取が終わると今度は養殖である。深いところにある伊谷草を採取し、採取が終わった浅い所に散布する。伊谷草は日光のよく当たる所でよく繁殖する。

・荷造りと出荷

横三尺、縦三尺五寸、正味重量二四貫目に仕上げる。乾燥草をスタンチ（四角い板枠）に入れ圧縮したものをムシロで包み、その上から縄で梱包してできあがる。この一個、大きくてかなり重い。屈強の若者は、これを持ち上げ一人でどんどん馬車に積み上げる。

・漁民用伊谷草採取

九月になるといよいよ漁民個人の伊谷草採取が始まる。採取期間は約一週間。期間も短く、個人収穫なので、前回よりも競争になる。この伊谷草を干し上げて冬に寒天製造したが、なかには製造しないで組合に出荷する人もいた。

・自家製造

一二月上旬になると寒天製造が始まる。自家製造工場にはたいてい二基の釜があった。朝四時作業開始。伊谷草を煮詰め、モロブタという小さな箱に流し込む。冷めるとトコロテンになる。それを箱の中で一〇本に切り、天突きに入れて戸外の雪原に並べられた鉄板の上に押し出す。この作業は二人一組になって行う。零下二〇度を超える寒さの中、何百という箱がすべて空になるまで同様の作業を繰り返す。翌日、凍結しているところてんを鉄板からはがしてすべて一ヶ所に集積する。三月、寒気もゆるみ始めたころ、野積みしておいた寒天を乾し場（雪原）に竹製のスダレを敷いて広げ、日に当てると寒天は次第に白く仕上がる。五月、女性を臨時雇いし、屋内で乾燥した製品のゴミ落としをし、正

図9-2　村の寒天工場。村史誌『異国となった遠淵村』より

味一貫五〇〇匁（もんめ）に荷造りする。水産物検査員がそれを検査して等級に分け、出荷される。

　このように、樺太寒天の製法は内地と違い、極度の寒さのため一冬トコロテンを凍結させたままにし、春の雪解けとともに、融解と乾燥の工程を繰り返して仕上げるのである【図9－2】。

樺太寒天の発展

　村史誌『異国となった遠淵村』には遠淵村にあった三〇の自家製造工場の名が記されている。そのうち二一工場が六軒屋にある。六軒屋に多いのは、寒天製造のために生活の拠点を市街地から六軒屋に移した家が多かったからである。もともと六軒屋には鰊漁のための番屋があった。番屋はヤン衆が寝泊りする所であったため、寒天工場として使える広さがあった。鰊漁が不振になると生業を伊谷草採取と寒天製造に切り替える漁民が増えた。そのため寒天工場所在地は六軒屋が多いのである。組合幹部の一人であった川上土右エ門の息子川上恭広は同書に、大正末期に網走から遠淵に移り住んだときは市街地に住んでいたが、その後「六軒屋に番屋を建てて、それから毎年春から秋まで暮らした」と書いている。鰊漁の不振によってその番屋は寒天の自家製造工場へと切り替えられた。したがって、川上工場の所在地は六軒屋となっている。

昭和一一年当時、遠淵小学校の五年生だった宮崎維新も同書において番屋暮らしをこう回想している。

「私の家は、四月に入ると野月の番屋に住まいし、鰊、鱒をとり、二学期に入る頃、一号に移った。これは伊谷草を採るためである。ここからまた学校に通うのである。そして十月末に本村に帰るのである。野月と一号での番屋暮らしとランプ生活は忘れることができない。ランプの下は暗く、勉強もできなかった」。

「一号」とは六軒屋のことであり、「本村」とは市街地のことである。漁民は市街地に家があっても、漁のために番屋暮らしをするのは当たり前のことであった。

同書には、三〇工場しか記載されていないが、原料となる漂着草は誰でも採取できたので、実際にはそれ以上の工場があったと思われる。野月に住む武立豊氏の家では伊谷草を採り、寒天も作っていた。発動機船（通称ポンポン蒸気）にロープで小舟をいくつもつなぎ、採った伊谷草をそれに乗せて岸に運び、野月の各戸で分け合って寒天を自家製造したという。同書には、野月に工場があったという記

年次	生産高（kg）	生産額（円）
昭和2年	66,986	238,120
昭和3年	70,294	275,558
昭和4年	85,275	333,520
昭和5年	100,969	233,171
昭和6年	65,723	160,162
昭和7年	97,194	160,162
昭和8年	――	297,292

表9-1　昭和初期の生産高・生産額。昭和10年9月1日付『樺太日日新聞』より作成

述はなかったので私は驚いたが、そういうケースがほかにもっとあり、工場数は三〇をはるかに超えたのではないかと思われる。

昭和一〇年九月一日付『樺太日日新聞』は新興樺太産業界の特集三回目として寒天を取り上げている。全体の見出しは「世界に誇る珍草　伊谷草寒天工場　樺太唯一の輸出重要産業」である。「最近の生産額」として寒天会社と漁民の自家製造とを合わせた樺太寒天全体の生産高と生産額を報じている【表9-1】。

同記事は、樺太寒天の販売先についても記している。それによると、約五割が内地道府県、残り五割は英国、ドイツ、フランス、米国等である。さらに同紙は「樺太寒天は米人から歓迎　恩洞湖へも移植計画」の見出しで、樺太寒天合資会社社長・坂井久二の談話を載せている。樺太寒天がアメリカで健康食品として好評であること、アメリカ大西洋岸の汽水湖に伊谷草と似た海藻があること、ソビエトの黒海にもあるらしいこと、国内的には遠淵湖の湖畔に臨海試験所を設け、恩洞湖の水を取り寄せて移植したところ順調に発育したので、近く恩洞湖への増殖を行う予定であることなどを坂井は語っている。恩洞湖とはオホーツク海に通じる汽水湖で遠淵湖の北側に位置する。坂井の談話からも、樺太寒天が前途洋々であることが伝わってくる。

また、遠淵村の自家製造についても触れている。「宝庫「遠淵湖」採取数量無限」の見出しのもと、

「最近之れが個人的製造を行ふ者が出で、やりかた一つに依つては相当の成績を挙げ得るので遠淵村役場あたりでは冬季閑散期に於ける家庭工業として大いに奨励して居る」と書いている。

3　帝国議会請願

不穏な動き

昭和一〇年（一九三五）、天皇機関説事件が起きた。天皇機関説とは、天皇の支配に対して議会は規制を加えることができるとした美濃部達吉の学説である。議会を無力化しようとしていた軍部・右翼は美濃部を激しく非難し、美濃部は参議院議員を辞職した。美知は樺太庁豊原高等女学校の四年生になっていた。彼女は、「満州事変の正当性の裏付けとして皇室を神格化する傾向がどんどん強まっていた。私は「天皇機関説」を十分に理解し得ないながらも、皇室を神格化することについては少しおかしいと感じていた」と書いている。

昭和一一年、二・二六事件が起きた。彼女は、「私が最終学年の五年生となる昭和十一年。この年に二・二六事件がおこり日本中が騒乱に巻き込まれた」とふり返っている。

昭和一二年、彼女は豊原高等女学校を卒業し、東京の帝国女子医専（現東邦大学医学部）に入学した。

このころ、樺太庁と寒天会社は不穏な動きを見せ始めていた。それは、資源保護を口実に漁民の伊谷草（漂着草）自由採取を禁止するというものであった。気配を察知した潁良は、昭和一二年の新年早々組合幹部と上京し、河上丈太郎に相談して帝国議会衆議院に請願書を提出した。河上はこう書いている。

「植民地のかやうな問題を唯そこだけで孤立して争うても効ないことが判つて、昭和十二年も冬上京議会で私に面会を申し込み、応援を求めた。かうして伊谷草問題は私の問題ともなつた」（河上丈太郎「伊谷草の憶出」）。

請願書

潁良たちの請願書の原本は残っていない。しかし、受理された請願書はその概要を記した文書表として作成され、議員に配布された。その文書表は国立国会図書館に所蔵されている。また、審査の結果も、請願委員長が衆議院議長宛てに作成した「報告書」に記載され、これも国立国会図書館に所蔵されている。衆議院請願委員会の議事録は、国会図書館帝国議会会議録（デジタル）で閲覧可能である。こうした資料によって請願の全体像を究明しよう。まず、文書表（全文）を示す。

番号　第二二三〇号
呈出ノ日　昭和十二年三月二十日
件名　伊谷草採取其ノ他ニ関スル件
請願者　樺太長浜郡遠淵村　漁業・香曽我部潁良外二五九名

紹介議員　手代木隆吉君外一名

請願の主旨　本請願ノ要旨ハ樺太長浜郡遠淵村所在遠淵湖ヨリ産出スル寒天製造原料タル伊谷草ハ平均年生産額十五万貫ニ及ヒ漂着草所謂寄草ハ現在採取ノ自由ヲ認メラレ之ニ依リ生計ヲ営ム村民多数ニ上ル実情ニ在リ然ルニ近ク大泊支庁ハ同庁令ヲ以テ前記寄草採取行為ヲモ取締ラルルヤニ仄聞スルモ若之カ実施ヲ見ムカ必スヤ同地方村民ノ生活ヲ脅シ洵ニ由々シキ事態ヲ現出スルニ至ルヘシト信ス依テ前記寄草ノ自由採取ヲ従前通リ容認シ以テ村民ノ生活安定ヲ図ラレタク且遠淵湖ニ於ケル伊谷草ノ全数量其ノ他一箇年ノ繁殖率漂着草ノ関係等ニ付正確ナル調査ヲ実施セラレタシト謂フニ在リ

内容を要約する。

遠淵湖の伊谷草は寒天の原料であり、平均年間生産額は一五万貫に及ぶ。伊谷草の寄り草は現在採取が自由であるが、大泊支庁はそれを庁令で禁止する意向である。それでは村民の生活が成り立たなくなるので従来通り自由に採取できるようにしてほしい、さらに伊谷草の全数量や繁殖率について正確な調査を実施してほしい。

第七〇回帝国議会請願委員会（意訳）

第七〇回帝国議会衆議院請願委員会は昭和一二年三月二四日に開催された。

中委員長　日程第七、伊谷草採取その他に関する件、手代木隆吉君。

坂東幸太郎君　代わって私より説明申上げます。樺太の長浜郡遠淵村地方は寒天の製造原料たる伊谷草は一ヶ年数十万貫を生産しております。従来は自由に採取いたしまして、相当多数の漁民がそれによって生活しておりました。しかし、樺太庁大泊支庁ではこれを禁止するような話がある。そうすると多数の漁民は生活の脅威を感じますから、従来通り自由に採取させてもらいたいというのが請願の趣旨であります。なにとぞ御採択をお願いします。

永田委員　この際政府委員の御意見を承っておきたいと思います。

今村政府委員　ただ今のお話の長浜郡遠淵村の遠淵湖には伊谷草が相当あるわけであります。この請願には一五満貫とありますが、遠淵湖に生えます伊谷草は六〇〇万貫あるのであります。この一年間の製造量一割と見て六〇万貫位がちょうど適当の採取量であるのであります。ところが昨今為替相場の関係で海外市場に主に出すのでありますが、多少好況になってまいったのであります。そのために昨年あたり非常に濫獲の弊に陥りつつあるのでありまして、これをこのままにしておきますと、結局遠淵村永遠の福祉を破壊するという恐れがあるのであります。でありますから、従来寄り草として自由採取していましたのを、許可を与えて採取する、ただしそれによって地方に影響を及ぼすことは避けなければなりません。これらについては相当方法を講じまして地方へのそういう影響を少なくして、そして目的を達しよう、こういうことを研究しているのであります。無統制な自由採取にしておきますと、結局伊谷草の絶滅をきたす恐れがありますから、樺太庁においては今日においてこうした統制を図ることを最も必要であると考えるのであります。なおこの請願の後の方にありますが正確な調査ということでありますが、これは樺太庁もそう考えましてできるだけ早く調査を進めたい、そういう風な考えを持っております。

坂東幸太郎君　それを許可する場合に、従来の漁民を本位にしないで、外の者に対して許可を与えるようなことになると非常に漁民は困るのでありますから、その点は重要な問題でありますので、さらに政府委員の御意見をお伺いしたい。

今村政府委員　これはできるだけ、できるだけではありませぬ、従来伊谷草を採取しておりました者にこれを許可しよう、そして従来寄り草を採取していた者が今回採取できなくなる場合は、漁業組合なりあるいは会社の採取労働者として採用してもらう、また従来あの辺で自家製造をしていた者があります。そういう者が寄り草の採取ができませんとその仕事を辞めなくてはいけないので、その代わり利用組合法が改正になりまして、利用組合でも仕事ができるようになりますから、今年からは利用組合で製造させよう、したがって従来地方漁民であるいは原料を供給していた者はその方面で働かす、それからやめなければならない自家製造者の器具機械はなるべく買い上げてやる、そうして労働者にもまた地方にも経済上の打撃をそう与えないようにして行う、こういう考えであります。ところがある一部の人びとは従来の通りやはり自分らが作りたい、こういう者があるのであります。昨今の報告を見ますと、大体村としてもそういう意向になりつつあるのでありまして、現に昭和一〇年ころは七、八万貫の地方の生産であったのが、昨年は一躍にして二〇万貫にもなった、そういう事実であります。でありますから、今のうちに適当に保護しませんと、せっかくの天与の資源を廃滅させるという恐れがあるのであります。これは樺太庁といたしましては地方の永遠の利益ということに立脚いたしまして、どうしても制限をして統制を図っていかなければならない、そう考えます。

永田委員　本件は政府当局の説明を聴きますと濫獲をしてはいけない、保護をしなければならないという意味が大分含まれていますが、ただしこの請願の御趣旨ももっともで、一方では住民の生活の安定上必要である、自由に採取をやらせてほしいというようなお願いでありますから、これは中間の説をとりまして、本件は政府当局におかれても十分民意を尊重して将来適当に善処せられたいという意見を付しまして、参考送付に決したいと思います。

中委員長　参考送付に御異議ありませんか。

（「異議なし」の声）

中委員長　左様決定いたします。

紹介議員の手代木隆吉は北海道選出の衆議院議員（立憲民政党）である。当日は、手代木に代わって坂東幸太郎が請願主旨説明を行なった。坂東も同じく北海道選出の衆議院議員（立憲民政党）である。おそらく、請願書の紹介議員の「外一名」が河上なのであろう。あるいは、河上は請願書の作成に協力はしたが、樺太の問題なので北海道出身の手代木たちに託したのかもしれない。今村政府委員というのは、今村武志樺太庁長官である。彼は、昭和七年から昭和一三年まで第一二代樺太庁長官を務めた。伊谷草を無統制な自由採取にしておくと絶滅をきたす恐れがあることを強調して、自由採取は禁止し、仕事をなくした漁民には寒天会社の採取下請けの仕事を与え、製造道具を買い上げるというような方針を述べている。あくまで寒天会社擁護である。しかし、それでは自由採取継続で生活を安定させたいという請願の主旨とは真っ向から対立するので、永田委員が「中間をとって」という取りなしをして了承され政府参考送りとなった。この請願は漁民たちに成果をもたらした。

請願の成果

昭和一二年六月、漁業組合と樺太寒天合資会社とのあいだで覚書と協定書が交わされた。その内容を同年六月三〇日付『樺太日日新聞』が報じている。

覚書（要旨）

①遠淵湖の伊谷草の採取数量は寄り草を含めて総蓄積量の約一割とする。

②伊谷草の受け渡しは毎年協定書に基づき行う。

③官の許可を得て採取した伊谷草は、漁業組合にて寒天製造に用いることができる。

④製品販売については組合において競売にかけるか、寒天会社に委託する。

協定書（要約）

第一条　会社が組合に採取させ引き取る数量は、乾燥仕上げ一〇万貫とする。

第二条　組合は前条の数量を検査のうえ、本年八月三一日までに指定する場所にて引き渡す。

第三条　組合が官の許可を受けて伊谷草を採取し、これを組合にて寒天製造の原料とする場合は、特にこれを会社に引き渡す必要はない。

第四条　会社より組合に支払う採取賃は、乾燥仕上げ一貫につき金二〇銭とする。

第五条　会社は組合の着手資金として、採取総額の二割以内の前渡しの実施を承認する。それには利息はつけない。

成果は二つあった。一つは、漁業組合の寒天製造権と販売権が認められたことである。それは、覚書の③④、協定書の第三条に明記された。

昭和六年の協定で、（寒天会社の指揮のもとという）条件付き伊谷草採取権は獲得したものの、それ以上の権利すなわち伊谷草の自由採取権と寒天製造権については未獲得であった。

すでに述べたように、その後漁業組合は一方で、裁判闘争を通じて漂着草（寄り草）の自由採取権を獲得した。他方で、「作れないのだから採るな」の論理が破綻したことを確信し、穎良を先頭にいわば非合法的、実力行使的に寒天の自家製造を推し進めた。その結果、村の自家製造工場の数は三〇を超えた。樺太庁はこれに危機感を抱き、自家製造工場をつぶそうと画策したのだが、結果的には失敗に終わった。覚書と協定書に漁業組合の寒天製造権と販売権が明記されたからである。

成果の二つ目は、資源保護の観点から伊谷草の採取総量には制限が加わったことである。それは、覚書の①に明記された。

樺太庁は六月から九月にかけて調査船六隻、潜水器三台を動かして遠淵湖を一一〇個に分割しての伊谷草の棲息状況の細密調査を実施した（昭和一二年九月一七日付『樺太日日新聞』）。

穎良は手記「遠淵ニ於ケル寒天製造起源」でこう回顧している。

「今ニシテ顧ミレバ其間実ニ波瀾重畳而シテ幾多ノ堅キ同志ノ与ヘラレシ努力モ今日ノ成効ヲオサメシ重大ナル関係ヲ有ス殊ニ昨春同志ト共ニ上京スル等之等共ニ共ニ茨ノ路ヲ切リ開イテ来タリシ同志ニ対シ感謝ノ念ニタヘル能ハズ」。

このあと、寒天会社と遠淵村漁民は共存共栄の関係を築き寒天製造を続けた。

4　最後の闘い

八丈島へ

昭和一二年（一九三七）七月、盧溝橋事件が勃発し、日中戦争が始まった。

翌昭和一三年一月、女優の岡田嘉子が反体制演劇人の杉本良吉とともに樺太国境を越えてソビエトに亡命した。四月、国家総動員法が制定され、日中戦争は総力戦体制となった。七月、招致競争に勝って獲得したアジア初のオリンピック開催権を国際オリンピック委員会に返上した。

図9-3　昭和13年、53歳の穎良。写真提供＝香曽我部秀雄氏（穎良の孫）

図9-4　帝国女子医専2年生の頃の香曽我部美知。写真提供＝千葉ゆつき氏

一二月、伊谷草問題を解決した穎良は、家族とともに樺太を去り八丈島に移住した。八丈島は彼が医学生のころ、胸部疾患と診断され転地療養したところであった。三ツ根村の診療所が医師不足で困っているというので決断した【図9－3】。

当時彼には六人の子どもがいた。長兄の昇は、昭和七年に入学した岩手医専を休学して兵役で朝鮮にいた。次兄の宏は、岩手医専の受験準備のために盛岡にいた。長女の美知は、帝国女子医専の二年生になっていた【図9－4】。美知の下には三男で小学六年生の裕。その下に四男で小学三年生の治と、次女でまだ三歳の耀子がいた。穎良は小六の裕を盛岡の小学校に転校させ、次男の宏に面倒を見させることにして、小三の治、三歳の耀子、妻のちよみと四人で八丈島に渡った。

昭和一四年、美知は、三年に進級する前の三月中旬から四月一〇日ころまでを八丈島で過ごした。帰京する日、島を嵐が襲った。船は週に二便しかなく新学期に間に合わせるため、彼女は横殴りの雨の中、乗船した。やがてひどい時化となった。心配した両親は船会社に一時間ごとに電話を入れた。船は翌朝東京湾に到着し、彼女は無事だったが両親の心配は尋常ではなかった。この出来事が潁良に離島を考えさせるきっかけになった。それに加えて、樺太では毎日配達された郵便や新聞や手紙が、八丈島では週二回だけしか届かなかった。そうしたことが潁良に離島を決断させた。

八月上旬に離島。わずか八ヶ月余りの八丈島での生活だった。彼は東京に向かった。自動車教習所に行ったり、次の就職先を探したりしたが、真の目的は河上丈太郎に会うことだった。官庁と寒天会社がまた妙な動きを始めたことを新しく漁業組合長になった川上土右ェ門が八丈島の彼に手紙で知らせてきた。彼は東京で河上に会い、樺太視察を要請した。河上は快諾し、八月下旬の樺太行きが決まった。潁良は樺太に行くまでの数日間を盛岡の宏の家で過ごした。盛岡の宏の家には盛岡中学の一年生になった裕もいた。夏休中の美知も加わり、潁良、ちよみ、宏、美知、裕、治、耀子。一家七人の新生活が始まった。美知はこう回想している。

「常に使用人が寝食を共にしている開業医の家庭では家族水入らずの生活は皆無に近い。しかしこの時ばかりは、この狭い借家で、働いていない父と数日間ではあったが膝をつき合わせるように暮らすことができた。父は盛岡の町が気に入って幼い妹を連れて散歩に出かけ、食物や玩具を買って来たりした。その時父は五四歳だった」（遠山美知『樺太を忘れ得ぬ人生』）。

みたびの樺太

河上と穎良は遠淵村で村民の大歓迎を受けた。河上はこう書いている。

「遠淵村は香曽我部君に離れられて忽ち無医村となり、更に指導者を失つた機会に寒天会社が逆襲して来るかに見えた。村民の同君を懐ふの情は、日一日と昂まり、遂に香曽我部君と私に村を見て呉れとなり、こゝに私の樺太行きが実現したのである。遠淵村の一夜、それは忘れられない一夜だった。未だ八月だと云ふに、部屋には火鉢を入れないでは寒い夜だつたが、香曽我部先生来るの声に、村民が続々集つて来る。しかもどれもこれも素朴な本当の漁師で、村長郵便局長と云つた所謂村の有志は顔を見せない。この漁村の老若男女がドラ声を揃へて鰊漁の歌を謳つて歓迎して呉れた一夜程印象的な憶出はない」(河上丈太郎「伊谷草の憶出」)。

このとき、穎良はみたび遠淵村の医師となる決意をした。数日して彼は盛岡に帰り、家族に遠淵村行きを告げた。三度目となる樺太行きは美知の夏休み後、九月中旬と決まった。美知はこう書いている。

「今度の樺太行では、母は荷造りの心配もなく、父ものんびりと盛岡暮しを楽しんだ。父は、借家の裏の北上川の広い河原に妹を連れて散歩したり、夕方になると、当時大通りに出ていた夜店の買物を楽しんだりしていた」(遠山美知『樺太を忘れ得ぬ人生』)。

穎良、死す

九月末、帝国女子医専の寮で前期試験の準備をしていた美知のところに樺太から電報が届いた。「チチ　ハイエン　ケイカイチュウ」。しかし数日後、「ケイカヨシ　アンシンセヨ」の電報が届き、美知は安心して友人に誘われるまま映画を見にいった。彼女はこう書いている。

「帝劇で封切のドイツ映画「ブルク劇場」を見に行った。それは、白黒のコントラストが鮮明な映画だった。映画が終りに近づいた頃、私は画面から映像が消え白い斜線が降る雨のように走っているのを見た。隣席の友人に「どうして画面が消えたのかしら」と問うと「消えてないわよ」の返事。私はそれに胸騒ぎを覚え、父の病状の変化を感じた。廊下に出て時計を見ると四時二十分であった」（遠山美知『樺太を忘れ得ぬ人生』）。

七時近くに寮に帰ると間もなく電報が届いた。「チチ　キトク」。発信時間を確認すると四時半だった。

「画面が私の視界から消えたあの瞬間が父のあの世への旅立ちの時だったのである。魂は瞬時に案ずる者に知らせる力のあることを私が感じているところに、「チチシス」の電報が続いて届いた」。

彼女はこのとき退学を決意した。兵役中の長兄が除隊になれば岩手医専に復学する、加えて盛岡で受験準備中の次兄が来年医専に合格すれば、帝国女子医専での学業継続は難しい。翌朝寮を出るときに、友人たちにそうした事情を話し、樺太からもう一度退学手続きのために戻ってくると言い残した。

彼女は上野発午後七時の急行に乗り、四八時間後、樺太の大泊に着いた。大泊には村民が迎えにきていてタクシーで穎良の家に向かった。しかし、葬儀は終わっていた。

「葬儀の終わった家には大勢の人がいて、私はみんなから慰められた。ほんの一か月前、盛岡で元気に過ごしていた父がこの世にいない現実を私は信じることができなかった。だが、考えてみれば十年前、漁民に請われて再住し、自分の建てた家で最後を迎えたことは、運命の定めた父の道であったのかもしれない。〔中略〕父の葬儀には前樺太庁長官から丁重な弔電と御香典が届けられていた。意外だったのは、父の闘争相手の寒天会社が多額の御香典を包んできたことである。そして父の死後、寒天会社は漁民との間に問題を起こすことはなくなった。そのことは父の死が活かされたということに他ならない。そのようなこともあって遠淵村はその後終戦まで、樺太一の豊かな村となっていった」（遠山美知『樺太を忘れ得ぬ人生』）。

昭和一四年一〇月三日、穎良は五四歳の若さでこの世を去った。美知は一九歳、帝国女子医専三年生のことであった。

武立氏は、このとき遠淵小学校の四年生であった。村民葬のことは覚えておらず、秋田に引き揚げ中学生になったころ、母親から「おまえを助けてくれた香曽我部先生は本当にいい先生でね、みんなから先生、先生と尊敬され慕われていた先生だったよ。それがね、先生が突然亡くなったのだよ。葬式の野辺送りのときは村の人たちがみんな白装束を着て送ったんだよ」と聞かされた。武立氏の母親は昭和二九年（一九五四）に亡くなった。簞笥の中から村民葬の写真が出てきた【図9－5】。それは遠淵村で写真館を営んでいた武立氏の長兄・天野直勝が撮った写真だった。

図9-5　村民葬。撮影＝天野直勝。写真提供＝香曽我部秀雄氏

漁民はその後、寒天会社と再び共存共栄関係を築き、寒天製造を続けた。昭和一八年、遠淵村はその利益をもとに、陸海軍に戦闘機二機を献納した。献金者数は四〇三名に及んだ。その中には白系ロシア人ミケタ・エヒモフ、キルハ・エヒモフの名もあった。献納された機は水上機で「遠淵号」と命名され、遠淵湖で献納式が催された。二機の遠淵号は亜庭湾上空から飛来し、遠淵村の上空を何度も旋回し、やがて遠淵湖に着水した。そして、献納式後、再び離水した。武立氏は、遠淵湖に浮かぶ水上機の写真を、戦後、元遠淵村民の集まりで友人から見せてもらったことがあるという。

第10章　サハリンに日本人寒天遺跡を訪ねて

令和元年（二〇一九）の夏、私は妻とともに、サハリンに残る日本人寒天遺跡を訪ねた【図10－1】。以下はその四泊五日の旅の記録である。

白夜

八月九日午後九時五分（日本時間午後七時五分）、私たちの乗ったオーロラ航空四五四三便は約二時間のフライトを終えてサハリンの州都ユジノサハリンスク空港に到着した。入国審査に小一時間かかり、やっとの思いで日本の旅行会社が用意してくれた通訳のアレクサンダーと会えた。彼の本業はサハリン国立総合大学日本語学科の教授である。トヨタの五人乗りミニバンでホテルへ向かう。

白夜。明るくてまだ昼のよう。緯度が高いためだ。札幌をモデルにして作られた街は碁盤の目状になっていて道幅が広い。二〇分ほどでガガーリン公園（旧豊原公園）の近くにあるメガパレスホテルに

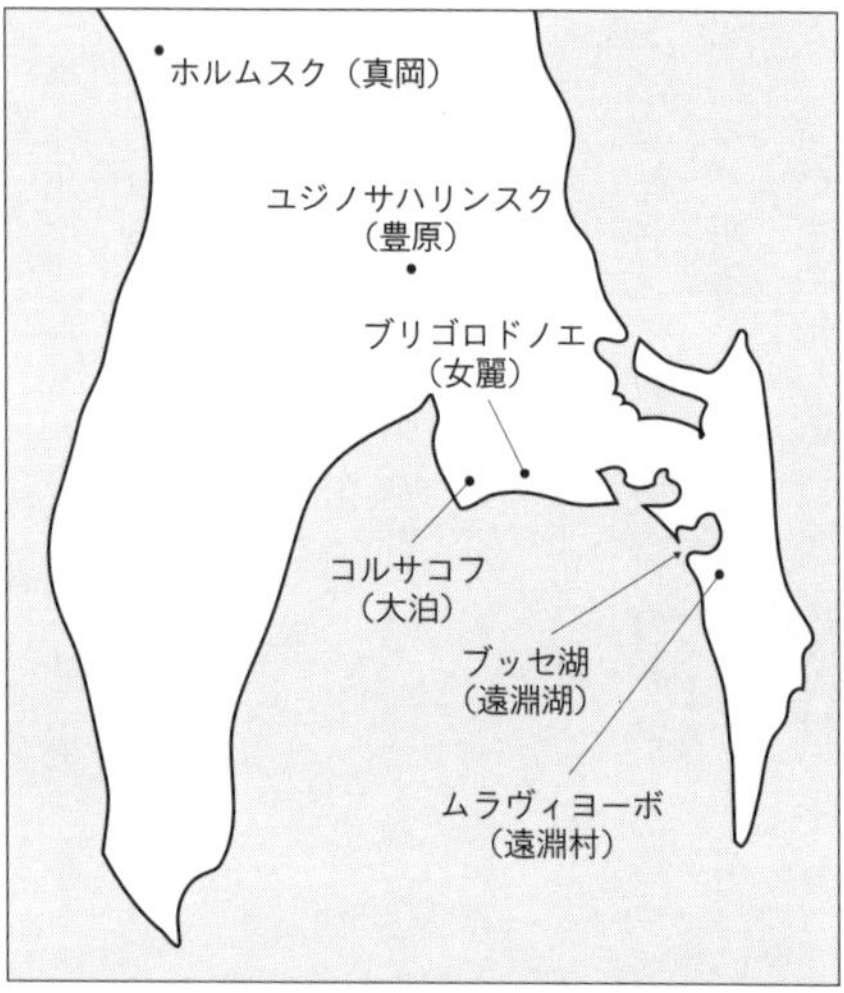

図10-1　サハリン州地図。筆者作成。州都はユジノサハリンスク。旧豊原である。香曽我部美知が学んだ豊原高女のあった街。コルサコフ（旧大泊）までは約40キロ。樺太時代には鉄道が敷かれていた

着いた。車から降りた第一印象は、涼しい。連日三〇度を超える暑さの日本にいたことがウソのよう。ホテルの外壁に設置されたデジタル気温計の黄色い文字は、一三度を表示していた。

旅行会社からは、ホテルに日本語を話せる人はいないと聞いていたのでアレクサンダーにフロントまでついてきてもらったが、応対したホテルマンは流暢な日本語を話した。新宿で五年間ホテルの仕事をしていたという韓国系ロシア人だった。じゃあねとアレクサンダーとは別れた。手続きをしてあたりを見渡すと、ロビーのソファーには結構人が座っていて皆一様にうつむいている。何をしているのかとよく見ると、スマートフォンを見ているのだ。日本と同じ風景だった。

部屋は七階のスタンダードツイン。大きな窓からまだ明るいガガーリン公園を見下ろすと、若いカップルが手をつないで歩いている姿が見えた。朝食付きで一泊一万九三〇〇円。二人でこの値段は安い。夕食は飛行機の中で食べたので、入浴して午後一一時に就寝。バスとトイレは同じ部屋にあり、バ

スは仰臥位の姿勢をとれば肩まで湯に浸かることができた。歯ブラシ、タオル、石けん、シャンプー、ティッシュペーパーなどのアメニティは日本のビジネスホテル並みに揃っていた。寝間着はバスローブが用意してあった。私はサイズが不安だったので夏用のパジャマを持参した。水は飲めない。成田空港の搭乗前のショッピングエリアで買ったミネラルウォーターとウイスキーを飲んだ。

ユジノサハリンスク市内見学

八月一〇日、サハリン二日目。一階のレストランでカフェテリア方式の朝食。パンもご飯もあり、野菜、果物、木の実もあり、ヨーグルトやジュースも数種類あり、目玉焼きやオムレツもこちらの注文通りに作ってくれた。朝食後、外に出ると、七〇代とおぼしき日本人夫婦が写真を撮っていたので、挨拶をしてお互い写真を撮り合った。宮沢賢治の足跡をたどるツアーに参加したとのことだった。宮沢賢治は花巻農学校の教師時代に一人で樺太を鉄道旅行し、その経験が『銀河鉄道の夜』のモチーフになったとあとで知った。「観光ですか」と訊かれ、「寒天遺跡の調査です。戦前、樺太で寒天を作っていたのですよ」と言うと、「本当ですか。へえー」と驚かれた。

五分ほど会話をしたあと、ガガーリン公園を散策した。妻に一緒に来てもらったのには二つ理由がある。その一つが次の描写だ。園内ではギボウシが薄紫の花を咲かせ、大きな鉢にはペチュニアが咲き、花壇は白妙菊で縁どりされマリーゴールド、ベコニア、インパチェンスなどが植えられていた。私一人だと「園内には色とりどりの花が植えられていた」になってしまう。妻の花の知識を借りたかった。

もう一つの理由は耳である。私は耳が遠い。人と話すときは補聴器が必要だ。私の使っているデジタル補聴器は屋内の静かな所では十分その機能を発揮するが、それ以外の場所では話し声以外の音——雨の音、工事音、放送音、車の音などを先に拾ってしまう。屋外で人と会話をするときに助けてほしかった。

九時少し前にフロントから電話で、今日と明日の通訳であるアンナが到着したと知らされた。急いで身支度をして一階へ行き、アンナと握手をした。アンナは一〇歳の男の子がいるシングルマザー。ブロンドの髪、水色の瞳。純粋なロシア人に見えるが、母親はウクライナ出身、父親はベラルーシの出身で、ポーランド人の血も混じっているとのこと。生まれたのはコルサコフ（大泊）で、三歳から一八歳までを国後島の泊村で過ごした。国後島では伊谷草がよく採れ、子どものころ、採取された伊谷草が船に積まれて運ばれていくのを見たという。もちろん戦後の話である。伊谷草は昭和一〇年（一九三五）に国後島泊湾でも発見された。伊谷草は遠淵湖以外にも繁茂していたのである。サハリン国立総合大学で生物学を学んだのち、北海道新聞に勤め、札幌の日本語学校で日本語を学んだ。日本語を学ぶきっかけは、国後島で海岸に漂着してきた木片に書かれた日本語の文字を見て興味を持ったことだそうだ。日本が大好きで、息子と大阪をはじめ各地を旅したという。日本の料理は美味しく人は親切で自動販売機は便利、と何度も笑顔で語った。

今日の予定は、午前にサハリン州立郷土博物館を、午後にチェーホフ『サハリン島』文学記念館を見学することである。寒天とは直接関係ないが、サハリンの空気と街の雰囲気と食事と歴史になじみたかった。昨日と同じトヨタの五人乗りミニバンで出発。サハリン州立郷土博物館の開館時間まではまだ時間があったので、ユジノサハリンスク駅前広場、名誉広場、勝利広場、ロシア正教会を見て回った。それら四つの場所すべてが、掃除が行き届いてきれいだった。アンナは、サハリンが外国人の観光客を意識して観光地の掃除等を始めたのは三年ほど前のことで、それ以前は観光客を観光地に案内するのが恥ずかしく、ガイドを一時辞めていたほどだと言った。

サハリン州立郷土史博物館の前身は樺太庁博物館。重厚で立派な建物だ。館内には戦前の豊原時代の展示物もあり、熊や狼、恐竜の全身骨格、先住民のアイヌやニヴフの作品も印象に残った。狼はシベリア狼でロシア本土から渡ってきたもので、日本狼よりずっと大きい。

裏庭には奉安殿(ほうあんでん)が残っていた。日本では見たことのない奉安殿。その実物をサハリンで見た。日本帝国主義時代の遺物であるから戦後一掃されたはずだったが、GHQの支配が及ばなかったサハリンでは、じゃがいもを貯蔵する小屋などとして使われ、今も各地に残されている。

昼食はガガーリンホテルのレストランで食べた。メニューは、桃ジュース、わかめスープ、牛肉ピラフ。牛肉ピラフの量が多く、私は少し、妻はかなり残した。

チェーホフ『サハリン島』文学記念館はチェーホフ劇場と並んで、白樺林の美しい公園の中にあった。日本の領土になる前のサハリンは帝政ロシアの囚人流刑地だった。チェーホフは医学生のころ、サハリンを訪れ監獄と囚人の様子を見て回り『サハリン島』にまとめ出版している。これが契機になって医学から文学に転向した。文学記念館の中にはその当時の監獄や囚人の様子が再現されている。公園の中にはキツネノカミソリの群生が見えた。妻が「写真でしか見たことのない花」と言った。緑の濃い公園の中で子どもたちがキックスケーターに乗り声をあげて遊んでいた。サハリンは子ども、若者が目につく。少子高齢化社会の日本とはちょっと違う風景だ。小学校の夏休みは三ヶ月、大学は二ヶ月だという。緑の濃い公園内にはあちこちにチェーホフの銅像があり、その一つの前で記念撮影をした。

夕食はメガパレスホテル内のレストラン「アジア」で食べた。写真付きのメニューブックがあったので注文は楽だった。生ビール、ホッキ貝とトマトのサラダ、豚肉と海老の蒸し餃子、ムール貝やイイダコなどの蒸し料理、蟹と野菜の炒飯、蟹肉のクリームチーズ和えを注文した。店員が間違った料理を運んできたので英語で説明すると理解してもらえた。隣でハバロフスクから旅行にきていたロシア人家族が食事をしていたが、ウォッカの乾杯を繰り返しながら、テーブルいっぱいに並んだ料理をあれこれつまんでいた。

コルサコフへ

八月一一日、サハリン三日目、コルサコフ（大泊）の寒天工場を視察する。コルサコフの寒天工場の前身は、杉浦六弥が設立した樺太寒天合資会社大泊工場（第一工場）である。昭和二年に杉浦が樺太を去ったあと、坂井久二が社長になり終戦を迎えた。戦後、この工場はソ連国営の寒天工場になった。その後、故障や老朽化のために操業停止になったが、協力の手をさしのべたのは長野県の伊那食品工業株式会社である。昭和六三年（一九八八）、同社開発の加圧脱水法寒天製造プラントがコルサコフの寒天工場に設置された【図10－2】。平成二年、塚越寛社長（当時）が操業開始のテープカット式典に臨んでいる【図10－3】。

平成三年（一九九一）のソ連崩壊後、軍用培地の需要が激減したため再び操業停止となった。軍用培地とは、細菌兵器開発のための寒天培地のことをいう。新型コロナのようなウイルスは、人間や動物などの生体でしか育たないが、コレラ菌や結核菌などの細菌は人工培地（寒天培地が一番優れている）で

図10-2　コルサコフ寒天工場に設置された伊那食品工業開発の寒天製造プラントの一部。写真提供＝井上修氏

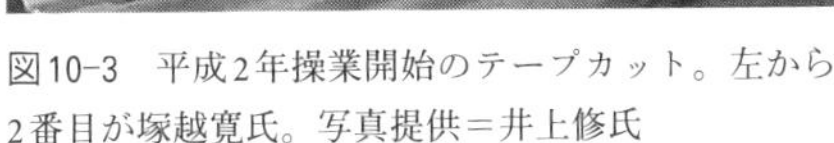

図10-3　平成2年操業開始のテープカット。左から2番目が塚越寛氏。写真提供＝井上修氏

培養できる。

平成一四年（二〇〇二）、ロシアの水産会社ビノム社が工場を買収し操業再開した。平成一九年には伊那食品工業の井上修社長（当時）が同工場を訪れ視察した。井上氏の報告書によると、従業員は五六名、製品の主体は寒天培地、現場責任者は女性、生産効率はあまりよくないとのことであった。平成二一年には北海道博物館の学芸員・会田理人氏らが同工場を視察した。しかし会田氏らが視察したときには、寒天製造ラインは停止していたという。平成二九年、伊那食品工業の技術者が工場再開のために同工場を診断したが、再開は絶望的との見解を示した。以降、現在までは停止状態となっている。

午前九時過ぎに、トヨタの五人乗りミニバンで出発。通訳はアンナ。コルサコフまでは約四〇キロの舗装道路。途中三つの谷があり、一の沢、二の沢、三の沢と名づけられている。道の両側は雑木林で所々にシシウドの白い花が咲いている。道端では天然キノコが売られていた。広いじゃがいも畑、大麦畑を過ぎて約三〇分でコルサコフに到着。コルサコフは港町である【図10-4】。稚内とコルサコフの間を客船が就航していたが、令和元年（二〇一九）の八月末に廃止になった。戦前は内地からの玄関口として栄えた。昔の稚泊連絡船や港駅の写真を見ると、ずいぶん立派なのに驚く。

アンナはビノム社時代の寒天工場で研修をしたことがあるため、その場所をよく知っていた。私は会田氏から提供された写真三枚を持っていった。現地に到着してその写真と見比べると明らかに老朽化が進んでいることがわかった。昔、門の脇に三枚掲げられていた看板は二枚になっていた。工場を取り囲む長い塀の一部が傾き壊れていた。日本の旅行会社からは「現在閉鎖中で、写真は撮れない」

と知らされていたが、かつて研修したことのあるアンナは「大丈夫」と中に入っていった。後をついて行くと、大きな犬が数匹いるので引き返し、車に乗って工場内に入った【図10－5】。ひび割れた道路を車で一〇メートルほど行くと、右手に伊谷草を洗浄した巨大な装置が見えてきた【図10－6】。全体が茶色く錆びつき長く使われていないのが一目瞭然であった。製造工場、研究所、倉庫と思われる建物があったが、どの建物も壁が崩れ落ち、補修することなく放置されていた。犬が鎖につながれているのを確認できたので、車から降りて写真を撮った。「松山」と白く書かれたトラックが野ざらしになっていた。おそらく、日本の中古車であろう。アンナは、「ビノム社は工場を再開すると言っては補助金

図10-4　コルサコフ港。戦前は大泊港。稚内と大泊を結ぶ稚泊連絡船の港として栄えた

図10-5　寒天工場入口

図10-6　錆びついた伊谷草洗浄装置。以上撮影＝筆者

図10-7　寒天製造工場。撮影＝筆者

をもらっていたようだが、ついに再開されたことはなかった」と憤っていた。またアンナは、「寒天自体は中国製の安い粉寒天が入ってきているから、もうサハリンでわざわざ作る必要はない」とも言う。私の計算ではビノム社が操業した期間は七年、操業停止期間は一〇年以上に及ぶ【図10－7】。

昼食後、コルサコフ博物館を訪れた。小さな建物であった。原住民の魚の皮を使った絵が展示してあり、その精密な構成に目を見張った。日本の姉妹都市から贈られた人形などが展示された部屋もあった。アンナが女性館長に私たちの来訪理由を説明すると、工事中の展示室に案内してくれて、ビノム社から贈られた伊谷草や寒天の標本を見せてくれた【図10－8・9】。

その後時間があったので、車を飛ばしブ

リゴロドノエ（女麗）の日本陸軍上陸記念碑を見にいった【図10－10】。海岸沿いの広場に駐車して、小高い丘に登っていった。大きな碑の台座が目に入り、近くに台座の上にあったであろう碑が横倒しになっていた【図10－11】。碑には「遠征軍上陸記念碑」と掘られていた。日露戦争に勝利した日露戦争戦役樺太遠征軍を顕彰した碑であった。第二次世界大戦後、ソ連軍は樺太に進駐しこの碑を破壊した。紫色のルピナスの花が咲いているのを妻が見つけた。アンナは、七月に来たときはあたり一面紫色の

図10-8　伊谷草

図10-9　伊谷草から作った寒天。以上撮影＝筆者

図10-10　ソ連軍に破壊された樺太遠征軍上陸記念碑

図10-11　記念碑の台座。以上撮影＝筆者

ルピナスの花が咲いていてとてもきれいだったと言った。海岸沿いの広場から遠淵方面を見ると、遠淵に向かう道路の舗装が途切れ、その先を走る車がもうもうと土埃を上げているのが見えた。「この先は舗装がないのですね」と訊くとアンナは大きくうなずいた。明日は、いよいよブッセ湖（遠淵湖）だ。

ブッセ湖（遠淵湖）

八月一二日、サハリン四日目。九時少し前に一階に降りてソファーに座っていると、やがて青いジャンパーを着た通訳のアレクサンダーがやってきて「サマリン先生はもうすぐ来ます」と言った。サマリンはこの日のために日本の旅行会社が探してくれた高名な歴史学者である。サハリン州文化局の顧問として州政府に対して文化保存や観光のあり方について助言をしている。事前に私は、私の樺太寒天研究の概要を翻訳会社に依頼してロシア語に翻訳してもらい、私の作成した「遠淵村の地図」(図8-2参照)とともに旅行会社を通して彼に送ってあった。

サマリンは、五九歳の男性。あごひげを蓄え長身。白い帽子をかぶり、カーキ色のジャンパーを着、サングラスをかけ、長靴を履いてホテルに現れた。彼は長靴を指さし私に何か言った。アレクサンダーが「今日は湖に行く」と通訳した。

私たち六人は、フォルクスワーゲンステップワゴンに乗り込んだ。今日のために現地の旅行会社が大きめの車を手配しておいてくれたのだ。行き先にレストランはないので、途中でボルシチ弁当を買って車に積み込み、昨日と同じ道を走った。コルサコフの町中で停車した。トイレ休憩のためである。この先、トイレはない。そのことを心配して私は出発前にアレクサンダーに訊いた。遠淵湖あたりではトイレはどうするのだと。彼は言った。「アオゾラ」。妻は女性なのだと言ったが、「アオゾラ」。

〈女麗の寒天工場跡〉

ブリゴロドノエ(女麗)に着くと、サマリンが一枚の写真を私たちに見せた【図10-12】。戦前の写真だ。それには、寒天会社の第二工場、すなわち女麗の寒天工場が写っていた。工場は女麗の海岸近くに建ち、手前には海岸に沿うようにして大小三〇軒以上の人家が写っている。漁業、寒天業の家並みだ。写真をよく見ると、写真の左端に日露戦争戦役樺太遠征軍上陸記念碑が完全な姿で写っていた。私は、その写真と同じアングルでカメラを構えた【図10-13】。第二工場の場所には、液化天然ガス（LNG）プラントが建っていて、煙突から火を噴いていた。現在の日露協力のシンボル的存在だ。日露戦争戦

図10-12　戦前の女麗
写真提供＝Igor Anatolievich Samarin

図10-13　現在の女麗。撮影＝筆者

役樺太遠征軍上陸記念碑は終戦後、ソ連軍に破壊されたため台座しか見えない。
　写真を撮り終えると、サマリンが興味深い話をした。女麗の第二工場は一九四七年に焼失した。戦後二年間はソ連が寒天会社の社員を使って寒天を作っていた。しかし、このままではいつ日本に帰れるかわからないと悲観した社員が工場に放火したという話である。さらにこう言った。「第二次大戦中、満州の七三一部隊の将校が女麗の寒天工場に来て、たくさんの寒天を購入した。細菌兵器を作るためだ。戦後、アメリカ人将校から聞いた」。

〈遠淵湖〉

　車は舗装道から未舗装道へ入っていった。三〇分ほど行くと、突然舗装道になった。オゼルスコエ（長浜村）である。オゼルスコエを抜けると再びでこぼこ道になった。フォルクスワーゲンステップワゴンは平均時速二五キロしか出せなかった。松林を過ぎ、五号川あたりからブッセ湖（遠淵湖）の全景が見えてきた。遠浅で波もなく静かな湖である。四号川を過ぎ、三号川のある遠淵沢に着いた【図10-14】。
　車は昔のバス通りからはずれ細い道を湖岸へと入っていった。行き止まりになったところで降り、草を掻き分けて岸辺の砂浜に出た。昆布のような海藻の匂いが鼻をつく。あたり一面、海藻が打ち上げられている。そのなかに伊谷草があった。漂着して乾燥した状態だった。妻が拾い上げ、私が写真に撮った【図10-15】。

図10-14　遠淵沢から見た遠淵湖。浅瀬が続く

図10-15　乾燥した伊谷草。以上撮影＝筆者

目の前には干潟が広がっていた。三号川が注ぐところは干潟がえぐられ水深が深くなっていた。ここはかつて、寒天会社の伊谷草採取場であった。湖岸には船着き場や倉庫があったはずだし、どこかに寒天会社が雇い入れた北海道出身の採取労働者の宿舎もあったにちがいないが、今は何もない。荒涼たる景色が広がっているだけだ。

〈奉安殿〉

そこからまた昔のバス通りに戻り、湖岸沿いを走った。二号川、一号川を過ぎ六軒屋に出た。鰊漁のための番屋がたくさんあったところだ。寒天製造が認められてからは、番屋は寒天工場になった。今は、背丈の高い草が見えるだけである。さらに進むと、左手に奉安殿を見つけた【図10-16・17】。遠淵小学校の入り口である。林の奥に向かって草を掻き分けて進むと小学校の建物の土台のようなコンクリートを見つけた。その辺り一面に、ヤナギランやハマナスの赤紫の花、ミヤマキンバイの黄色い花、ノリウツギの白い花が咲いていた。

〈村の跡〉

車に戻り、ポント沼に続く小さな川に架かった橋を越えて、旧市街地へと入っていった。一面、草、草、草である。アレクサンダーが「どこまで行くか」と尋ねるので、「岬の突端に共同船着き場があったはずだからそれを探したい」と言った。車は上下左右に大きく揺れながら草を掻き分けるように細い道を進んだ。やがて亜庭湾と湖との境目である湖口が見えてきたので車を降りた。雨はやんでいた。マツヨイグサの黄色い花がきれいだ。旧市街地から、対岸の野月が見えた【図10-18】。対岸までの距離は、一〇〇メートルあるだろうか。証言者の武立氏が育った所である。野月は想像したとおり、きれいな砂浜が半円状の孤を描き、草の生えたなだらかな丘とつながっている。武立氏が住んでいたころは、一〇軒ほどの家があった。そのうちの一軒がロシア造りの武立氏の家だった。荒れた感じはまったくなく、もし人家が一軒でもあったらそれは海辺の別荘にしか見えないという感じである。砂浜にいるオットセイが鳴き、空を鳥が飛んでいる。のどかな風景である。干潮時なのか、中州がいくつも姿を現していた。歩いて中州まで行けそうだが、潮の流れで海底がえぐられているため船でしか渡れない。砂浜に大きな牡蛎の貝殻が落ちていた。中州の一つは、牡蛎がたくさん獲れる牡蛎島である。

岸辺に共同船着き場の跡を発見した。そこから旧市街地全体を眺めると、あたり一面草、草、草である。その昔、このあたりには人びとの家があり、村役場があり、消防署があり、旅館があり、船着き場があり、バター工場があり、劇場があり、写真館があり、病院があった。遠淵村には約三〇〇〇人

図10-16　戦前の遠淵小学校奉安殿。『異国となった遠淵村』より

図10-17　現在の遠淵小学校奉安殿跡

図10-18　遠淵市街から野月を見る。以上撮影＝筆者

の人が住んでいた。村の主産業は寒天製造。今、それを彷彿させるものは何もない。よく見ると、ソ連時代の国境警備隊の建物と何軒かの空き家が見える。空き家はソ連時代国境警備隊の家族が住んでいたのであろうか。サマリンが「一つだけ日本人の住居が残っている」と言った。屋根に大きな穴があき、窓は壊れたままになっている灰色の廃屋がそれだった。ソ連侵攻後もこの村に残った村山弥一郎の家の跡である【図10－19】。

図10-19　廃屋となった村山弥一郎の家。撮影＝筆者

弥一郎は大正九年、牧場を経営する白系ロシア人キルハ・エヒモフと村山姓の日本人妻とのあいだに生まれた。キルハは日本人妻とのあいだに八人の子をもうけた。上からマリ子（マリヤ）、トモ子（ドムナ）、弥一郎（ヤーコフ）、操（ミハイル）、あやめ、清美、義章、義一という名であった。カッコ内の名前はロシア名である。昭和一四年にノモンハン事件が勃発し樺太の対ソ緊張が高まったとき、キルハは我が子の名をロシア名から日本名に変えた。満州事変以後に生まれた年少の二人の子にともに「義」の字をあてたのは日本の急激な軍国主義化を考えてのことである。日本人四〇万人、白系ロシア人二〇〇〇人の日本領樺太で生き抜くための智恵である。実は、キルハにはもう一人子どもがいた。名前は不明だが、長男である。九歳の春、氷が薄くなりつつある遠淵湖の水中に馬そりごと転落して死

亡した。

弥一郎は、遠淵小学校で香曽我部美知の一学年下だった。小学校卒業後は父キルハの牧場を手伝い、小松アキ子と結婚し四人の子どもをもうけ、二五歳のときに終戦を迎えた。家族は二つに分かれた。母親はマリ子、トモ子、義章、義一を引き連れて日本に引き揚げた。弥一郎は、父キルハ、操、あやめ、清美とともに遠淵村に残った。

弥一郎は父キルハの牧場を継ぎ、操、あやめ、清美はコルサコフへ移住した。牧場はソ連国有となり、弥一郎はその公団管理人として働いた。やがて父が亡くなり、定年後は、年金をもらいながら公団から委託された親牛を飼育し、生まれた小牛の一部を公団に納入、あとの小牛は成牛に育て上げ公団に売って生計を立てた。使用人を雇い、金には不自由しなかったが、金があっても物が買えなかった。近くに商店がなかったからだ。電気のない生活を送った。日本のラジオ放送は聴けたが、郵便物はコルサコフの本局まで行かないと受け取れなかった。一番欲しかったのは車だったそうだが、手に入らず、不自由な生活に耐えた。その村山弥一郎の家が草原の中に残っていた。

遠山美知（医師、六九歳）は、平成元年に妹の宮野耀子とサハリンを訪ねた。二人はユジノサハリンスクからタクシーをチャーターし約二時間で遠淵村に着いている。美知はキルハ牧場を訪れ、父親のキルハによく似た顔になっていた弥一郎に「医者の娘のミチコよ」と話しかけた。彼はすぐにわかり、穎良の往診に馬車や馬そりで同行したことを懐かしそうに話した。二人の訪問がきっかけで、翌平成二年、遠淵墓参団が結成され、四三名の元村民がユジノサハリンスクからバスで遠淵村を訪れ、弥一郎

図10-20　戦後、村に残った佐藤重時と村山清美はソ連人に寒天製造を教えた。武立豊『心の窓』第1-10号抜粋版より

と四四年ぶりの再会を果たした。全員、涙が止まらなかった。弥一郎の家の前にテントを張って懇親会を開催し、記念写真を撮った。

ほかの建物はいっさい残っていない。村史誌『異国となった遠淵村』によると、終戦時、ソ連軍が村に進駐してくる前にほとんどの村民が稚泊連絡船や密航船で内地に引き揚げた。しかし、やむをえぬ事情で村にとどまった人たちがいた。そのなかに佐藤重時（当時一五歳）がいた。佐藤が村に残った理由は、父の病気であった。終戦の年の一〇月、ソ連の民間人が大勢トラックに分乗してやってきて村に住み着いた。彼らは日本人の空き家に住み、無人の空き家を壊してストーブの薪にして暮らした。彼らは寒天製造に興味を持った。佐藤は、キルハの息子で同級生の村山清美とともにソ連人に寒天製造を教えた【図10-20】。それにも無人の空き家は燃料として使われた。翌年の夏、病気の父が亡くなり、佐藤はこれで内地へ帰れると思ったが、寒天製造技術をソ連人がいまだ完全に習得していないため、ソ連の責任者から約一年の延期を命じられた。翌年七月、やっと帰国許可がおり、佐藤は清美と別れ帰国した。ソ連の民間人による寒天製造はしばらく続いたが、空き家の消滅とともに途絶えた。足元にきれいに広がる牧草は弥一郎がここで生活したことの証である。日本のラジオ放送を聴きながら、彼はこの村で暮らし、元村民と再会を果たしたのだ。今、村には寒天工場の跡も、役場も、劇場も、旅館も、民家も残されていなかった。妻が詠んだ短歌。

伊谷草を勝ち取る漁民の闘ひの跡もはるけく夏草覆ふ

ホテルに戻ったのは午後四時三〇分。夕食は、ホテル内のレストラン「バンブー」で日本料理を食べることにした。妻は、ライス、たくあん、味噌汁、ホッケの塩焼きを、私はビール、ビーフサラダ、海老フライ、ライスをオーダーした。

さらばサハリン

八月一三日、サハリン五日目。早いもので最終日になった。朝食後、ホテル前のガガーリン公園を散策した【図10-21】。日本領時代は豊原公園という名だった。気温は一五度。白樺の林が美しい。子ども用のアスレチック、テニスコート、野外フットサルコートなどが整備されていた。サハリンの州の木になっているナナカマドの実が赤く色づきはじめていた。中央には池があり、その回りをロシア国鉄が運営する子ども鉄道が走っている。池には白鳥の形をした船が止まっている。昼になるとその船

図10-22　ノンフライのピロシキ

図10-21　ガガーリン公園

以上撮影＝筆者

に人が乗り、池の中を行き交う。池の畔に「王子ヶ池」という大きな石碑が建っていた。石碑の裏側には池の由来が書かれていた。それによれば池の面積は約二万坪、王子製紙の寄付によって昭和一一年に完成したという。散歩する人、ジョギングをする人、体操をする人が多く見られた。

一〇時にチェックアウト。トヨタの五人乗りミニバンに乗り、アレクサンダーの案内で在ユジノサハリンスク日本総領事館を訪ねた。総領事務所には日本行きのビザを取る人たちが大勢並んでいた。総領事に調査が無事終了したと挨拶をし、ピロシキを売っているファストフード店に入った。じゃがいも、キャベツ、レバーのピロシキとコケモモとオレンジのジュースを買って二人で食べた。揚げないタイプのさっぱりとしたピロシキだった【図10-22】。

アレクサンダーは食べない。ダイエットをしているとのこと。内科医の奥さんから痩せるように言われていて、朝と昼を抜いて一日一食にしているがほとんど体重が減らない、とこぼしていた。私たちがその告白に興奮していると、アレクサンダーはさらに饒舌になり、「奥さんは給料が私より多い。だから、頭が上がらない。

娘も医者。息子はコンピューターの大学で学んでいる。サハリン国立大学の日本語学科の学生は四〇名いる。ソビエト時代の学生はよく勉強した。しかしソ連崩壊後、自由になったせいか、学生はあまり勉強しない。夏休みの宿題、学生の半分はやってこない」と話し続けた。もっと話を聞きたかったが、時間がない。二階以上がデパートになっている大きなスーパーマーケットでみやげを買ってユジノサハリンスク空港に向かい、税関の前で「また来てね」と手を振るアレクサンダーと別れた。

追記

家に帰り、サハリンのスーパーマーケットで買った樺太コケモモの寒天を食べたが、甘すぎて樺太コケモモの味がわからなかった。中国製だった。

四三万人の樺太引揚者の心のよりどころとして活動してきた一般社団法人全国樺太連盟。私も平成三〇年（二〇一八）から会員になり、寒天研究で大変お世話になった。サハリンの地を踏むなど夢のまた夢であったが、すべては心ひとつと教えてくれた団体である。地下鉄南北線六本木一丁目駅から左に麻布小学校を見ながら通ったことが忘れられない。会員高齢化のため、令和三年（二〇二一）三月に解散。コロナ蔓延のため、最後の顔合わせもできず悔しかった。私のサハリン寒天遺跡調査旅行が、同連盟の最後の研究者渡航費補助の対象となった。

あとがき

寒天に関心を抱くようになったきっかけは、食育である。平成一七年（二〇〇五）、食育基本法が制定された。と同時に、私の勤務していた小田原短期大学食物栄養学科では栄養教諭の養成が始まった。食育基本法の優れたところは、国民に食による健康作りを呼びかけただけではなく、小・中学校に新たに栄養教諭を配置することを明記したことである。教職課程を担当していた私は、その栄養教諭の養成に携わることになった。

食に対する私の意識。それはひどいものだった。「男子厨房に入らず」という言葉があるが、男子たるもの、食よりも、政治や経済などに関心を抱くべきだという考えにおかされていた。一番の失敗は大学受験期である。高三の夏休み、親元を離れ京都に下宿し予備校に通った。食事は外食で済ませた。それがいけなかった。日を重ねるにつれ、だるさと皮膚のかゆみに悩まされ勉強どころではなくなった。結局、予備校を放り出して家に逃げ帰った。食生活の基本を知らないまま、好き勝手な食べ方をした報いである。今なら、体調不良の原因が何であったかわかる。

栄養教諭志望の学生は教育実習の準備のために「教職実践演習」などの授業科目で模擬授業を行う。模擬授業のテーマは学生自身が決める。「朝ごはんの大切さ」「野菜を食べよう」「箸の持ち方」「栄養バランス」などがテーマになるが、私が注目したのはテーマ設定の理由である。

ある学生の模擬授業が印象に残っている。その学生は「おやつの食べ方」という授業テーマを設定した。

授業は導入・展開・まとめで構成される。その導入部分で自身の肥満体験を語った。両親がともも働きのため一人で留守番をすることが多かった。夕飯までの間、お菓子を食べて過ごした。食べることが好きだったので、空腹が満たされるまで食べた。その結果、太ってしまい、それがコンプレックスになったという話である。

「食べることは楽しいよね。でも何も知らずに食べると私みたいになってしまいます。太ったのはおやつのせいだと気づいてもなかなか直すのは難しいです。おやつをどう食べるかに悩みながら生活しました。さあ、私のような失敗をくり返さないためにはどうしたらよいかを考えてみましょう」。

私自身の過去の失敗が思い起こされると同時に、これなら児童は学習意欲をかき立てられると感心した。進路に食を選んだ学生の語る食への問題意識。それが私の食への関心を高めていった。

寒天が視野に入ってきたのは、東日本大震災のあった平成二三年（二〇一一）である。学生は教育実習先で研究授業をする。「栄養バランス」をテーマにした小学三年生の研究授業を見学した。児童から「こんにゃくは何でできているのですか？」という質問が出た。あちこちから「ガムだよ」「砂肝だよ」「山芋だよ」といった面白いつぶやきが聞こえてきた。学生は「こんにゃく芋からです」と答えた。すると、「えー、どんな芋？」「見たことない」という反応。学生は一瞬沈黙し、「私も見たことがありません。あとで調べておきます」と答えた。実は私も見たことがなかった。家に帰って調べると、こんにゃく芋はサトイモ科の芋で、色は黒く、形はカボチャに似ていた。驚いたのは、収穫までに三年かかるということである。私のこの経験を同僚に伝えた。その結果、それまで地域貢献事業として展開していた親子料理教室「おだたん食育村」で原料が想像しにくい食品——こんにゃく、豆腐、トコロテンを新たに作るようになった。

トコロテンは平成二四年と平成二七年に作った。本文（第6章）に書いたように、二度目のトコロテン作りの前に、私は伊豆の天城山中にある寒天橋を撮影に行った。そして、その不思議な名前の由来調べが最初の寒天研究となった。

それ以来、興味のおもむくままに、兵庫県西宮市、大阪府高槻市、宮崎県都城市、長野県伊那市・茅野市、岐阜県恵那市、高知県高知市、石川県金沢市、京都市伏見区とトコロテン、寒天に関する遺跡や郷土資料を探し、各地のトコロテン、寒天の歴史をまとめる作業をしてきた。

平成二九年（二〇一七）、かつての日本領樺太にもトコロテン、寒天の歴史があったことを知り、その史実を探るため村史誌『異国となった遠淵村』（一九九一）を読んだ。ソ連侵攻により内地に引き揚げた元村民が、故郷の遠淵村を懐かしんで出版した本である。近年、私の学んだ東京教育大学の先輩たちが『私たちの教育大闘争』（二〇二一）を出版した。筑波移転強行反対闘争の追想集である。私自身は移転確定後の昭和四五年（一九七〇）に入学し、大学院修士課程修了の昭和五一年まで六年間学んだ。その二年後の昭和五三年、母校は廃学となった。私のなかで二冊の本は重なった。いずれも、巨大な権力によって愛着の場を奪われた記録である。

一般社団法人全国樺太連盟の樺太研究渡航補助を受けてサハリンに渡ったのは令和元年（二〇一九）の夏のことであった。遠淵村の茫々たる跡地に立ち、寒天製造で活気づいていたころのことを想像した。同行してくれたサハリンの歴史学者サマリン・イーゴリ・アナトーヴィッチ氏から貴重な資料と情報を提供していただいた。本書は、以上のような私の寒天研究の集大成である。

寒天研究が私にもたらしたもの、それは私自身の健康増進である。寒天の主成分は食物繊維である。さまざまな食品の可食部一〇〇グラムに含まれる食物繊維量の比較をしてみよう。毎日食べる炭水化物にも食物繊維は含まれている。例えば食パンには二・二グラム、そばには二・七グラム、うどんには二・四グラム、米には一・五グラムの食物繊維が含まれている。食物繊維が多く含まれているのは海藻類・野菜類である。干しひじきが五一・八グラム、干し椎茸が四六・七グラム、かんぴょうが三〇・一グラム、切干し大根が二一・三グラム、ショウガが七・四グラム、ゴボウが六・一グラムである。寒天はどうかというと、七九・〇グラムで、ダントツ一位である（日本食品成分表二〇二〇年版）。

食物繊維の効果はまず便通の改善である。食物繊維は小腸で分解されず大腸に達するため、腸のぜん動運動を高め、便の量を増してくれる。また食物繊維には、余分な脂質や糖、ナトリウム（塩分）を吸着して体外に排出する働きがある。そのため脂質や糖、塩分の摂り過ぎによって生じる肥満や脂質異常症、糖尿病、高血圧などの生活習慣病を予防・改善する効果がある。さらに血糖値の上昇を抑制したり、血中コレステロールを低下させたりする作用があるとも言われている。

長野県伊那市で三代にわたって天然寒天を作っている小笠原商店（口絵6参照）のご家族から、ご飯に粉寒天を入れて炊く健康法をすすめられ、さっそく実践した。以来、排便がスムースになった。腸がすっきりすると、食事が美味しい。寒天を研究してよかったと思う。

法政大学出版局編集部の赤羽健氏より本書の執筆依頼があったのは、令和四年（二〇二二）六月一日のことであった。寒天の歴史に関する資料は江戸時代から明治時代にかけてのものが多い。必然的に国立国会図書館デジタルコレクションの世話になる。同コレクションは自宅のパソコンで閲覧できるものは限られていて、国立国会図書館か同館指定の公共図書館に行かねばならないことが多かった。それがコロナ禍で変わった。国立国会図書館のオンラインサービスが拡充され、すべての同コレクションが自宅のパソコンで閲覧できるようになったのだ。いわゆる「国立国会図書館の個人向けデジタル化資料送信サービスの開始」である。それが令和四年（二〇二二）五月一九日のことであった。執筆依頼の一二日前である。コロナという社会状況は暗く嫌なものであったが、同サービスの開始は執筆という海原に漕ぎ出そうとしていた私にとって前途を照らす一条の灯であった。まさに、禍福は糾（あざな）える縄の如し、である。
執筆依頼のなかで印象に残ったのは、口絵の話である。同編集部の「ものと人間の文化史・執筆要綱」には「口絵は一五頁まで（おおよそ二〇〜二五点。なるべくカラーで）」とあった。口絵入りの著書に挑むのは初めてであり、私は興奮した。と同時に、「どうしよう、そんな写真、持っていない」と大いなる不安に駆られた。しかし、時が経つにつれてその不安は解消された。寒天研究で出会った方々に頼めばいい、と気づいたのである。そういうわけで、本書の口絵は次の方々の協力によって実現した。
静岡県水産・海洋技術研究所伊豆分場　長谷川雅俊
北海道博物館　会田理人
有限会社小笠原商店　小笠原英樹
伊那食品工業株式会社　井上修　前田俊彦
また、平成二七年（二〇一五）に始まった私の寒天研究は、次の機関、個人に支援をいただいた。
〈機関〉一般社団法人全国樺太連盟　国立国会図書館　伊豆新聞本社　しんぶん赤旗編集局　高槻市立しろあと歴史館　高槻商工会議所　静岡県水産・海洋技術研究所伊豆分場　NPO法人賀茂地区生涯大学葵学園　北海道博物館　北海道立図書館　日本大学文理学部図書館　清澄寺　蓮昌寺　代官山ヒルサイドライブラリー　碧南市民図書館　下田市立図書館　小田原市立図書館　小田原市東口図書館　小田原短期大学図書館　まなづる図書館　湯河原町立図書館　伊豆の国市韮山図書館　三島市立図書館　熱海図書館　東京海洋大学付属図書館　三重大学付属図書館　三重県立図書館　奈良文化財

研究所　東京都江戸東京博物館　三重県水産研究所　神奈川県立図書館　横浜市立大学図書館　岐阜協立大学図書館　京都府立京都学・歴彩館　伏見寒天プロジェクト　諏訪市図書館　茅野市図書館　伊那食品工業株式会社　松木寒天産業株式会社　八ヶ岳総合博物館　平塚市博物館　有限会社小笠原商店　山岡駅かんてんかん　恵那市観光協会岩村支部　明知鉄道　公益財団法人紙の博物館　小津和紙　ゼットエー株式会社　三恵社　ジャパン・エア・トラベル・マーケッティング　在ユジノサハリンスク日本国総領事館　サハリン州郷土博物館　コルサコフ博物館　チェーホフ『サハリン島』文学記念館

〈個人〉千葉ゆつき　香曽我部秀雄　宮野耀子　上里麻美　武立豊　吉村外茂二　森野宏尚　朝倉健吾　徳永慎二　鈴木雅大　長谷川雅俊　会田理人　小笠原英樹　井上修　前田俊彦　松木修治　杉本侃　早川紀子　平野隆一　堀川敦史　植野彰　安中尚史　村上興匡　滝沢和彦　三枝那智子　吉田吉文　纐纈芽恵　五十部めぐみ　稲葉修三郎　山岸昭夫　金井眞知子　佐々木源也　石坂澄子　大竹智乙部一江　成田優子

Igor Anatolievich Samarin　Fetisov Alexander　Volkovich Anna（敬称略）

心から感謝いたします。

令和五年六月二五日

寒天研究家　中村弘行

参考文献

第1章

林金雄・岡崎彰夫『寒天ハンドブック』光琳書院、一九七〇年
松橋鐵治郎『寒天・ところてん読本』農文協、二〇〇八年
源順編『倭名類聚抄』(承平元年—八年)国立国会図書館デジタルコレクション
大島正二『漢字伝来』岩波新書、二〇〇六年
犬飼隆『木簡から探る和歌の起源』笠間書院、二〇〇八年
新日本古典文学大系六一『七十一番職人歌合　新撰狂歌集　古今夷曲集』岩波書店、一九九六年
太田全斎『俚言集覧』(寛政九年—文政一二年)国立国会図書館デジタルコレクション
国史大系編集会編『延喜式』(延長五年)吉川弘文館、一九八四年
宮下章『海藻』法政大学出版局、一九七四年
リーフレット京都№65「東西の市」京都市埋蔵文化財研究所・京都市考古資料館、一九九四年六月
新日本古典文学大系五二『庭訓往来　句双紙』岩波書店、一九九六年
伊勢貞丈『庭訓往来諸抄大成扶翼』(文政一〇年)国立国会図書館デジタルコレクション
西澤一鳳『皇都午睡』(嘉永三年)群書類従第一所収、国立国会図書館デジタルコレクション
喜多川守貞『守貞漫稿』(嘉永六年)国立国会図書館デジタルコレクション
牧村史陽編『大阪ことば事典』講談社学術文庫、一九八八

四年
興津要『大江戸長屋ばなし』中央公論新社、二〇一四年
柳多留全集刊行会編『誹風柳多留全集中巻』（昭和八年）国立国会図書館デジタルコレクション
菊池貴一郎『江戸府内絵本風俗往来』（明治三八年）国立国会図書館デジタルコレクション
高田郁『銀二貫』幻冬舎文庫、二〇一〇年
中村弘行「心太の由来に関する社会言語学的考察」『小田原短期大学研究紀要』第五一号、二〇二一年

第2章

高鋭一編『日本製品図説』内務省、一八七七年
桂香亮「凍瓊脂の説」『大日本水産会報告』一六号、一八八三年
河原田盛美『清国輸出日本水産図説』農商務省水産局、一八八六年
農商務省水産局『第二回水産博覧会審査報告』一八九九年
大阪府『大阪府誌』大阪府、一九〇三年
岡村金太郎『趣味から見た海藻と人生』内田老鶴圃、一九二二年
名倉宗太郎編『寒天誌』大阪府京都府兵庫県寒天水産組合、一九二三年
農商務省編『日本水産製品誌』水産社、一九三五年
野村豊『寒天資料の研究（前編）』大阪府寒天水産加工業協同組合、一九四九年
野村豊『寒天資料の研究（後編）』大阪府寒天水産加工業協同組合、一九五〇年
尾崎直臣「寒天の起源についての一考察」『風俗』第一五巻二・三号、日本風俗史学会、一九七七年三月
守安正『日本名菓辞典』東京堂出版、一九七一年
作者不詳『料理物語』（寛永二〇年）日本古典籍データセット、ROIS-DS人文学オープンデータ共同利用センター
川上行蔵『つれづれ日本食物史』東京美術、一九九二年
川上行蔵『日本料理事物起源』岩波書店、二〇〇六年
金森宗和『宗和献立』（承応三年—明暦二年）国立国会図書館デジタルコレクション

作者不詳『合類日用料理抄』（元禄二年）日本古典籍データセット、ROIS-DS人文学オープンデータ共同利用センター
谷晃『金森宗和』宮帯出版社、二〇一三年
農文協編『乾物のおかず』（聞き書き・ふるさとの家庭料理第一五巻）農文協、二〇〇三年
鳳林承章『隔蓂記』全七巻、思文閣出版、二〇〇六年
明永恭典『隔蓂記の世界――鹿苑寺と鳳林承章』自費出版、二〇一〇年
紙の博物館編『海を渡った江戸の和紙――パークス・コレクション展』求龍堂、一九九四年
寺島良安編『和漢三才図会』（正徳二年）島田・竹島・樋口訳注、平凡社東洋文庫、一九九一年
森山孝盛『賤のをだ巻』（享和二年）新日本古典籍綜合データベース
三宅也来『万金産業袋』（享保一七年）国立国会図書館デジタルコレクション
木村青竹編『新撰紙鑑』（安永六年）『和紙稀覯文献集』光彩社、一九七五年所収
久米康生『和紙　多彩な用と美』玉川大学出版部、一九九八年
尾崎冨五郎『改正諸国紙名録』（明治一〇年）国立国会図書館デジタルコレクション
たばこと塩の博物館編『たばこ入れ（増補改訂版）』二〇〇五年

第3章

宮下章『海藻』法政大学出版局、一九七四年
津田秀夫『近世民衆運動の研究』三省堂、一九七九年
西村徳蔵編『大阪乾物商誌』大阪乾物同業組合、一九三三年
寺島良安著『和漢三才図会』（正徳二年）島田勇雄・竹島淳夫・樋口元巳訳注、平凡社東洋文庫、一九九一年
高槻市史編さん委員会『高槻市史』第二巻（本編Ⅱ）、一九八〇年
野村豊『寒天の歴史地理学研究』大阪府経済部水産課、一九五一年
名倉宗太郎編『寒天誌』大阪府京都府兵庫県寒天水産組

合、一九二三年
小林茂『北摂地域における寒天マニュの展開』高槻市教育委員会、一九五九年
河原田盛美『清国輸出日本水産図説』農商務省水産局、一八八六年
永積洋子『唐船輸出入品数量一覧 一六三七～一八三三』創文社、一九八七年
国沢賢治『材料・料理・技術事典Ⅱ』ニチブン、二〇〇一年
高鋭一編『日本製品図説』内務省、一八七七年
農商務省水産局編『日本水産製品誌』水産社、一九三五年
福山昭「近世寒天業の賃労働者」大阪教育大学紀要第一九巻第Ⅱ部門、一九七〇年
高田郁『銀二貫』幻冬舎文庫、二〇一〇年
茨木市史編さん委員会編『新修茨木市史』第二巻（通史二）、二〇一四年
野村豊『寒天資料の研究（前編）』大阪府寒天水産加工業協同組合、一九四九年
大阪府西成郡『西成郡史』第一―五編（大正四年）国立国会図書館デジタルコレクション
野村豊『寒天資料の研究（後編）』大阪府寒天水産加工業協同組合、一九五〇年
虎屋文庫『寒天ものがたり』一九九九年
大阪府漁業史編さん協議会『大阪府漁業史』第一法規出版、一九九七年
宮城雄太郎『日本漁民伝』いさな書房、一九六四年

第4章

原口泉・永山修一・日隈正守・松尾千歳・皆村武一『鹿児島県の歴史』山川出版社、一九九九年
原口虎雄『鹿児島県の歴史』山川出版社、一九七三年
原口泉『維新の系譜』グラフ社、二〇〇八年
芳即正『調所広郷』吉川弘文館、一九九〇年
上原兼善『鎖国と藩貿易』八重岳書房、一九八一年
塩水流忠夫「新たに見つかった薩摩藩石山寒天工場に関する文献、資料を基にしての考察」『日和城』第八号、二〇〇〇年一二月

市園辰夫「石山・有水川寒天製造所の紹介」『もろかた』第一六号、一九八二年八月
前田厚「有水川寒天製造所遺跡及遺物」一九三七年、右の市園の論考の中に収録されている
塩水流忠夫「薩摩藩寒天工場経営の現代的意義と遺跡の保存顕彰について」、同『ふるさとの歴史——高城・山之口・高崎編』自費出版、一九九九年所収
『宮崎日日新聞』昭和五七年三月一二日付、マイクロフィルム
原口泉『かごしま歴史散歩』日本放送出版協会、一九八六年
後藤敦美「昭和版寒天製造所記」『日和城』第八号、二〇〇〇年一二月

第5章

池内精一郎『信州寒天誌』信濃寒心太水産組合、一九三五年
上伊那教育会『島木赤彦鈔』一九九三年、国立国会図書館デジタルコレクション
長野県編纂『信濃国地誌略』上巻、一八八〇年、広島大学図書館教科書コレクション画像データベース
矢崎孟伯『信州寒天業発達史』銀河書房、一九九三年
富士川町ホームページ
池田弥三郎、林屋辰三郎編『江戸と上方——東男と京女』至文堂、一九六四年

第6章

静岡県『静岡県徳行録』一九四一年、国立国会図書館デジタルコレクション
朝倉孝吉『明治前期日本金融構造史』岩波書店、一九六一年
戸羽山瀚『伊豆銀行沿革誌』仁田竹操館、一九四一年、国立国会図書館デジタルコレクション
ハリス『日本滞在記』坂田精一訳（下）岩波文庫、一九五四年
静岡県史料刊行会『明治初期静岡県史料』第五巻、静岡県立中央図書館葵文庫、一九六九年
明治文献資料刊行会『明治前期産業発達史資料・勧業博

覧会資料』明治文献資料刊行会、一九七五年
伊豆国生産会社「天城山寒天製造ニ付雑木御払下ヶ願」一八七九年、筆者所有
中村弘行「天城の寒天」『伊豆新聞』連載、二〇一六年七月—二〇一七年三月、全三四回
中村弘行「続・天城の寒天」『伊豆新聞』連載、二〇二一年一〇—一二月、全一一回
中村弘行「天城の寒天に関する新資料（研究ノート）」『小田原短期大学研究紀要』第五二号、二〇二二年

第7章

高橋亀吉『明治大正農村経済の変遷』東洋経済出版部、一九二六年
農商務省農務局『農家副業ニ関スル調査』農商務省農務局、一九一二年
『東京景色写真版』江木商店、一八九三年、国立国会図書館デジタルコレクション
小平権一『農村副業問題』日本評論社、一九二六年
大日本水産会『大日本水産会水産伝習所報告』一八九七年、国立国会図書館デジタルコレクション
松島博『三重県漁業史』三重県漁業協同組合連合会他、一九六九年
三重県水産研究所ホームページ
西山政兵衛「志摩郡に於ける徳行家石原円吉」『三重県徳行家調査第一集』出版社・出版年不明
菖蒲治太郎「大正元年度寒天製造試験成績」『朝鮮総督府月報』第四巻五—八号、朝鮮総督府、一九一四年五—八月
菖蒲治太郎「寒天製造適地」『朝鮮彙報』一九一五年一〇月
山辺健太郎『日本統治下の朝鮮』岩波新書、一九七一年
『大日本水産会報』大日本水産会、一九一四年二月号
五十年史編纂委員会『岐阜寒天の五十年史』岐阜県寒天協会、一九七五年
千葉敬止・川井甚平『農家之副業』博文館、一九〇五年
中村政則『昭和恐慌』岩波ブックレット、一九八九年
菖蒲治太郎『冬期の副業・寒天の製造法』教育農芸連盟、一九三三年

石原二三朗『続幻影の郷』自費出版、一九九三年
日本社会党編『河上丈太郎――十字架委員長の人と生涯』日本社会党、一九九六年
世良泰一『樺太郷土写真帖』樺太郷土写真会、一九三四年
香曽我部穎良「遠淵ニ於ケル寒天製造起源」ガリ版刷り、一九三八年
村史誌『異国となった遠淵村』一九九一年
河上丈太郎「伊谷草の憶出」『文藝春秋』一九三九年一二月号
第七十回帝国議会衆議院請願委員会議事録、国立国会図書館帝国議会会議録検索システム
遠山美知『樺太を忘れ得ぬ人生』自費出版、二〇〇〇年
中村弘行『樺太の赤ひげ香曽我部穎良――継承されるその魂』発行人千葉ゆつき、非売品、二〇二〇年
中村弘行「樺太寒天の真実（一）」樺連情報八二一号、二〇一八年九月
中村弘行「樺太寒天の真実（二）」樺連情報八二三号、二〇一八年一一月

第8・9章

チェーホフ『サハリン島』中村融訳、岩波文庫、一九八八年
村史誌『異国となった遠淵村』一九九一年
岡田耕平『樺太』樺太通信社、一九二四年
香曽我部穎良「世界の珍草伊谷草」ガリ版刷り、一九三一年
樺太日日新聞社『樺太日日新聞』国立国会図書館マイクロ資料
碧南事典編纂会編『碧南事典』碧南市、一九九三年
前田礼『ヒルサイドテラス物語――朝倉家と代官山のまちづくり』現代企画室、二〇〇二年
鈴木善幸『伊谷以知二郎伝』漁村文化協会、一九六九年
柳川鉄之助『寒天』工業図書、一九四二年
坂本孝信『最近之樺太』樺太宣伝協会、一九二四年
藤井尚治『樺太人物大観』敷香時報社、一九三一年
遠山美知『樺太を忘れ得ぬ人生』自費出版、二〇〇〇年
吉村外茂二『戯曲集』自費出版、一九九五年

中村弘行「樺太における寒天製造の歴史（一）」小田原短期大学研究紀要第四九号、二〇一九年
中村弘行「樺太における寒天製造の歴史（二）」小田原短期大学研究紀要第五〇号、二〇二〇年

第10章

村史誌『異国となった遠淵村』一九九一年
武立豊「心の窓」第一号（一九七八）—第一〇号（一九八二）抜粋版、非売品
中村弘行『宗谷海峡を越えて——写真で見るサハリン寒天調査旅行』電子書籍版、三恵社、二〇二〇年

あとがき

私たちの教育大闘争文学部編集会議『私たちの教育大闘争』非売品、二〇二一年

人名索引

か行

さ行

た行

な行

は行

ま行

や行

著者略歴

中村弘行（なかむら・ひろゆき）

1952 年、三重県に生まれる。県立伊勢高校卒業後、東京教育大学、筑波大学大学院で教育学を学び、小田原短期大学食物栄養学科で 39 年間教員生活を送る。2015 年から寒天研究を始め、調査のため、南は宮崎県から北はサハリンまで歩きまわった。著書：『人物で学ぶ教育原理』『食育のための教育原理』『花吹雪つづく道——小田原短期大学最終講義他』など多数。

ものと人間の文化史　190・寒天

2023 年 7 月 28 日　初版第 1 刷発行

著　者　©　中　村　弘　行

発行所　一般財団法人　法政大学出版局

〒 102-0071 東京都千代田区富士見 2-17-1

電話 03(5214)5540 ／振替 00160-6-95814

組版：HUP　印刷：三和印刷　製本：誠製本

Printed in Japan

ISBN978-4-588-21901-6

15 **石垣** 田淵実夫

採石から運搬、加工、石積みに至るまで、石垣の造成をめぐって積み重ねられてきた石工たちの苦闘の足跡を掘り起こし、その独自な技術の形成過程と伝承を集成する。 ２６８頁 ’75

16 **松** 高嶋雄三郎

日本人の精神史に深く根をおろした松の伝承に光を当て、食用、薬用等の実用の松、祭祀・観賞用の松、さらに文学・芸能・美術に表現された松のシンボリズムを説く。 ３４２頁 ’75

17 **釣針** 直良信夫

人と魚との出会いから現在に至るまで、釣針がたどった一万有余年の変遷を、世界各地の遺跡出土物を通して実証しつつ、漁撈によって生きた人々の生活と文化を探る。 ２７８頁 ’76

18 **鋸** 吉川金次

鋸鍛冶の家に生まれ、鋸の研究を生涯の課題とする著者が、出土遺品や文献・絵画により各時代の鋸を復元・実験し、庶民の手仕事にみられる驚くべき合理性を実証する。 ３６０頁 ’76

19 **農具** 飯沼二郎

鍬と犂の交代・進化の歩みとして発達したわが国農耕文化の発展経過を世界史的視野において再検討しつつ、無名の農具たちによる驚くべき創意のかずかずを記録する。 ２２０頁 ’76

20 **包み** 額田巌

結びとともに文化の起源にかかわる〈包み〉の系譜を人類史的視野において捉え、衣・食・住をはじめ社会・経済史、信仰、祭事などにおけるその実際と役割とを描く。 ３５４頁 ’77

21 **蓮** 阪本祐二

仏教における蓮の象徴的位置の成立と深化、美術・文芸等に見る人間とのかかわりを歴史的に考察。また大賀蓮はじめ多様な品種とその来歴を紹介しつつその美を語る。 ３０６頁 ’77

22 **ものさし** 小泉袈裟勝

ものをつくる人間にとって最も基本的な道具であり、数千年にわたって社会生活を律してきたその変遷を実証的に追求し、歴史の中で果たしてきた役割を浮彫りにする。 ３１４頁 ’77

23-Ⅰ **将棋Ⅰ** 増川宏一

その起源を古代インドに、我国への伝播の道すじを海のシルクロードに探り、また伝来後一千年におよぶ日本将棋の変化と発展を盤、駒、ルール等にわたって跡づける。 ２８０頁 ’77

23-Ⅱ **将棋Ⅱ** 増川宏一

わが国伝来後の普及と変遷を貴族や武家・豪商の日記等に博捜し、遊戯者の歴史をあとづけると共に、中国伝来説の誤りを正し、将棋宗家の位置と役割を明らかにする。 ３４６頁 ’85

24 **湿原祭祀** 金井典美

古代日本の自然環境に着目し、各地の湿原聖地を稲作社会との関連において捉え直して古代国家成立の背景を浮彫にしつつ、水と植物にまつわる日本人の宇宙観を探る。 ４１０頁 ’77

25 **臼** 三輪茂雄

臼が人類の生活文化の中で果たしてきた役割を、各地に遺る貴重な民俗資料・伝承と実地調査にもとづいて解明。失われゆく道具のなかに、未来の生活文化の姿を探る。 ４１２頁 ’78

26 **河原巻物** 盛田嘉徳

中世末期以来の被差別部落民が生きる権利を守るために偽作し護り伝えてきた河原巻物を全国にわたって踏査し、そこに秘められた最底辺の人びとの叫びに耳を傾ける。 ２２６頁 ’78

27 **香料** 日本のにおい 山田憲太郎

焼香供養の香から趣味としての薫物へ、さらに沈香木を焚く香道へと変遷した日本の「匂い」の歴史を豊富な史料に基づいて辿り、我国風俗史の知られざる側面を描く。 ３７０頁 ’78

28 **神像** 神々の心と形 景山春樹

神仏習合によって変貌しつつも、常にその原型＝自然を保持してきた日本の神々の造型を図像学的方法によって捉え直し、その多彩な形象に日本人の精神構造をさぐる。 ３４２頁 ’78

29 盤上遊戯 増川宏一

祭具・占具としての発生を『死者の書』をはじめとする古代の文献にさぐり、形状、遊戯法を分類しつつその〈進化〉の過程を考察。〈遊戯者たちの歴史〉をも跡づける。 326頁 '78

30 筆 田淵実夫

筆の里・熊野に筆づくりの現場を訪ねて、筆匠たちの境涯と製筆の由来を克明に記録しつつ、筆の発生と変遷、種類、製筆法、さらには筆塚、筆供養にまで説きおよぶ。 204頁 '78

31 ろくろ 橋本鉄男

日本の山野を漂移しつづけ、高度の技術文化と幾多の伝説とをもたらした特異な旅職集団＝木地屋の生態を、その呼称、地名、伝承、文書等をもとに生き生きと描く。 460頁 '79

32 蛇 吉野裕子

日本古代信仰の根幹をなす蛇巫をめぐって、祭事におけるさまざまな蛇の「もどき」や各種の蛇の造型・伝承に鋭い考証を加え、忘れられたその呪性を大胆に暴き出す。 260頁 '79

33 鋏（はさみ） 岡本誠之

梃子の原理の発見から鋏の誕生に至る過程を推理し、日本鋏の特異な歴史的位置を明らかにするとともに、刀鍛冶等から転進した鋏職人たちの創意と苦闘の跡をたどる。 396頁 '79

34 猿 廣瀬鎮

嫌悪と愛玩、軽蔑と畏敬の交錯する日本人とサルとの関わりあいの歴史を、狩猟伝承や祭祀・風習、美術・工芸や芸能のなかに探り、日本人の動物観を浮彫りにする。 292頁 '79

35 鮫 矢野憲一

神話の時代から今日まで、津々浦々につたわるサメの伝承とサメをめぐる海の民俗を集成し、神饌、食用、薬用等に活用されてきたサメと人間のかかわりの変遷を描く。 292頁

36 枡 小泉袈裟勝

米の経済の枢要をなす器として千年余にわたり日本人の生活の中に生きてきた枡の変遷をたどり、記録・伝承をもとにこの独特な計量器が果たした役割を再検討する。 322頁 '80

37 経木 田中信清

食品の包装材料として近年まで身近に存在した経木の起源を、こけら経や塔婆、木簡、屋根板等に遡って明らかにし、その製造・流通に携った人々の労苦の足跡を辿る。 288頁 '80

38 色 染と色彩 前田雨城

わが国古代の染色技術の復元と文献解読をもとに日本色彩史を体系づけ、赤・白・青・黒等におけるわが国独自の色彩感覚を探りつつ日本文化における色の構造を解明。 314頁 '80

39 狐 陰陽五行と稲荷信仰 吉野裕子

その伝承と文献を渉猟しつつ、中国古代哲学＝陰陽五行の原理の応用という独自の視点から、謎とされてきた稲荷信仰と狐との密接な結びつきを明快に解き明かす。 234頁 '80

40-Ⅰ 賭博Ⅰ 増川宏一

時代、地域、階層を超えて連綿と行なわれてきた賭博。その起源を古代の神判、スポーツ、遊戯等の中に探りつつ、抑圧と許容の歴史を物語る。全Ⅲ分冊の〈総説篇〉。 298頁 '80

40-Ⅱ 賭博Ⅱ 増川宏一

古代インド文学の世界からラスベガスまで、賭博の形態・用具・方法の時代的特質を明らかにし、夥しい禁令に賭博の不滅のエネルギーを見る。全Ⅲ分冊の〈外国篇〉。 456頁 '82

40-Ⅲ 賭博Ⅲ 増川宏一

聞香、闘茶、笠附等、わが国独特の賭博を中心にその具体例を網羅し、方法の変遷に賭博の時代性を探りつつ禁令の改廃に時代の賭博観を追う。全Ⅲ分冊の〈日本篇〉。 388頁 '83

41-Ⅰ 地方仏Ⅰ むしゃこうじ・みのる

古代から中世にかけて全国各地で作られた無銘の仏像を訪ね、素朴で多様なノミの跡に民衆の祈りと地域の願望を探る。宗教の伝播、文化の創造を考える異色の紀行。 256頁 '80

41-II **地方仏II** むしゃこうじ・みのる

紀州や飛騨を中心に草の根の仏たちを訪ねて、その相好と像容の魅力を探り、技法を比較考証して仏像彫刻史に位置づけつつ、中世地域社会の形成と信仰の実態に迫る。 260頁 '97

42 **南部絵暦** 岡田芳朗

田山・盛岡地方で「盲暦」として古くから親しまれてきた独得の絵解き暦を詳しく紹介しつつその全体像を復元する。その無類の生活暦は、南部農民の哀歓をつたえる。 288頁 '80

43 **野菜** 在来品種の系譜 青葉高

蕪、大根、茄子等の日本在来野菜をめぐって、その渡来・伝播経路、品種分布と栽培のいきさつを各地の伝承や古記録をもとに辿り、畑作文化の源流とその風土を描く。 368頁 '81

44 **つぶて** 中沢厚

弥生投弾、古代・中世の石戦と印地の様相、投石具の発達を展望しつつ、願かけの小石、正月つぶて、石こづみ等の習俗を辿り、石塊に託した民衆の願いや怒りを探る。 338頁 '81

45 **壁** 山田幸一

弥生時代から明治期に至るわが国の壁の変遷を壁塗＝左官工事の側面から辿り直し、その技術的復元・考証を通じて建築史・文化史における壁の役割を浮き彫りにする。 296頁 '81

46 **簞笥**（たんす） 小泉和子

第11回江馬賞受賞 近世における箱から抽斗への転換に着目し、以降近現代に至るその変遷を社会・経済・技術の側面からあとづける。著者自身による簞笥製作記録を付す。 378頁 '82

47 **木の実** 松山利夫

山村の重要な食糧資源であった木の実をめぐる各地の記録・伝承を集成し、その採集・加工における幾多の試みを実地に検証しつつ、稲作農耕以前の食生活文化を復元。 384頁 '82

48 **秤**（はかり） 小泉袈裟勝

秤の起源を東西に探るとともに、わが国律令制下における中国制度の導入、近世商品経済の発展に伴う秤座の出現、明治期近代化政策による洋式秤受容等の経緯を描く。 326頁 '82

49 **鶏**（にわとり） 山口健児

神話・伝説をはじめ遠い歴史の中の鶏を古今東西の伝承・文献に探り、特に我国の信仰・絵画・文学等に遺された鶏の足跡を追って、鶏をめぐる民俗の記憶を蘇らせる。 346頁 '83

50 **燈用植物** 深津正

人類が燈火を得るために用いてきた多種多様な植物との出会いと個個の植物の来歴、特性及びはたらきを詳しく検証しつつ「あかり」の原点を問いなおす異色の植物誌。 442頁 '83

51 **斧・鑿・鉋** 吉川金次

古墳出土品や文献・絵画をもとに、古代から現代までの斧・鑿・鉋を復元・実験し、労働体験によって生まれた民衆の知恵と道具の変遷を蘇らせる異色の日本木工具史。 304頁 '84

52 **垣根** 額田巌

大和・山辺の道に神々と垣との関わりを探り、各地に垣の伝承を訪ねて、寺院の垣、民家の垣、露地の垣など、風土と生活に培われた生垣の独特のはたらきと美を描く。 234頁 '84

53-I **森林I** 四手井綱英

森林生態学の立場から、森林のなりたちとその生活史を辿りつつ、産業の発展と消費社会の拡大により刻々と変貌する森林の現状を語り、未来への再生のみちをさぐる。 306頁 '85

53-II **森林II** 四手井綱英

森林と人間との多様なかかわりを包括的に語り、人と自然が共生するための森や里山をいかにして創出するか、森林再生への具体的な方策を提示する21世紀への提言。 308頁 '98

53-III **森林III** 四手井綱英

地球規模で進行しつつある森林破壊の現状を実地に見聞し、森と人間とのかかわりの歴史を振り返りながら、森と人とが共存してきた日本の伝統的自然観を見なおす。 302頁 '00

54 **海老**（えび） 酒向昇
人類との出会いからエビの科学、漁法、さらには調理法を語り、めでたい姿態と色彩にまつわる多彩なエビの民俗を、地名や人名、詩歌・文学、絵画や芸能の中に探る。 ４２８頁 '85

55-Ⅰ **藁**（わら）Ⅰ 宮崎清
稲作農耕とともに二千年余の歴史をもち、日本人の全生活領域に生きてきた藁の文化を日本文化の原型として捉え、風土に根ざしたそのゆたかな遺産を詳細に検討する。 ４００頁 '85

55-Ⅱ **藁**（わら）Ⅱ 宮崎清
床・畳から壁・屋根にいたる住居における藁の製作・使用のメカニズムを明らかにし、日本人の生活空間における藁の役割を見なおすとともに、藁の文化の復権を説く。 ４００頁 '85

56 **鮎** 松井魁
清楚な姿態と独特な味覚によって、日本人の目と舌を魅了しつづけてきたアユ——その形態と分布、生態、漁法等を詳述し、古今のアユ料理や文芸にみるアユにおよぶ。 ２９６頁 '86

57 **ひも** 額田巌
物と物、人と物とを結びつける不思議な力を秘めた「ひも」の謎を追って、民俗学的視点から多角的なアプローチを試みる。『結び』、『包み』につづく三部作の完結篇。 ２５０頁 '86

58 **石垣普請** 北垣聰一郎
近世石垣の技術者集団「穴太」の足跡を辿り、各地城郭の石垣遺構の実地調査と資料・文献をもとに石垣普請の歴史的系譜を復元しつつ石工たちの技術伝承を集成する。 ４３８頁 '87

59 **碁** 増川宏一
その起源を古代の盤上遊戯に探ると共に、定着以来二千年の歴史を時代の状況や遊び手の社会環境との関わりにおいて跡づける。逸話や伝説を排して綴る初の囲碁全史。 ３６６頁 '87

60 **日和山**（ひよりやま） 南波松太郎
千石船の時代、航海の安全のために観天望気した日和山——多くは忘れられ、あるいは失われた船舶・航海史の貴重な遺跡を追って、全国津々浦々におよんだ調査紀行。 ３８２頁 '88

61 **篩**（ふるい） 三輪茂雄
臼とともに人類の生産活動に不可欠な道具であった篩、箕（み）、笊（ざる）の多彩な変遷を豊富な図解入りでたどり、現代技術の先端に再生するまでの歩みをえがく。 ３３４頁 '89

62 **鮑**（あわび） 矢野憲一
縄文時代以来、貝肉の美味と貝殻の美しさによって日本人を魅了し続けてきたアワビ——その生態と養殖、神饌としての歴史、漁法、螺鈿の技法からアワビ料理に及ぶ。 ３４４頁 '89

63 **絵師** むしゃこうじ・みのる
日本古代の渡来画工から江戸前期の菱川師宣まで、時代の代表的絵師の列伝で辿る絵画制作の文化史。前近代社会における絵画の意味や芸術創造の社会的条件を考える。 ２３０頁 '90

64 **蛙**（かえる） 碓井益雄
動物学の立場からその特異な生態を描き出すとともに、和漢洋の文献資料を駆使して故事・習俗・神事・民話・文芸・美術工芸にわたる蛙の多彩な活躍ぶりを活写する。 ３９６頁 '89

65-Ⅰ **藍**（あい）Ⅰ 竹内淳子
全国各地の〈藍の里〉を訪ねて、藍栽培から染色・加工のすべてにわたり、藍とともに生きた人々の伝承を克明に描き、風土と人間が生んだ〈日本の色〉の秘密を探る。 ４１６頁 '91

65-Ⅱ **藍**（あい）Ⅱ 竹内淳子
日本の風土に生まれ、伝統に育てられた藍が、今なお暮らしの中で生き生きと活躍しているさまを、手わざに生きる人々との出会いを通じて描く。藍の里紀行の続篇。 ４０６頁 '99

66 **橋** 小山田了三
第8回日本文芸大賞受賞　丸木橋・舟橋・吊橋等、人々に親しまれてきた各地の橋を訪ねて、その来歴と架橋の技術伝承を辿り、土木文化の伝播・交流の足跡をえがく。 ３１２頁 '91

67 **箱** 宮内悊

平成3年度日本技術史学会賞受賞　日本の櫃と西欧のチェストを比較文化史の視点から考察し、居住・収納・運搬・装飾の各分野における箱の役割と文化を浮彫りにする。
３９０頁 '91

68-I **絹 I** 伊藤智夫

養蚕の起源を神話や説話に探り、伝来の時期とルートを跡づけ、記紀・万葉の時代から近世に至るまで、それぞれの時代・社会・階層が生み出した絹の文化を描き出す。
３０４頁 '92

68-II **絹 II** 伊藤智夫

生糸と絹織物の生産と輸出が、わが国の近代化にはたした役割を描くと共に、養蚕の道具、信仰や庶民生活にわたる養蚕と絹の民俗、さらには蚕の種類と生態におよぶ。
２９４頁 '92

69 **鯛**（たい） 鈴木克美

古来「魚の王」とされてきた鯛をめぐって、その生態・味覚から漁法、祭り、工芸、文芸にわたる多彩な伝承文化を語りつつ、鯛と日本人とのかかわりの原点をさぐる。
４１８頁 '92

70 **さいころ** 増川宏一

古代神話の世界から近現代の博徒の動向まで、さいころの役割を各時代・社会に位置づけ、木の実や貝殻のさいころから投げ棒型や立方体のさいころへの変遷をたどる。
３７４頁 '92

71 **木炭** 樋口清之

炭の起源から炭焼、流通、経済、文化にわたる木炭の歩みを歴史・考古・民俗の知見を総合して描き出し、独自で多彩な文化を育んできた木炭の尽きせぬ魅力を語る。
２９６頁 '93

72 **鍋・釜**（なべ・かま） 朝岡康二

日本をはじめ韓国、中国、インドネシアなど東アジアの各地を歩きながら鍋・釜の製作と使用の現場に立ち会い、調理をめぐる庶民生活の変遷とその交流の足跡を探る。
３２６頁 '93

73 **海女**（あま） 田辺悟

その漁の実際と社会組織、風習、信仰、民具などを克明に描くとともに海女の起源・分布・交流を探り、わが国漁撈文化の古層としての海女の生活と文化をあとづける。
２９４頁 '93

74 **蛸**（たこ） 刀禰勇太郎

蛸をめぐる信仰や多彩な民間伝承を紹介するとともに、その生態・分布・捕獲法・繁殖と保護・調理法などを集成し、日本人と蛸との知られざるかかわりの歴史を探る。
３７０頁 '94

75 **曲物**（まげもの） 岩井宏實

桶・樽出現以前から伝承され、古来最も簡便・重宝な木製容器として愛用された曲物の加工技術と機能・利用形態の変遷をさぐり、手づくりの「木の文化」を見なおす。
３１８頁 '94

76-I **和船 I** 石井謙治

第49回毎日出版文化賞受賞　江戸時代の海運を担った千石船の構造と技術、性能を綿密に調査し、通説の誤りを正すとともに、海難と信仰、船絵馬等の考察におよぶ。
４３６頁 '95

76-II **和船 II** 石井謙治

造船史から見た著名な船を紹介し、遣唐使船や遣欧使節船、幕末の洋式船における外国技術の導入について論じつつ、船の名称と船型を海船・川船にわたって解説する。
３１６頁 '95

77-I **反射炉 I** 金子功

日本初の佐賀鍋島藩の反射炉と精練方＝理化学研究所、島津藩の反射炉と集成館＝近代工場群を軸に、日本の産業革命の時代における人と技術を現地に訪ねて発掘する。
２４４頁 '95

77-II **反射炉 II** 金子功

伊豆韮山の反射炉をはじめ、全国各地の反射炉建設にかかわった有名無名の人々の足跡をたどり、開国か攘夷かに揺れる幕末の政治と社会の悲喜劇をも生き生きと描く。
２２６頁 '95

78-I **草木布**（そうもくふ）**I** 竹内淳子

風土に育まれた布を求めて全国各地を歩き、木綿普及以前に山野の草木を利用して豊かな衣生活文化を築き上げてきた庶民の知られざる知恵のかずかずを実地にさぐる。
２８２頁 '95

78-Ⅱ 草木布（そうもくふ）**Ⅱ** 竹内淳子

アサ、クズ、シナ、コウゾ、カラムシ、フジなどの草木の繊維から、どのようにして糸を採り、布を織っていたのか。聞書きをもとに忘れられた技術と文化を発掘する。 ２８２頁 '95

79-Ⅰ すごろくⅠ 増川宏一

古代エジプトのセネト、ヨーロッパのバクギャモン、中近東のナルド、中国の双陸などの系譜に日本の盤雙六を位置づけ、遊戯・賭博としてのその数奇なる運命を辿る。 ３１２頁 '95

79-Ⅱ すごろくⅡ 増川宏一

ヨーロッパの鵞鳥のゲームから日本中世の浄土双六、近世の華麗な絵双六、さらには近現代の少年誌の附録まで、絵双六の変遷を追って時代の社会・文化を読みとる。 ３９０頁 '95

80 パン 安達巖

古代オリエントに起ったパン食文化が中国・朝鮮を経て弥生時代の日本に伝えられたことを史料と伝承をもとに解明し、わが国パン食文化二千年の足跡を描き出す。 ２６０頁 '96

81 枕（まくら） 矢野憲一

神さまの枕・大嘗祭の枕から枕絵の世界まで、人生の三分の一を共に過す枕をめぐって、その材質の変遷を辿り、伝説と怪談、俗信と民俗、エピソードを興味深く語る。 ２５２頁 '96

82-Ⅰ 桶・樽（おけ・たる）**Ⅰ** 石村真一

第5回日本文化芸術振興賞受賞　日本、中国、朝鮮、ヨーロッパにわたる厖大な資料を集成して東西の木工技術史を比較し、世界史的視野から桶・樽の文化を描き出す。 ３８８頁 '97

82-Ⅱ 桶・樽（おけ・たる）**Ⅱ** 石村真一

多数の調査資料と絵画・民俗資料をもとにその製作技術を復元し、東西の木工技術を比較考証しつつ、技術文化史の視点から桶・樽製作の実態とその変遷を跡づける。 ３７２頁 '97

82-Ⅲ 桶・樽（おけ・たる）**Ⅲ** 石村真一

樹木と人間とのかかわり、製作者と消費者とのかかわりを通じて桶樽と生活文化の変遷を考察し、木材資源の有効利用という視点から桶樽の文化史的役割を浮彫にする。 ３５２頁 '97

83-Ⅰ 貝Ⅰ 白井祥平

世界各地の現地調査と文献資料を駆使して、古来至高の財宝とされてきた宝貝のルーツとその変遷を探り、貝と人間とのかかわりの歴史を「貝貨」の文化史として描く。 ３８６頁 '97

83-Ⅱ 貝Ⅱ 白井祥平

サザエ、アワビ、イモガイなど古来人類とかかわりの深い貝をめぐって、その生態・分布・地方名、装身具や貝貨としての利用法などを豊富なエピソードを交えて語る。 ３２８頁 '97

83-Ⅲ 貝Ⅲ 白井祥平

シンジュガイ、ハマグリ、アカガイ、シャコガイなどをめぐって世界各地の民族誌を渉猟し、それらが人類文化に残した足跡を辿る。参考文献一覧／総索引を付す。 ３９２頁 '97

84 松茸（まつたけ） 有岡利幸

秋の味覚として古来珍重されてきた松茸の由来を求めて、稲作文化と里山（松林）の生態系から説きおこし、日本人の伝統的生活文化の中に松茸流行の秘密をさぐる。 ２９６頁 '97

85 野鍛冶（のかじ） 朝岡康二

鉄製農具の製作・修理・再生を担ってきた農鍛冶の歴史的役割を探り、近代化の大波の中で変貌する職人技術の実態をアジア各地のフィールドワークを通して描き出す。 ２８０頁 '98

86 稲 品種改良の系譜 菅洋

作物としての稲の誕生、稲の渡来と伝播の経緯から説きおこし、明治以降主として庄内地方の民間育種家の手によって飛躍的発展をとげたわが国品種改良の歩みを描く。 ３３２頁 '98

87 橘（たちばな） 吉武利文

永遠のかぐわしい果実として日本の神話・伝説に特別の位置を占めて語り継がれてきた橘をめぐって、その育まれた風土とかずかずの伝承の中に日本文化の特質を探る。 ２８６頁 '98

88 **杖**（つえ） 矢野憲一

神の依代としての杖や仏教の錫杖に杖と信仰とのかかわりを探り、人類が突きつつ歩んだその歴史と民俗を興味ぶかく語る。多彩な材質と用途を網羅した杖の博物誌。　３１４頁 '98

89 **もち**（糯・餅） 渡部忠世

モチイネの栽培・育種から食品加工、民俗、儀礼にわたってそのルーツと伝承の足跡をたどり、アジア稲作文化という広範な視野からこの特異な食文化の謎を解明する。　３３０頁 '98

90 **さつまいも** 坂井健吉

その栽培の起源と伝播経路を跡づけるとともに、わが国伝来後四百年の経緯を詳細にたどり、世界に冠たる育種と栽培・利用法を築いた人々の知られざる足跡を描く。　３２８頁 '99

91 **珊瑚**（さんご） 鈴木克美

海岸の自然保護に重要な役割を果たす岩石サンゴから宝飾品として知られる宝石サンゴまで、人間生活と深くかかわってきたサンゴの多彩な姿を人類文化史として描く。　３７０頁 '99

92-I **梅I** 有岡利幸

万葉集、源氏物語、五山文学などの古典や天神信仰に表れた梅の足跡を克明に辿りつつ、日本人の精神史に刻印された梅を浮彫にし、梅と日本人の二〇〇〇年史を描く。　２７４頁 '99

92-II **梅II** 有岡利幸

その植生と栽培、伝承、梅の名所や鑑賞法の変遷から戦前の国定教科書に表れた梅まで、梅と日本人との多彩なかかわりを探り、桜との対比において梅の文化史を描く。　３３８頁 '99

93 **木綿口伝**（もめんくでん） 福井貞子

老女たちからの聞書を経糸に、厖大な遺品・資料を緯糸に、母から娘へと幾代にも伝えられた手づくりの木綿文化を掘り起し、日本近代の木綿の盛衰を綴る。増補新版。　３４０頁 '00

94 **合せもの** 増川宏一

「合せる」には古来、一致させるの他に、競う、闘う、比べる等の意味があった。貝合せや絵合せ等の遊戯・賭博を中心に、広範な人間の営みを「合せる」行為に辿る。　３００頁 '00

95 **野良着**（のらぎ） 福井貞子

明治初期から昭和40年代までの日本人の仕事着を収集・分類・精査して、高度経済成長期以前の日本人の衣生活文化の豊かさを見直し、リサイクル文化の原点を探る。　２９２頁 '00

96 **食具**（しょくぐ） 山内昶

食の人類学の視点から東西の食法を考察し、箸の食文化と三点セット（スプーン、フォーク、ナイフ）の食文化の違いを人間の自然へのかかわり方の違いとして捉える。　２９２頁 '00

97 **鰹節**（かつおぶし） 宮下章

黒潮の恵み・カツオの漁法から鰹節の製法、商品としての流通までを歴史的に展望し、この日本的な食材の秘密を探るとともに、そのルーツをモルジブ諸島に発見する。　３８０頁 '00

98 **丸木舟**（まるきぶね） 出口晶子

山の民、川の民、海の民が暮らしの中で丸木舟をどのように利用してきたか、その技術と民俗をたどり、列島の舟の文化を隣接アジアとのつながりにおいて考察する。　３２２頁 '01

99 **梅干**（うめぼし） 有岡利幸

梅実にまつわる古記録や伝承を渉猟し、健康増進や医療に驚くべき効能を発揮するとして、古来民間療法や漢方で重用されてきた梅干の知られざるパワーの秘密を探る。　３１０頁 '01

100 **瓦**（かわら） 森郁夫

仏教文化と共に大陸から伝来し千四百年にわたり日本の建築を飾ってきた瓦の変遷を通じて政治・経済・社会の動向を読みとり、日本建築におけるその効用と美を探る。　３１８頁 '01

101 **植物民俗** 長澤武

野の草花や森の樹々が人々の営みと共にあった農山村の暮らしの歳時記。植物をめぐって伝承されてきた知恵のかずかずを克明に記録し、真の豊かさとは何かを問う。　３４６頁 '01

102 **箸**（はし） 向井由紀子

そのルーツを中国、朝鮮半島に探るとともに、日本人の食生活に不可欠の食具となり、日本文化のシンボルとされるまでに洗練された箸の文化の変遷を総合的に描く。　３３８頁 '01

103 **採集** ブナ林の恵み 赤羽正春

縄文時代から今日に至る採集・狩猟民の暮らしを復元し、動物の生態系と採集生活の関連を明らかにしつつ、民俗学と考古学の両面から山に生かされた人々の姿を描く。　２９８頁 '01

104 **下駄** 神のはきもの 秋田裕毅

古墳や井戸等から出土する下駄に着目し、下駄が地上と地下の他界を結ぶ聖なるはきものであったという大胆な仮説を提出、日本の神々の忘れられた側面を浮彫にする。　３０４頁 '02

105 **絣**（かすり） 福井貞子

膨大な絣遺品を収集・分類し、絣産地を実地に調査して絣の技法と文様の変遷を地域別・時代別に跡づけ、明治・大正・昭和の手づくり染織文化の盛衰を描き出す。　３１０頁 '02

106 **網**（あみ） 田辺悟

漁網を中心に、網に関する基本資料を網羅して網の変遷と網をめぐる民俗を体系的に描き出し、網の文化を集成する。「網に関する小事典」「網のある博物館」を付す。　３１６頁 '02

107 **蜘蛛**（くも） 斎藤慎一郎

「土蜘蛛」の呼称で畏怖される一方「クモ合戦」など子供の遊びとしても親しまれてきたクモと人間との長い交渉の歴史をその深層に遡って追究した異色のクモ文化論。　３２０頁 '02

108 **襖**（ふすま） むしゃこうじ・みのる

襖の起源と変遷を建築史・絵画史の中に探りつつその用と美を浮彫にし、衝立・障子・屛風等と共に日本建築の空間構成に不可欠の建具となるまでの経緯を描き出す。　２７０頁 '02

109 **漁撈伝承** 川島秀一

漁師たちからの聞き書きをもとに、寄り物、舟霊、大漁旗など、漁撈にまつわる〈もの〉の伝承を集成し、海の道によって運ばれた習俗や信仰の民俗地図を描き出す。　３３４頁 '03

110 **チェス** 増川宏一

世界中に数億人の愛好者を持つチェスの起源と文化を、欧米における膨大な研究の蓄積を渉猟しつつ探り、日本への伝来の経緯から美術工芸品としてのチェスにおよぶ。　２９８頁 '03

111 **海苔**（のり） 宮下章

海苔の歴史は厳しい自然とのたたかいの歴史だった——採取から養殖、加工、流通、消費に至る先人たちの苦難の歩みを史料と実地調査によって浮彫にする食物文化史。　３７２頁 '03

112 **屋根** 原田多加司

屋根葺師十代目の著者が、自らの体験と職人の本懐を語り、連綿として受け継がれてきた伝統の手わざを体系的にたどりつつ伝統技術の保存と継承の必要性を訴える。　３４０頁 '03

113 **水族館** 鈴木克美

初期水族館の歩みを創始者たちの足跡を通して辿り直し、水族館をめぐる社会の発展と風俗の変遷を描き出すとともに、その未来像を探る初の〈日本水族館史〉の試み。　２９０頁 '03

114 **古着**（ふるぎ） 朝岡康二

仕立てと着方、管理と保存、再生と再利用等にわたり、衣生活の変容を近代の日常生活の変化として捉え直し、衣服をめぐるリサイクル文化が形成される経緯を描く。　２９２頁 '03

115 **柿渋**（かきしぶ） 今井敬潤

染料・塗料をはじめ生活百般の必需品であった柿渋の伝承を記録し、文献資料をもとにその製造技術と利用の実態を明らかにして、忘れられた豊かな生活技術を見直す。　２９４頁 '03

116-I **道I** 武部健一

第25回国際交通安全学会賞受賞　先史時代から説き起こし、古代律令制国家の要請によって駅路が設けられ、しだいに幹線道路として整えられてゆく経緯を描き出す。　２４８頁 '03

116-Ⅱ 道Ⅱ 武部健一

中世の鎌倉街道、近世の五街道、近代の開拓道路から現代の高速道路網までを通観し、道路を拓いた人々の手によって今日の交通ネットワークが形成された歴史を語る。 ２８０頁 '03

117 かまど 狩野敏次

日常の煮炊きの道具であるとともに祭りと信仰に重要な位置を占めてきたカマドをめぐる忘れられた伝承を掘り起こし、民俗空間の壮大なコスモロジーを浮彫にする。 ２９２頁 '04

118-Ⅰ 里山Ⅰ 有岡利幸

縄文時代から近世までの里山の変遷を人々の暮らしと植生の変化の両面から跡づけ、その源流を記紀万葉に描かれた里山の景観や大和・三輪山の古記録・伝承等に探る。 ２７６頁 '04

118-Ⅱ 里山Ⅱ 有岡利幸

明治の地租改正による山林の混乱、相次ぐ戦争による山野の荒廃、エネルギー革命、高度成長による大規模開発など、近代化の荒波に翻弄される里山の見直しを説く。 ２７４頁 '04

119 有用植物 菅洋

人間生活に不可欠のものとして利用されてきた身近な植物たちの来歴と栽培・育種・品種改良・伝播の経緯を平易に語り、植物と共に歩んだ文明の足跡を浮彫にする。 ３２４頁 '04

120-Ⅰ 捕鯨Ⅰ 山下渉登

世界の海で展開された鯨と人間との格闘の歴史を振り返り、「大航海時代」の副産物として開始された捕鯨業の誕生以来四〇〇年にわたる盛衰の社会的背景をさぐる。 ３１４頁 '04

120-Ⅱ 捕鯨Ⅱ 山下渉登

近代捕鯨の登場により鯨資源の激減を招き、捕鯨の規制・管理のための国際条約締結に至る経緯をたどり、グローバルな課題としての自然環境問題を浮き彫りにする。 ３１２頁 '04

121 紅花（べにばな） 竹内淳子

栽培、加工、流通、利用の実際を現地に探訪して紅花とかかわってきた人々からの聞き書きを集成し、忘れられた〈紅花文化〉を復元しつつその豊かな味わいを見直す。 ３４６頁 '04

122-Ⅰ もののけⅠ 山内昶

日本の妖怪変化、未開社会の〈マナ〉、西欧の悪魔やデーモンを比較考察し、名づけ得ぬ未知の対象を指す万能のゼロ記号〈もの〉をめぐる人類文化史を跡づける博物誌。 ３２０頁 '04

122-Ⅱ もののけⅡ 山内昶

日本の鬼、古代ギリシアのダイモン、中世の異端狩り・魔女狩り等々をめぐり、自然＝カオスと文化＝コスモスの対立の中で〈野生の思考〉が果たしてきた役割を探る。 ２８０頁 '04

123 染織（そめおり） 福井貞子

自らの体験と厖大な残存資料をもとに、糸づくりから織り、染めにわたる手づくりの豊かな衣生活文化を見直す。創意にみちた手わざのかずかずを復元する庶民生活誌。 ２９４頁 '04

124-Ⅰ 動物民俗Ⅰ 長澤武

神として崇められたクマやシカをはじめ、人間にとって不可欠の鳥獣や魚、さらには人間を脅かす動物など、多種多様な動物たちと交流してきた人々の暮らしの民俗誌。 ２６４頁 '05

124-Ⅱ 動物民俗Ⅱ 長澤武

動物の捕獲法をめぐる各地の伝承を紹介するとともに、全国で語り継がれてきた多彩な動物民話・昔話を渉猟し、暮らしの中で培われた動物フォークロアの世界を描く。 ２６６頁 '05

125 粉（こな） 三輪茂雄

粉体の研究をライフワークとする著者が、粉食の発見からナノテクノロジーまで、人類文明の歩みを〈粉〉の視点から捉え直した壮大なスケールの〈文明の粉体史観〉。 ３０２頁 '05

126 亀（かめ） 矢野憲一

浦島太郎伝説や「兎と亀」の昔話によって親しまれてきた亀のイメージの起源を探り、古代亀卜の方法から、亀にまつわる信仰と迷信、鼈甲細工やスッポン料理におよぶ。 ３２８頁 '05

127 カツオ漁 川島秀一
一本釣り、カツオ漁場、船上の生活、船霊信仰、祭りと禁忌など、カツオ漁にまつわる漁師たちの伝承を集成し、黒潮に沿って伝えられた漁民たちの文化を掘り起こす。 370頁 '05

128 裂織（さきおり） 佐藤利夫
木綿の風合いと強靱さをいかした裂織の技と美を、すぐれたリサイクル文化として見直す。東西文化の中継地・佐渡の古老たちからの聞書をもとに歴史と民俗を描く。 308頁 '05

129 イチョウ 今野敏雄
「生きた化石」として古くから珍重され、医薬品・食料・木材等としてひろく利用されてきたイチョウの生い立ちと人々の生活文化とのかかわり・その未来像をさぐる。 312頁 '05

130 広告 八巻俊雄
平成17年度日本広告学会賞受賞　のれん、看板からインターネット広告までを通観し、人々の暮らしと密接にかかわって独自の広告文化が形成されてきた経緯を描く。 276頁 '06

131-I 漆（うるし）I 四柳嘉章
全国各地で発掘された考古資料を対象に科学的解析を行ない、縄文時代から現代に至る漆の技術と文化をあとづける試み。漆が日本人の生活と精神に与えた影響を探る。 268頁 '06

131-II 漆（うるし）II 四柳嘉章
遺跡や寺院等にのこる漆器を分析し体系づけるとともに、絵巻物や文学作品の考証を通じて、職人や産地の形成、漆工芸の地場産業としての発展の経緯などを考察する。 204頁 '06

132 まな板 石村眞一
日本、アジア、ヨーロッパ各地のフィールド調査と考古・文献・絵画・写真資料をもとに、まな板の素材・構造・使用法を分類し、多様な食文化とのかかわりをさぐる。 370頁 '06

133-I 鮭・鱒I 赤羽正春
鮭・鱒をめぐる民俗研究の前史から現在までを概観するとともに、原初的な漁法から商業的漁法にわたる多彩な漁法と用具、漁場と社会組織の関係などを明らかにする。 286頁 '06

133-II 鮭・鱒II 赤羽正春
鮭漁をめぐる行事、鮭捕り衆の生活等を聞き取りによって再現し、人工孵化事業の発展とそれを担った先人たちの業績を明らかにするとともに、鮭・鱒の料理におよぶ。 344頁 '06

134 遊戯 その歴史と研究の歩み　増川宏一
古代から現代まで、日本と世界の遊戯の歴史を概説し、内外の研究者との交流の中で得られた最新の知見をもとに、研究の出発点と目的を論じ、現状と未来を展望する。 318頁 '06

134-II 遊戯II 日本小史と最新の研究　増川宏一
前作では触れなかった中国や朝鮮、インドの遊びに大きな紙幅を割き、シルクロードを経て日本に到達する過程も考察した。携帯ゲームの普及など新たな動きも検討。 310頁 '21

135 石干見（いしひみ） 田和正孝
沿岸部に石垣を築き、潮汐作用を利用して漁獲する原初的漁法を、日・韓・台に残る遺構と伝承の調査・分析をもとに復元し、東アジアの伝統的漁撈文化を浮彫にする。 332頁 '07

136 看板 岩井宏實
江戸時代から明治・大正・昭和初期までの看板の歴史を生活文化史の視点から考察し、多種多様な生業の起源と変遷を多数の図版をもとに紹介する〈図説商売往来〉。 260頁 '07

137-I 桜I 有岡利幸
そのルーツと生態から説き起こし、和歌や物語に描かれた古代社会の桜観から「花は桜木、人は武士」の江戸の花見の流行まで、日本人と桜のかかわりの歴史を探る。 380頁 '07

137-II 桜II 有岡利幸
明治以後、軍国主義と愛国心のシンボルとして政治的に利用されてきた桜の近代史をたどり、日本人の生活とともに歩んだ「咲く花、散る花」の栄枯盛衰を描き出す。 400頁 '07

138 麹（こうじ）　一島英治

日本酒、醤油、味噌等の醸造の原料として日本人の味覚をリードしてきた麹のルーツを辿り、日本の気候風土の中で稲作と共に育まれた麹菌のすぐれたはたらきを探る。　２４８頁　'07

139 河岸（かし）　川名登

近世初頭、各地に設けられた河岸＝川の湊は、物流ターミナルとして、また旅行など遊興の場として賑わいを見せた。利根川水系を中心にその盛衰と人々の生活を描く。　２９８頁　'07

140 神饌（しんせん）　岩井宏實

神事・祭礼を厳格に継承する近畿地方の主要神社の神饌儀礼をつぶさに調査して、神饌調製と献供の実際、儀礼の組織と作法・習慣等を豊富な写真と共に明らかにする。　３７４頁　'07

141 駕籠（かご）　櫻井芳昭

その様式、利用の実態、地域ごとの特色、車の利用を抑制する交通政策との関連から駕籠かきたちの風俗までを明らかにし、日本交通史の知られざる側面に光を当てる。　２９４頁　'07

142 追込漁（おいこみりょう）　川島秀一

沖縄の島々をはじめ、日本各地で今なお行なわれている沿岸漁撈を実地に精査し、魚の生態と自然条件を知り尽した漁師たちの知恵と技を見直しつつ漁業の原点を探る。　３６８頁　'08

143 人魚（にんぎょ）　田辺悟

ロマンとファンタジーに彩られて世界各地に伝承される人魚の実像をもとめて東西の人魚誌を渉猟し、フィールド調査と膨大な資料をもとに集成したマーメイド百科。　３５２頁　'08

144 熊（くま）　赤羽正春

狩人たちからの聞き書きをもとに、かつては神として崇められた熊と人間との精神史的な関係をさぐり、熊を通して人間の生存可能性にもおよぶユニークな動物文化史。　３８４頁　'08

145 秋の七草　有岡利幸

『万葉集』で山上憶良がうたいあげて以来、千数百年にわたり秋を代表する植物として日本人にめでられてきた七種の草花の知られざる伝承を掘り起こす植物文化誌。　３０６頁　'08

146 春の七草　有岡利幸

厳しい冬の季節に芽吹く若菜に大地の生命力を感じ、春の到来を祝い新年の息災を願う「七草粥」などとして食生活の中に巧みに取り入れてきた古人たちの知恵を探る。　２７２頁　'08

147 木綿再生　福井貞子

自らの人生遍歴と木綿を愛する人々との出会いを織り重ねて綴り、優れた文化遺産としての木綿衣料を紹介しつつ、リサイクル文化としての木綿再生のみちを模索する。　２６６頁　'09

148 紫（むらさき）　竹内淳子

紫根染・貝紫染の伝統を受け継ぐ人々、復元に力をつくす人々を全国にたずねるとともに、華岡清洲と紫雲膏、助六の伊達鉢巻などの話題にもおよぶ「むらさき紀行」。　３３２頁　'09

149-Ⅰ 杉Ⅰ　有岡利幸

その生態、天然分布の状況から各地における栽培・育種、利用にいたる歩みを弥生時代から今日までの人間の営みの中で捉え直し、わが国林業史を展望しつつ描き出す。　２８２頁　'10

149-Ⅱ 杉Ⅱ　有岡利幸

古来神の降臨する木として崇められるとともに生活のさまざまな場面で活用され、絵画や詩歌に描かれてきた杉の文化を辿り、さらに「スギ花粉症」の原因を追究する。　２７８頁　'10

150 井戸　秋田裕毅

井戸はそもそも飲料水など生活用水を得るためではなく、祭祀に使う聖なる水を確保するためにつくられたのではないか。目的や構造の変遷、宗教との関わりをたどる。　２６０頁　'10

151 楠（くすのき）　矢野憲一

語源と字源、分布と繁殖、文学や美術における楠から医薬品としての利用、キューピー人形や樟脳の船まで、楠と人間の関わりの歴史を辿りつつ自然保護の問題に及ぶ。　３３８頁　'10

152 **温室** 平野恵

温室は明治時代に欧米から輸入された印象があるが、じつは江戸時代半ばから「むろ」という名の保温設備はあった。絵巻や小説、遺跡などより温室の歴史を読み解く。　３０２頁　'10

153 **檜**（ひのき） 有岡利幸

建築・木彫・木材工芸に最良の材としてわが国の〈木の文化〉に重要な役割を果たしてきた檜。その生態から保護・育成・生産・流通・加工までの変遷をたどる。　３２４頁　'11

154 **落花生** 前田和美

南米原産の落花生が大航海時代にアフリカ経由で世界各地に伝播していく歴史をたどるとともに、日本で栽培を始めた先覚者や食文化との関わりを紹介する。　３１６頁　'11

155 **イルカ**（海豚） 田辺悟

神話・伝説の中のイルカ、イルカをめぐる信仰から、漁撈伝承、食文化の伝統と保護運動の対立までを幅広くとりあげ、ヒトと動物との関係はいかにあるべきかを問う。　３３０頁　'11

156 **輿**（こし） 櫻井芳昭

古代から明治初期まで、千二百年以上にわたって用いられてきた輿の種類と変遷を探り、天皇の行幸や斎王群行、姫君たちの輿入れにおける使用の実態を明らかにする。　２５２頁　'11

157 **桃** 有岡利幸

魔除けや若返りの呪力をもつ果実として神話や昔話に語り継がれ、近年古代遺跡から大量出土して祭祀との関連が注目される桃。日本人との多彩な関わりを考察する。　３３０頁　'12

158 **鮪**（まぐろ） 田辺悟

古文献に描かれ記されたマグロを紹介し、漁法・漁具から運搬と流通・消費、漁民たちの暮らしと民俗・信仰までを探りつつ、マグロをめぐる食文化の未来にもおよぶ。　３５０頁　'12

159 **香料植物** 吉武利文

クロモジ、ハッカ、ユズ、セキショウ、ショウノウなど、日本の風土で育った植物から香料をつくりだす人びとの営みを現地に訪ね、伝統技術の継承・発展を考える。　２８８頁　'12

160 **牛車**（ぎっしゃ） 櫻井芳昭

牛車の盛衰を交通史や技術史との関連で探るとともに、絵巻や日記・物語に描かれた牛車の種類と構造、利用の実態を明らかにして平安の「雅」の世界へと読者を誘う。　２２２頁　'12

161 **白鳥** 赤羽正春

世界各地の白鳥処女説話を博捜し、古代以来の人々が抱いた〈鳥への想い〉を明らかにするとともに、その源流を、白鳥をトーテムとする中央シベリアの白鳥族に探る。　３６０頁　'12

162 **柳** 有岡利幸

日本人との関わりを詩歌や文献をもとに探りつつ、容器や調度品に、治山治水対策に、火薬や薬品の原料に、さらには風景の演出用に活用されてきた歴史をたどる。　３２８頁　'13

163 **柱** 森郁夫

竪穴住居の時代から建物を支えてきただけでなく、大黒柱や鼻っ柱などさまざまな言葉に使われている柱。遺跡の発掘でわかった事実や、日本文化との関わりを紹介。　２５２頁　'13

164 **磯** 田辺悟

磯と人間の関わりの歴史を信仰や民俗・伝承に探り、磯とともに生きた人びとの生活誌と漁法を、全国各地の実地調査によって明らかにする。既刊『海女』の姉妹篇。　４５０頁　'14

165 **タブノキ** 山形健介

南方から「海上の道」をたどってきた列島文化を象徴する樹木について、中国・台湾・韓国も視野に収めて記録や伝承を掘り起こし、人びとの暮らしとの関わりを探る。　３１６頁　'14

166 **栗** 今井敬潤

縄文人が主食として栽培していた栗。建築や木工の材、鉄道の枕木といった生活に密着した多様な利用法や、品種改良に取り組んだ技術者たちの苦闘の足跡を紹介する。　２７４頁　'14

167 **花札** 江橋崇

法制史から文学作品まで、厖大な文献を渉猟して、その誕生から現在までを辿り、花札をその本来の輝き、自然を敬愛して共存する日本の文化という特性のうちに描く。 ３７４頁 '14

168 **椿** 有岡利幸

本草書の刊行や栽培・育種技術の発展によって近世初期に空前の大ブームを巻き起こした椿。多彩な花の紹介をはじめ、椿油や木材の利用、信仰や民俗まで網羅する。 ３３６頁 '14

169 **織物** 植村和代

第7回日本生活文化史学会賞受賞 機織り技術の変遷を世界史的視野で見直し、古来から日本と東南アジアやインド、ペルシアの交流や伝播があったことを解説する。 ３４６頁 '14

170 **ごぼう** 冨岡典子

和食に不可欠な野菜ごぼうは、焼畑農耕から生まれ、各地の風土のなか固有の品種や調理法が育まれた。そのルーツを稲作以前の神饌や祭り、儀礼に探る和食文化誌。 ２７６頁 '15

171 **鱈**（たら） 赤羽正春

漁場開拓の歴史と漁法の変遷、漁民たちの暮らしを跡づけ、戦時の非常食として鱈が果たした役割を明らかにしつつ、「海はどれほどの人を養えるか」についても考える。 ３３６頁 '15

172 **酒** 吉田元

酒の誕生から、世界でも珍しい製法が確立しブランド化する近世までの長い歩みをたどる。飢饉や幕府の規制、酒が原因の失敗など、人々の暮らしがかいま見える。 ２６０頁 '15

173 **かるた** 江橋崇

外来の遊技具でありながら二百年余の鎖国の間に日本の美術・文芸・芸能を幅広く取り入れ、和紙や和食にも匹敵する存在として発展した〈かるた〉の全体像を描く。 ３６６頁 '15

174 **豆** 前田和美

ダイズ、アズキ、エンドウなど主要な食用マメ類について、その栽培化と作物としての歩みを世界史的視野で捉え直し、食文化に果たしてきた役割を浮き彫りにする。 ３７２頁 '15

175 **島** 田辺悟

日本誕生神話に記された島々の所在から南洋諸島の巨石文化まで、島をめぐる数々の謎を紹介し、島に残存する習俗の古層を発掘して島の精神性にもおよぶ島嶼文化論。 ３１０頁 '15

176 **欅**（けやき） 有岡利幸

長年営林事業に携わってきた著者が、実際に見聞きした事例や文献・資料を駆使し、ケヤキの生態から信仰や昔話、防災林や木材としての利用にいたる歴史を物語る。 ３０６頁 '16

177 **歯** 大野粛英

虫歯や入れ歯など、古来より人は歯に悩んできた。著者は小説や日記、浮世絵や技術書まで多岐にわたる資料を駆使し、歯科医ならではの視点で治療法の変遷も紹介。 ２７４頁 '16

178 **はんこ** 久米雅雄

「漢委奴国王」印から織豊時代のローマ字印章、歴代の「天皇御璽」、さらには「庶民のはんこ」まで、歴史学と考古学の知見を綜合して、印章をめぐる数々の謎に挑む。 ３４６頁 '16

179 **相撲** 土屋喜敬

一五〇〇年の歴史を誇る相撲はもとは芸能として庶民に親しまれていた。力士や各地の興行の実態、まわしや土俵の変遷、櫓の意味、文学など多角的に興味深く解説。 ３１４頁 '17

180 **醤油** 吉田元

醤油の普及により、江戸時代に天ぷらや寿司、蕎麦など一気に食文化が花開く。濃口・淡口の特徴、外国産との製法の違い、代用醤油、海外輸出の苦労話等を紹介。 ２７８頁 '18

181 **和紙植物** 有岡利幸

奈良時代から現代まで、和紙原木の育成・伐採・皮剝ぎの工程を軸に、生産者たちの苦闘の歴史を描き、生産地の過疎化・高齢化、野生獣による被害の問題にもおよぶ。 ３１８頁 '18

182 鋳物 中江秀雄

仏像や梵鐘、武器、貨幣から大砲、橋梁、自動車やジェット機エンジンまで。古来から人間活動を支えてきた金属鋳物の技術史を、燃料や炉の推移に注目して概観する。 ２３６頁 '18

183 花火 福澤徹三

戦国期に唐人が披露した花火は武士の狼煙と融合して独自の進化を遂げ、江戸時代に庶民の娯楽として全国に広まった。大人も子供も夢中になった夏の風物詩の歩み。 ２６８頁 '19

184 掃除道具 小泉和子・渡辺由美子

古代から現代まで、掃除の歴史を道具と精神性の視点から概観し、箒を巡る習俗、名称と分類、素材や産地・製法を精査して日本人の暮らしとの関わりを明らかにする。 ３１８頁 '20

185 柿 今井敬潤

柿は古来、日本人と苦楽を共にする「生活樹」であった。その深く豊かな歴史をたどり、調査・研究の発展、栽培の技術、採取と脱渋の方法から民俗や風習等にもおよぶ。 ２１２頁 '21

186 パチンコ 杉山一夫

バガテールの伝来、ウォールマシンの登場、そしてパチンコの誕生へ。昭和を象徴する大衆娯楽の全貌。私設「パチンコ誕生博物館」を開館させた著者によるパチンコ史。 ３７２頁 '21

187 地図 鳴海邦匡

近代的な測量技術が登場する前から、境界争いや新田開発、沿岸警備など多様な目的で地図は作成されてきた。社会と土地や空間の関わり方が地図から見えてくる。 ３１４頁 '21

188 玉ころがし 杉山一夫

永井荷風、萩原朔太郎、尾崎紅葉、田村松魚、前田河広一郎、広津和郎、谷譲次、川崎長太郎、川端康成はじめ、多くの文人たちが記録した幻の遊戯の盛衰をたどる。 ３７０頁 '22

189 百人一首 江橋崇

その様々な型式、和歌や歌人名の表記の異同、歌人画の装束や敷物までを徹底的に調査し、地域に固有の「かるた」札や遊技法にも着目して「百人一首」の謎に迫る。 ３６６頁 '22

190 寒天 中村弘行

古来より伝わるトコロテンの歴史を皮切りに、摂津、薩摩、信州、天城、岐阜の寒天産業の盛衰や、樺太での寒天をめぐる知られざる闘争を描く、本邦初の本格通史。 ３２４頁 '23